CG设计案例课堂

Premiere Pro CC
视频编辑案例课堂

张 倩 刘 影 李少勇 编 著

清华大学出版社

北 京

内 容 简 介

Adobe Premiere Pro CC是Adobe公司推出的一款非常优秀的视频编辑软件，它以其编辑方式简便实用、对素材格式支持广泛等优势，得到众多视频编辑工作者和爱好者的青睐。

全书共17章，通过讲解190个具体实例，向大家展示如何使用Premiere Pro CC制作高品质的影视作品。所有例子都是精心挑选和制作的，将Premiere Pro CC枯燥的知识点融入实例之中，并进行了简要而深刻的说明。读者通过对这些实例的学习，将起到举一反三的作用，一定能够由此掌握影视动画制作与编辑的精髓。

本书按照软件功能以及实际应用进行划分，每一章的实例在编排上循序渐进，其中既有打基础、筑根基的部分，又不乏综合创新的例子。其特点是把Premiere Pro CC的知识点融入实例中。读者将从中学到视频剪辑基础、视频效果、视频过渡效果、字幕制作技巧、编辑音频、影视效果编辑、影视照片处理技巧、相机广告片头、环保宣传广告、儿童电子相册、电影预告片头、婚礼片头、旅游短片欣赏、公益活动、企业宣传片头、感恩父母短片、交通警示录等不同专业影视动画片头的制作方法。

本书可以帮助读者更好地掌握Premiere Pro CC的使用操作，以及如何应用Premiere Pro CC来进行影视广告动画及片头设计，提高读者的软件应用以及效果图制作水平。

本书内容丰富、语言通俗、结构清晰，既适合于初、中级读者学习使用，也可以供从事多媒体设计、影像处理、婚庆礼仪制作的人员阅读；同时还可以作为大中专院校相关专业、相关计算机培训班的上机指导教材。

图书在版编目(CIP)数据

Premiere Pro CC 视频编辑案例课堂/张倩，刘影等编著. --北京：清华大学出版社，2015（2017.8 重印）
(CG设计案例课堂)
ISBN 978-7-302-38557-8

I. ①P… II. ①张… ②刘… III. ①视频编辑软件 IV. ①TN94

中国版本图书馆CIP数据核字(2014)第273692号

责任编辑：张彦青
装帧设计：杨玉兰
责任校对：周剑云
责任印制：刘祎淼

出版发行：清华大学出版社
　　网　　　址：http://www.tup.com.cn, http://www.wqbook.com
　　地　　　址：北京清华大学学研大厦 A 座　　　邮　　编：100084
　　社 总 机：010-62770175　　　　　　　　　　邮　　购：010-62786544
　　投稿与读者服务：010-62776969, c-service@tup.tsinghua.edu.cn
　　质 量 反 馈：010-62772015, zhiliang@tup.tsinghua.edu.cn
　　课 件 下 载：http://www.tup.com.cn,010-62791865
印 装 者：北京亿浓世纪彩色印刷有限公司
经　　销：全国新华书店
开　　本：190mm×260mm　　　　印　张：28.75　　　字　　数：695 千字
　　　　　（附光盘 2 张）
版　　次：2015 年 1 月第 1 版　　　　印　　次：2017 年 8 月第 4 次印刷
印　　数：5501～6500
定　　价：89.00 元

产品编号：061592-01

Adobe Premiere Pro CC 是 Adobe 公司推出的一款非常优秀的视频编辑软件，它以其编辑方式简便实用、对素材格式支持广泛等优势，得到众多视频编辑工作者和爱好者的青睐。Premiere Pro CC 的功能比其以前的版本更加强大，不仅可以在计算机上编辑、观看更多种文件格式的电影，还可以实时预览，具有多重嵌套的时间线窗口以及包含环绕声效果的全新的声音工具、内置的 YUV 调色工具，强有力的 Photoshop 文件处理能力、图像波形和矢量显示器、全新的更加方便的控制窗口和面板，而且可以全部自定义快捷键；不仅可以通过外部设备进行电影素材的采集，还可以将作品输出到录影带，尤其可以直接输出制作 DVD。同时 Premiere Pro CC 还具有强大的字幕编辑功能，完全可以创建广播级的字幕效果。

本书以 190 个特效设计的实例向读者详细介绍了 Premiere Pro CC 的强大图像处理及图形绘制等功能。本书注重理论与实践紧密结合，实用性和可操作性强。相对于同类 Premiere 实例书籍，本书具有以下特色。

- 信息量大。190 个实例为每一位读者架起一座快速掌握 Premiere Pro CC 使用与操作的"桥梁"；190 种设计理念能够令每一个从事影视设计的专业人士在工作中灵感迸发；190 种艺术效果和制作方法能够使每一位初学者融会贯通、举一反三。
- 实用性强。190 个实例经过精心设计、选择，不仅效果精美，而且非常实用。
- 注重方法的讲解与技巧的总结。本书特别注重对各实例制作方法的讲解与技巧总结，在介绍具体实例制作的详细操作步骤的同时，对于一些重要而常用的实例的制作方法和操作技巧做了较为精辟的总结。
- 操作步骤详细。本书中各实例的操作步骤介绍得非常详细，即使是初级入门的读者，只需一步一步按照本书中介绍的步骤进行操作，一定也能做出相同的效果。
- 适用广泛。本书实用性和可操作性强，适用于广告设计、影视片头包装、网页设计等行业的从业人员和广大的计算机图形图像处理爱好者阅读参考，也可供各类计算机培训班作为教材使用。

一本书的出版可以说凝结了许多人的心血、凝聚了许多人的汗水和思想。在这里衷心感谢在本书出版过程中给予我们帮助的编辑老师、光盘测试老师，感谢你们！

本书主要由德州职业技术学院的张倩和刘影老师编写，同时参与本书编写的还有：刘蒙蒙、任大为、高甲斌、吕晓梦、孟智青、徐文秀、赵鹏达、于海宝、王玉、李娜、王海峰、刘峥、陈月娟、陈月霞、刘希林、黄健、刘希望、黄永生、田冰、徐昊、张锋、相世强和弭蓬，白文才、刘鹏磊录制多媒体教学视频，其他参与编写的还有北方电脑学校的温振宁、刘德生、宋明、刘景君老师，谢谢你们在书稿前期为材料的组织、版式设计、校对、编排，以及大量图片的处理所做的工作。

这本书总结了作者从事多年影视编辑的实践经验，目的是帮助想从事影视制作行业的广大读者迅速入门并提高学习和工作效率，同时对有一定视频编辑经验的朋友也有很好的参考作用。由于时间仓促，疏漏之处在所难免，恳请读者和专家指教。如果您对书中的某些技术问题持有不同的意见，欢迎与作者联系，E-mail：Tavili@tom.com。

编　者

目录
Contents

第 1 章　视频剪辑基础

第 2 章　视频效果

目录
Contents

目录
Contents

第 6 章　影视效果编辑

第 7 章　影视照片处理技巧

第 8 章　相机广告片头

目录
Contents

第 14 章　公益广告

第 15 章　企业宣传片头

第 16 章　感恩父母短片

第 17 章　交通警示录

第1章
视频剪辑基础

本章重点

- ◆ 视频素材以及序列图像的导入
- ◆ 源素材的插入与覆盖
- ◆ 删除影片的编辑及剪辑
- ◆ 视音频的链接设置
- ◆ 设置关键帧以及改变素材的属性
- ◆ 剪辑素材并预览输出
- ◆ 视频格式的转换

Premiere Pro CC 是美国 Adobe 公司出品的视音频非线性编辑软件，是继 Premiere Pro CS6 之后的最新版本。该软件功能强大，开放性很好，能够使用于任何影视后期制作环境，广泛应用于影视后期制作领域。

案例精讲 001　导入视频素材

✎　案例文件：CDROM | 场景 | Cha01 | 导入视频素材.prproj

💿　视频文件：视频教学 | Cha01 | 导入视频素材.avi

制作概述

本例将介绍在 Premiere Pro CC 中导入视频素材。在进行视频素材导入之前需要先创建项目文件，然后选择【文件】|【导入】菜单命令，在打开的【导入】对话框中选择要导入的素材。

学习目标

掌握导入素材的方法。

操作步骤

(1) 在进行视频素材导入之前需要先创建项目文件。安装 Premiere Pro CC 软件后，双击桌面上的快捷图标，进入欢迎界面，单击【新建项目】按钮，如图 1-1 所示。

(2) 打开【新建项目】对话框，选择项目保存的位置，并对项目进行命名，然后单击【确定】按钮，如图 1-2 所示。

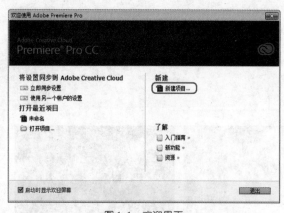

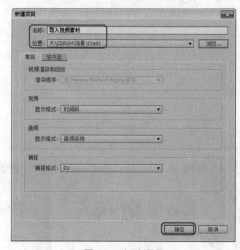

图 1-1　欢迎界面　　　　　　　　　　　　　　图 1-2　新建项目

(3) 新建项目文件，选择【文件】|【导入】菜单命令，如图 1-3 所示，打开【导入】对话框。

(4) 在打开的对话框中选择随书附带光盘 CDROM| 素材 |Cha01 文件夹中的 001.avi 文件，单击【打开】按钮，将素材导入到【项目】面板中，如图 1-4 所示。

图 1-3　选择【导入】命令　　　　　　　　图 1-4　导入素材

除使用【文件】|【导入】菜单命令外，还有以下方法可以打开【导入】对话框：按 Ctrl+I 组合键；在【项目】面板【名称】区域下空白处双击；在【项目】面板【名称】区域下右击，在弹出的快捷菜单中选择【导入】命令。

案例精讲 002　新建序列

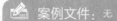

案例文件：无

视频文件：视频教学 | Cha01 | 新建序列.avi

制作概述

本例将介绍新建序列，在【项目】面板中右击，在弹出的快捷菜单中选择【新建项目】|【序列】命令，在弹出的【新建序列】对话框中可以选择要创建的序列。

学习目标

掌握创建序列的方法。

操作步骤

(1) 新建项目文件，在【项目】面板中右击，在弹出的快捷菜单中选择【新建项目】|【序列】命令，如图 1-5 所示。

(2) 在弹出的【新建序列】对话框中的【可用预设】列表框中，选择一种预设。然后在【序列名称】文本框中输入新建序列的名称，单击【确定】按钮，如图 1-6 所示。

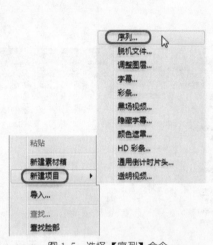

图 1-5 选择【序列】命令　　　　　　　　　　　图 1-6 【新建序列】对话框

案例精讲 003　导入序列图像

📝 案例文件：CDROM | 场景 | Cha01 | 导入序列图像.prproj(图1-7)

🎬 视频文件：视频教学 | Cha01 | 导入序列图像.avi

图 1-7　序列图像效果

制作概述

本例将讲解如何导入序列图像素材文件。打开【导入】对话框，选中【图像序列】复选框，然后单击【打开】按钮即可。

学习目标

掌握导入序列图像素材文件的方法。

操作步骤

(1) 新建项目文件和序列,在【项目】面板【名称】区域下空白处双击,如图1-8所示,打开【导入】对话框。

(2) 在随书附带光盘中选择要打开的第一个素材文件,然后选中【图像序列】复选框,单击【打开】按钮,如图1-9所示。

图 1-8 双击空白区

图 1-9 选择素材文件

(3) 将素材文件导入，效果如图 1-10 所示。

(4) 然后选中素材文件，将其拖曳至【时间轴】面板的 V1 轨道中，在弹出的【剪辑不匹配警告】对话框中，单击【更改序列设置】按钮，如图 1-11 所示。添加完成后，单击【播放】按钮查看效果即可。

图 1-10 导入素材

图 1-11 单击【更改序列设置】按钮

案例精讲 004　源素材的插入与覆盖

案例文件：CDROM | 场景 | Cha01 | 源素材的插入与覆盖.prproj

视频文件：视频教学 | Cha01 | 源素材的插入与覆盖.avi

制作概述

本例介绍源素材的插入与覆盖方法。在【源监视器】面板中标记入点与出点，单击【插入】按钮或【覆盖】按钮即可。

学习目标

了解源素材的插入方法。

了解源素材的覆盖方法。

操作步骤

(1) 新建项目文件和序列，将随书附带光盘 CDROM| 素材 |Cha01 文件夹中的开花 .avi 文件导入到【项目】面板中。在【项目】面板中双击导入的视频素材，激活【源监视器】面板，分别在 00:00:00:12 和 00:00:01:14 处标记入点与出点，如图 1-12 所示。

(2)单击【插入】按钮 ，将入点与出点之间的视频片段插入到【时间轴】面板中，如图 1-13 所示。

图 1-12　设置入点与出点

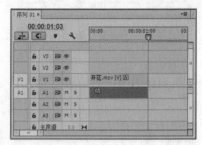

图 1-13　单击【插入】按钮

使用【覆盖】按钮 📧，在【时间轴】面板中，将原来的素材进行覆盖，具体操作步骤如下。

(1) 继续前面的操作，设置【时间轴】当前时间为 00:00:00:10，如图 1-14 所示。

(2) 在【源监视器】面板中单击【覆盖】按钮 📧，执行该操作后，即可将入点与出点之间的片段覆盖到【时间轴】面板中，如图 1-15 所示。

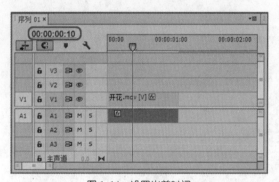

图 1-14　设置当前时间

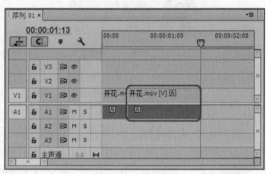

图 1-15　覆盖素材

案例精讲 005　删除影片中的一段文件

案例文件：无

视频文件：视频教学 | Cha01 | 删除影片中的一段文件.avi

制作概述

本例将对视频文件进行裁剪，然后通过 Delete 键将不需要的视频文件删除。

学习目标

学会如何删除影片中不需要的视频片段。

操作步骤

(1) 将素材拖曳至 V1 视频轨道中，在工具面板中选择【剃刀工具】，对素材进行裁切，如图 1-16 所示。

(2) 在此，将裁切后的素材中间部分删除，选中中间部分按 Delete 键完成删除，如图 1-17 所示。

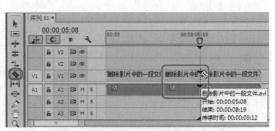

图 1-16 裁切素材

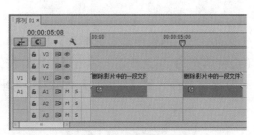

图 1-17 删除中间部分素材

案例精讲 006 三点编辑和四点编辑

案例文件：CDROM | 场景 | Cha01 | | 三点编辑和四点编辑.prproj

视频文件：视频教学 | Cha01 | 三点编辑和四点编辑.avi

制作概述

本例将使用三点或四点编辑，将素材通过【源监视器】面板，加入到【时间轴】面板中的节目中。进行三点编辑时，在【源监视器】面板中标记入点和出点，然后在【时间轴】面板中设置时间，单击【插入】按钮即可；进行四点编辑时，在【源监视器】面板和【节目监视器】面板中分别设置素材的入点和出点，单击【插入】按钮，在弹出的【适合剪辑】对话框中进行设置即可。

学习目标

掌握三点编辑的方法。

掌握四点编辑的方法。

操作步骤

(1) 三点编辑的设置：在【项目】面板中双击素材文件"三点编辑和四点编辑 .avi"，然后在【源监视器】面板中标记入点和出点，如图 1-18 所示。

(2) 将当前时间设置为 00:00:00:00，在【源监视器】面板中单击【插入】按钮 ，如图 1-19 所示。

图 1-18 设置入点和出点

图 1-19 设置入点与插入素材

(3) 四点编辑：在【源监视器】面板和【节目监视器】面板中分别设置素材的入点和出点，在【源监视器】面板中单击【插入】按钮 ，弹出【适合剪辑】对话框，选中【更改剪辑速度（适合填充）】单选按钮，单击【确定】按钮，如图 1-20 所示。

(4) 素材将插入到【时间轴】面板中，如图 1-21 所示。

图 1-20　【适合剪辑】对话框

图 1-21　插入素材

案例精讲 007　添加标记

制作概述

本例将对素材设置标记。在【时间轴】面板中单击【添加标记】按钮即可添加标记。

学习目标

掌握添加标记的方法。

操作步骤

(1) 将【项目】面板中的素材拖曳至【时间轴】面板的 V1 视频轨道中，设置时间为 00:00:01:15，如图 1-22 所示。

(2) 在【时间轴】面板中单击【添加标记】按钮 ，添加标记，如图 1-23 所示。

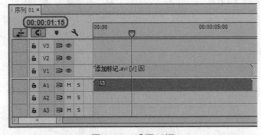

图 1-22　设置时间

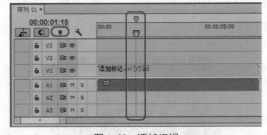

图 1-23　添加标记

案例精讲 008　解除视音频链接

制作概述

本例介绍解除视音频的链接。导入素材后，在快捷菜单中选择【取消链接】命令即可解除视音频的链接。

学习目标

学会如何解除视音频的链接。

操作步骤

(1) 添加素材文件，在素材文件上右击，在弹出的快捷菜单中选择【取消链接】命令，如图1-24所示。

(2) 执行完该命令之后即可将视频和音频取消链接，选择【剃刀工具】 ，在视频的任意位置单击，切割视频，移动音频的位置，可以观察到音频并未受到影响，如图1-25所示。

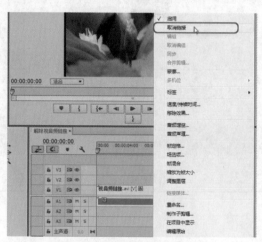

图 1-24 选择【取消链接】命令

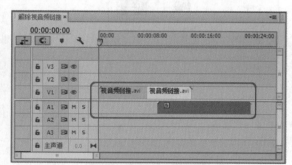

图 1-25 取消链接后的效果

知识链接

【剃刀工具】：此工具用于对素材进行分割，使用剃刀工具可将素材分为两段，并产生新的入点、出点。按住Shift键可将剃刀工具转换为多重剃刀工具，可一次将多个轨道上的素材在同一时间位置进行分割。

案例精讲 009　链接视音频

案例文件：CDROM | 场景 | Cha01 | 链接视音频.prproj

视频文件：视频教学 | Cha01 | 链接视音频.avi

制作概述

本例将介绍链接视音频的方法。在【时间轴】面板中汇总选中视频和音频文件，右击，在弹出的快捷菜单中选择【链接】命令即可。

学习目标

学会如何链接视音频。

操作步骤

(1) 打开软件,按 Ctrl+O 组合键,在弹出的【打开项目】对话框中选择随书附带光盘中的 CDROM| 素材 |Cha01| 链接视音频文件,如图 1-26 所示。

(2) 单击【打开】按钮,在【时间轴】面板中按住 Shift 键的同时选择视频和音频文件,右击,在弹出的快捷菜单中选择【链接】命令,如图 1-27 所示。执行完该命令即可将视频和音频进行连接。

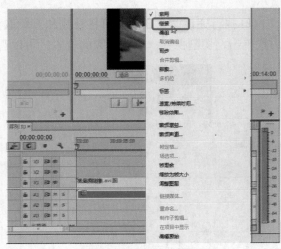

图 1-26　【打开项目】对话框　　　　　　　　　　图 1-27　选择【链接】命令

案例精讲 010　改变素材的持续时间

> 案例文件:CDROM | 场景 | Cha01 | 改变素材的持续时间.prproj
>
> 视频文件:视频教学 | Cha01 | 改变素材的持续时间.avi

制作概述

本例将介绍如何改变素材的持续时间。在【时间轴】面板的素材上右击,在弹出的快捷菜单中选择【速度/持续时间】命令,然后在打开的【剪辑速度/持续时间】对话框中设置持续时间。

学习目标

掌握改变素材的持续时间的方法。

操作步骤

(1) 添加素材文件并右击,在弹出的快捷菜单中选择【速度/持续时间】命令,打开【剪辑速度/持续时间】对话框,在该对话框中将【持续时间】设置为00:00:04:29,如图1-28所示。

(2) 设置完成后单击【确定】按钮,观察改变素材持续时间后的效果,如图 1-29 所示。

图1-28　【剪辑速度/持续时间】对话框

图1-29　设置完成后的效果

案例精讲 011　设置关键帧

案例文件：CDROM│场景│Cha01│设置关键帧.prproj(图1-30)

视频文件：视频教学│Cha01│设置关键帧.avi

图1-30　设置关键帧的效果图

制作概述

本例将介绍如何设置关键帧。选中【时间轴】面板中的素材，此时激活【效果控件】面板，可以在该面板中看到相应的设置，打开动画关键帧的记录，然后再对每个时间段设置有动画记录的参数。

学习目标

学会如何设置关键帧。

操作步骤

(1) 添加素材文件，选择视频轨道中的素材，切换至【效果控件】面板，展开【运动】选项，将当前时间设置为 00:00:00:00，将【缩放】设置为 0，单击左侧的【切换动画】按钮 ，如图 1-31 所示。

(2) 将当前时间设置为 00:00:05:00，将【缩放】设置为 35，按 Enter 键确认操作，如图 1-32 所示。然后使用同样的方法添加其他动画。

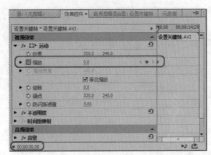
图 1-31 【效果控件】面板

图 1-32 设置时间

案例精讲 012 重命名素材

案例文件：CDROM | 场景 | Cha01 | 重命名素材.prproj

视频文件：视频教学 | Cha01 | 重命名素材.avi

制作概述

本例将介绍如何重命名素材。在【时间轴】面板中右击相应的素材，在弹出的快捷菜单中选择【重命名】命令，在弹出的对话框中对素材进行命名即可。

学习目标

学会如何重命名素材。

操作步骤

(1) 导入素材文件并选择该文件，双击素材，激活重命名文本框，如图 1-33 所示。

(2) 如果将需要修改的素材在修改之前已经添加至【时间轴】面板中，可以在【时间轴】面板中右击相应的素材，在弹出的快捷菜单中选择【重命名】命令，在弹出的对话框中对素材进行命名，如图 1-34 所示。

图 1-33 激活重命名文本框

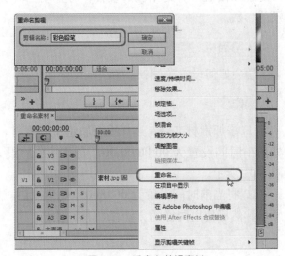
图 1-34 重命名剪辑素材

案例精讲 013　剪辑素材

案例文件：CDROM | 场景 | Cha01 | 剪辑素材.prproj

视频文件：视频教学 | Cha01 | 剪辑素材.avi

制作概述

本例将介绍如何剪辑素材。先在【源监视器】面板中设置素材的入点和出点，然后将其拖曳至【时间轴】面板中。

学习目标

学会如何剪辑素材。

操作步骤

(1) 添加素材文件并双击该素材文件，将其在【源监视器】面板中打开，在【源监视器】面板中将当前时间设置为 00:00:09:00，单击【标记入点】按钮 ，如图 1-35 所示。

(2) 将当前时间设置为 00:00:16:00，单击【标记出点】按钮 ，如图 1-36 所示。标记完成后在【项目】面板中选择素材，将其拖曳至【时间轴】面板中，观察剪辑后的效果。

图 1-35　标记入点

图 1-36　标记出点

案例精讲 014　影片预览

案例文件：CDROM | 场景 | Cha01 | 影片预览.prproj

视频文件：视频教学 | Cha01 | 影片预览.avi

制作概述

本例将介绍如何进行影片预览。在【节目监视器】中单击【播放】按钮 ▶，即可预览影片。

学习目标

学会如何进行影片预览。

操作步骤

(1) 将素材文件添加至【项目】面板中，如图 1-37 所示。

(2) 将素材拖入【时间轴】面板的 V1 视频轨道中,在【节目监视器】中单击【播放】按钮，即可预览影片,如图 1-38 所示。

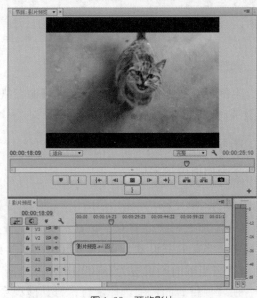

图 1-37   导入素材   图 1-38   预览影片

知识链接

　　【节目监视器】:显示视音频编辑合成后的效果,可以通过预览最终效果来估计编辑的质量,以便于进行必要的调整和修改。【节目监视器】还可以用多种波形图的方式来显示画面的参数变化。

案例精讲 015   输出影片

　　案例文件:无

　　视频文件:视频教学 | Cha01 | 影片输出.avi

制作概述

本例将介绍如何输出影片。按 Ctrl+M 组合键,在打开的【导出设置】对话框中设置输出参数即可。

学习目标

掌握输出影片的方法。

操作步骤

(1) 继续上一例精讲的操作,选择【时间轴】面板,按 Ctrl+M 组合键,打开【导出设置】对话框,在该对话框中将【格式】设置为 AVI,单击【输出名称】右侧的蓝色文字,在弹出的对话框中选择要导出视频的路径及视频名称,如图 1-39 所示。

(2) 设置完成后单击【导出】按钮,视频即可以进度条的形式进行导出,如图 1-40 所示。

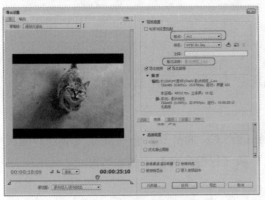

图 1-39 【导出设置】对话框   图 1-40 输出进度

案例精讲 016 转换视频格式

📋 案例文件：CDROM | 场景 | Cha01 | 转换视频格式.prproj

💿 视频文件：视频教学 | Cha01 | 转换视频格式.avi

制作概述

本例将介绍如何转换视频格式。在【导出设置】对话框中单击【格式】右侧的下拉三角按钮，在弹出的下拉列表中随意选择一种格式即可。

学习目标

掌握如何转换视频格式。

操作步骤

随意导入一个视频文件，选择【时间轴】面板，按 Ctrl+M 组合键打开【导出设置】对话框，单击【格式】右侧的下拉三角按钮，在弹出的下拉列表中随意选择一种格式，即可对素材的格式进行转换，如图 1-41 所示。

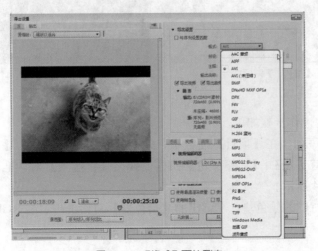

图 1-41 【格式】下拉列表

案例精讲 017　个性化设置

 案例文件：无

 视频文件：视频教学 | Cha01 | 个性化设置.avi

制作概述

本例将介绍如何根据自己的喜好更改 Premiere Pro CC 的外观颜色亮度或【项目】面板中标签的颜色。在【首选项】对话框中设置【外观】和【标签颜色】中的参数即可。

学习目标

学会如何修改外观颜色亮度。

学会如何修改标签颜色。

操作步骤

(1) 启动 Premiere 并新建一个项目。在菜单栏中选择【编辑】|【首选项】|【外观】命令，弹出【首选项】对话框，如图 1-42 所示。

(2) 调整【亮度】的滑动条可以改变 Premiere 的外观颜色亮度，单击【默认】按钮，可以恢复其默认的外观亮度，如图 1-43 所示。

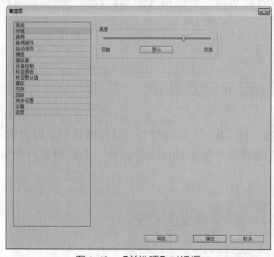

图 1-42　【首选项】对话框

图 1-43　调整亮度

更改标签颜色的操作步骤如下。

(1) 新建项目和序列。在【项目】面板中，序列的默认标签颜色为【森林绿】。在菜单栏中选择【编辑】|【首选项】|【标签颜色】命令，弹出【首选项】对话框。将【森林绿】更改为【红】，如图 1-44 所示。

(2) 单击【红】右侧的颜色块，在弹出的【拾色器】对话框中，将 RGB 值设置为 255、0、0，如图 1-45 所示。

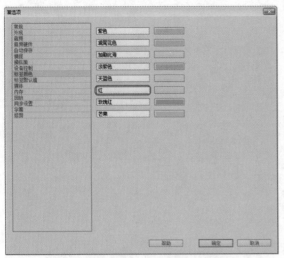

图 1-44　将【森林绿】更改为【红】　　　　　　　　图 1-45　设置 RGB 值

(3) 单击【确定】按钮，切换至【标签默认值】选项卡，将【序列】更改为【红】，如图 1-46 所示。

(4) 单击【确定】按钮，在【项目】面板中，序列标签颜色变为红色，如图 1-47 所示。

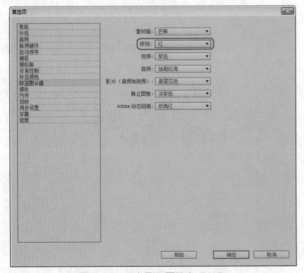

图 1-46　【序列】更改为【红】　　　　　　　　图 1-47　序列标签颜色变为红色

第 2 章
视频效果

本章中制作的案例精讲，主要运用了【效果】面板中常用的视频效果，同时通过关键帧设置为动态效果画面。熟练地运用效果是影视制作的前提。

案例精讲 018　视频色彩平衡校正

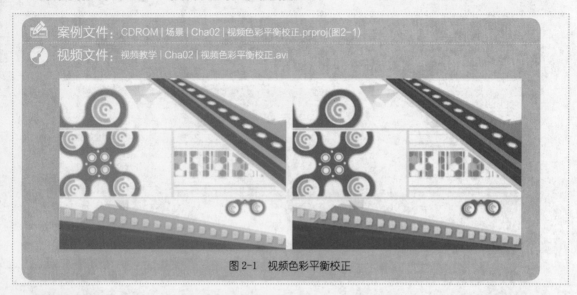

案例文件：CDROM | 场景 | Cha02 | 视频色彩平衡校正.prproj(图2-1)

视频文件：视频教学 | Cha02 | 视频色彩平衡校正.avi

图 2-1　视频色彩平衡校正

制作概述

本例将通过视频效果中的【亮度与对比度】、【颜色平衡】效果，对视频进行调整。

学习目标

掌握【亮度与对比度】、【颜色校正】效果的使用。

操作步骤

(1) 运行 Premiere Pro CC，在欢迎界面中单击【新建项目】按钮，在【新建项目】对话框中选择项目的保存路径，对项目进行命名，单击【确定】按钮。进入工作界面后按 Ctrl+N 组合键，打开【新建序列】对话框，在【序列预设】选项卡的【可用预设】选项下选择 DV-24P|【标准48kHz】选项，对【序列名称】进行命名，单击【确定】按钮。

(2) 在【项目】面板中【名称】选项下的空白处双击，在弹出的对话框中选择随书附带光盘中的 CDROM| 素材 |Cha02| 视频色彩平衡校正 .avi 文件，单击【打开】按钮。

(3) 将素材导入到【项目】面板后，将素材拖曳至 V1 轨道中，然后选中轨道中的素材，此时在【节目】面板中可以看到素材。

(4) 激活【效果】面板，打开【视频效果】文件夹，选择【颜色校正】下的【亮度与对比度】效果，将该效果拖曳至 V1 轨道中的素材文件上，如图 2-2 所示。

(5) 激活【效果控件】面板，将【亮度与对比度】选项下的【亮度】设置为 –20，【对比度】设置为 15，在【节目】面板中可以看到效果，如图 2-3 所示。

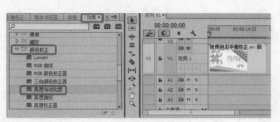
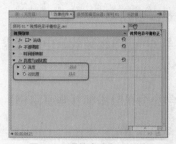

图 2-2　添加视频效果　　　　　　　　　　图 2-3　调整亮度与对比度

　　(6) 在【效果】面板中，将【视频效果】|【颜色校正】|【颜色平衡】效果拖曳至轨道中的素材上，在【效果控件】面板中，将【中间调红色平衡】设置为 100，选中【保持发光度】复选框，如图 2-4 所示。

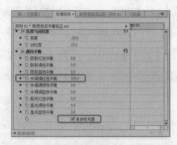

图 2-4　添加并设置【颜色平衡】效果

　　(7) 设置完成后将场景保存。在【节目】面板中，单击【播放 - 停止切换】按钮 ▶ 即可观看效果。

知识链接

　　【亮度与对比度】：用于调节画面的亮度和对比度。该效果同时调整所有像素的亮部区域、暗部区域和中间色区域，但不能对单一通道进行调节。

　　【颜色平衡】：设置图像在阴影、中值和高光下的红绿蓝三色的参数。

案例精讲 019　视频翻转效果

案例文件：CDROM | 场景 | Cha02 | 视频翻转效果.prproj(图2-5)

视频文件：视频教学 | Cha02 | 视频翻转效果.avi

图 2-5　视频翻转效果

制作概述

本例将通过视频效果中的【垂直定格】效果，来制作画面中垂直翻转的效果。

学习目标

学会为视频添加【垂直定格】效果。

操作步骤

(1) 运行 Premiere Pro CC，新建项目文件和序列，在【项目】面板中【名称】选项下的空白处双击，在弹出的对话框中选择随书附带光盘中的 CDROM| 素材 |Cha02| 视频翻转效果 .jpg 和视频翻转效果 .avi 素材文件，单击【打开】按钮。

(2) 将导入的"视频翻转效果 .jpg"文件拖曳至 V1 轨道中，将"视频翻转效果 .avi"文件拖曳至 V2 轨道中，选择 V1 轨道中的素材并右击，在弹出的快捷菜单中选择【速度 / 持续时间】命令，在打开的对话框中设置【持续时间】为 00:00:08:21，然后单击【确定】按钮，如图 2-6 所示。

(3) 选择 V2 轨道中的素材，激活【效果】面板，打开【视频效果】文件夹，选择【变换】下的【垂直定格】效果，将该效果拖曳至 V2 轨道中的"视频翻转效果 .avi"素材文件上，如图 2-7 所示。

图 2-6　设置持续时间

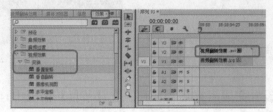

图 2-7　添加视频效果

(4) 将场景保存，在【节目】面板中，单击【播放 - 停止切换】按钮 ▶ 即可观看效果。

知识链接

　　【垂直定格】：垂直定格效果向上滚动剪辑，此效果类似于在电视机上调整垂直定格。

案例精讲 020　使用摄像机视图

案例文件：CDROM | 场景 | Cha02 | 使用摄像机视图.prproj(图2-8)

视频文件：视频教学 | Cha02 | 使用摄像机视图.avi

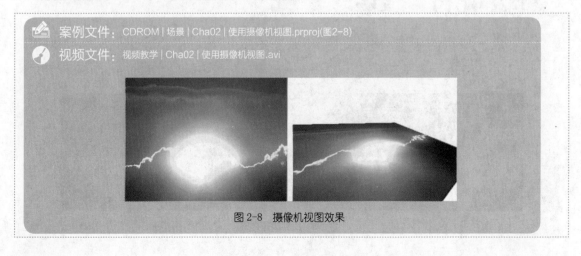

图 2-8　摄像机视图效果

制作概述

本例将介绍如何为视频添加【摄像机视图】效果。

学习目标

学会为视频添加【摄影机视图】效果。

操作步骤

(1) 运行 Premiere Pro CC，新建项目文件和序列，在【项目】面板中【名称】选项下的空白处双击，在弹出的对话框中选择随书附带光盘中的 CDROM| 素材 |Cha02| 使用摄像机视图 .avi 文件，单击【打开】按钮，导入素材后，将"使用摄像机视图 .avi"文件拖曳至 V1 轨道中。

(2) 激活【效果】面板，打开【视频效果】文件夹，选择【变换】下的【摄像机视图】效果，将其拖曳至 V1 轨道中的素材文件上。

(3) 将当前时间设置为 00:00:00:00，确定素材选中情况下激活【效果控件】面板，单击【摄像机视图】选项下参数左侧的【切换动画】按钮⌖，如图 2-9 所示。

(4) 将当前时间设置为 00:00:08:21，将【摄像机视图】选项下的【经度】设置为 360、【纬度】设置为 360、【滚动】设置为 360、【焦距】设置为 1、【距离】设置为 1、【缩放】设置为 10，如图 2-10 所示。

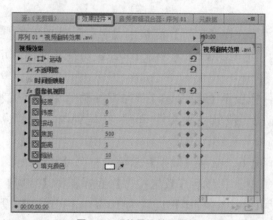

图 2-9 【效果控件】面板

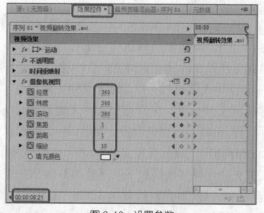

图 2-10 设置参数

知识链接

【摄像机视图】：模拟摄像机从不同角度查看剪辑，从而使剪辑扭曲。通过控制摄像机的位置，可扭曲剪辑的形状。

---

(5) 设置完成后将场景保存，在【节目】面板中，单击【播放 - 停止切换】按钮 ▶ 观看效果即可。

案例精讲 021 裁剪视频文件

案例文件：CDROM | 场景 | Cha02 | 裁剪视频文件.prproj(图2-11)

视频文件：视频教学 | Cha02 | 裁剪视频文件.avi

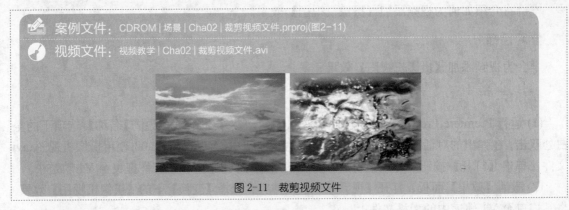

图 2-11 裁剪视频文件

制作概述

本例将对视频文件进行裁剪，同时通过透明度下的【混合模式】，使视频融入静态背景中。

学习目标

学会为视频添加【裁剪】特效和为素材添加关键帧。

操作步骤

(1) 运行 Premiere Pro CC，新建项目文件和序列，在【项目】面板中【名称】选项下的空白处双击，在弹出的对话框中选择随书附带光盘中的 CDROM| 素材 |Cha02| 裁剪视频文件 .avi 和裁剪视频文件 .jpg 素材文件，单击【打开】按钮。

(2) 导入素材后，将"裁剪视频文件 .jpg"文件拖曳至【时间线】窗口的 V1 轨道中，将"裁剪视频文件 .avi"文件拖曳至 V2 轨道中，并拖动"裁剪视频文件 .jpg"结尾处与"裁剪视频文件 .mov"结束处对齐，如图 2-12 所示。

(3) 确定"裁剪视频文件 .mov"文件选中的情况下，激活【效果】面板，打开【视频效果】文件夹，选择【变换】下的【裁剪】效果拖曳至素材上。激活【效果控件】面板，将【裁剪】选项下的【左对齐】设置为 10%、【顶部】设为 15%、【右侧】设置为 10%、【底对齐】设为 15%，单击【羽化边缘】左侧的【切换动画】按钮 🔘，将【不透明度】选项下的【混合模式】设为【线性光】，【不透明度】设为 0，如图 2-13 所示。

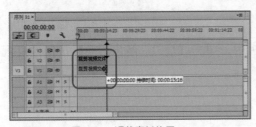

图 2-12 调整素材位置

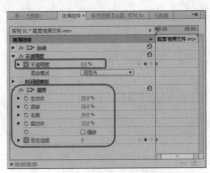

图 2-13 设置参数

（4）设置当前时间为 00:00:07:05，在【效果控件】面板中将【羽化边缘】设为 55，如图 2-14 所示。

（5）将当前时间设置为 00:00:15:15，在【效果控件】面板中将【不透明度】设置为 100%，如图 2-15 所示。

（6）设置完成后将场景保存，在【节目】面板中，单击【播放 - 停止切换】按钮 ▶ 观看效果即可。

图 2-14 设置【羽化边缘】参数

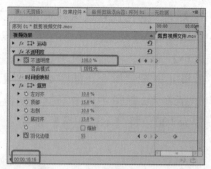

图 2-15 设置【不透明度】参数

知识链接

【裁剪】：从剪辑的边缘修剪像素，在上下左右属性中指定要移除的图像百分比。

案例精讲 022 羽化视频边缘

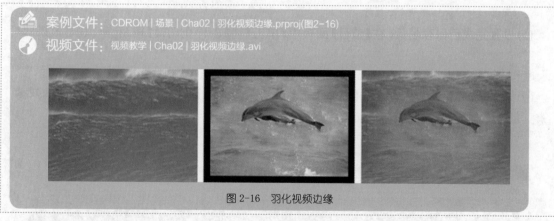

案例文件：CDROM | 场景 | Cha02 | 羽化视频边缘.prproj(图2-16)

视频文件：视频教学 | Cha02 | 羽化视频边缘.avi

图 2-16 羽化视频边缘

制作概述

本例通过【羽化边缘】效果将视频的边缘与背景融合成一体。

学习目标

学会为视频添加并设置【羽化边缘】效果。

操作步骤

(1) 运行 Premiere Pro CC，新建项目文件和序列，在【项目】面板中【名称】选项下的空白处双击，在弹出的对话框中选择随书附带光盘中的 CDROM| 素材 |Cha02| 羽化视频边缘 .mov 和羽化视频边缘效果 .jpg 素材文件，单击【打开】按钮。

(2) 导入素材后，将"羽化视频边缘 .mov"文件拖曳至 V1 轨道中，选中素材并右击，在弹出的快捷菜单中选择【缩放为帧大小】命令。

(3) 然后将"羽化视频边缘效果 .jpg"文件拖曳至 V2 轨道中，拖动"羽化视频边缘效果 .jpg"素材的结尾处与 V1 轨道中素材的结尾处对齐，并选中素材右击，在弹出的快捷菜单中选择【缩放为帧大小】命令。激活【效果】面板，打开【视频效果】文件夹，选择【变换】下的【羽化边缘】效果并拖至素材上，如图 2-17 所示。

(4) 然后在 V2 轨道中选中素材，切换至【效果控件】面板，将【羽化边缘】选项下的【数量】设置为 100，将【不透明度】设置为 63%，如图 2-18 所示。

图 2-17　添加效果

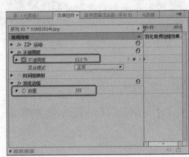

图 2-18　设置效果参数

(5) 设置完成后保存场景，在【节目】面板中，单击【播放 - 停止切换】按钮 ▶ 观看效果即可。

知识链接

【羽化边缘】：用于在所有的4个边上创建柔和的黑边框，从而在剪辑中让视频出现晕影。通过输入数量值可以控制边框宽度。

案例精讲 023　将彩色视频黑白化

案例文件：CDROM | 场景 | Cha02 | 将彩色视频黑白化.prproj(图2-19)

视频文件：视频教学 | Cha02 | 将彩色视频黑白化.avi

图 2-19　将彩色视频黑白化

制作概述

本例将通过【黑白化】效果将彩色的视频转换为黑白的，然后通过【灰度系数校正】效果提高画面的亮度。

学习目标

学会为视频添加【黑白】效果和【灰度系数校正】效果。

操作步骤

(1) 运行 Premiere Pro CC，新建项目文件和序列。在【项目】面板中【名称】选项下的空白处双击，在弹出的对话框中选择随书附带光盘中的 CDROM| 素材 |Cha02| 将彩色视频黑白化 .avi 素材文件，单击【打开】按钮。

(2) 然后将导入的"将彩色视频黑白化 .avi"素材文件拖曳至 V1 轨道中，并选中素材右击，在弹出的快捷菜单中选择【缩放为帧大小】命令。然后激活【效果】面板，打开【视频效果】文件夹，选择【图像控制】下的【黑白】和【灰度系数校正】两个效果并拖曳至素材上，如图 2-20 所示。

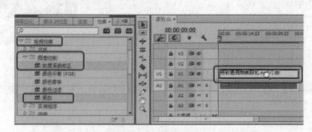

图 2-20　选择并添加效果

(3) 确认选中 V1 轨道中的素材，将当前时间设置为 00:00:00:00。切换至【效果控件】面板，设置【灰度系数校正】下的【灰度系数】为 5，然后单击【灰度系数】左侧的【切换动画】按钮，如图 2-21 所示。

(4) 将当前时间修改为 00:00:41:11，在【效果控件】面板中将【灰度系数】设置为 28，如图 2-22所示。

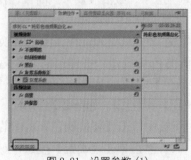

图 2-21　设置参数 (1)

图 2-22　设置参数 (2)

(5) 设置完成后将场景保存，在【节目】面板中单击【播放-停止切换】按钮 ▶ 即可观看效果。

> **知识链接**
>
> 【黑白】：将彩色剪辑转换成灰度，颜色显示为灰度。
>
> 【灰度系数校正】：在不显著更改阴影和高光的情况下使剪辑变亮或变暗。

案例精讲 024　替换画面中的色彩

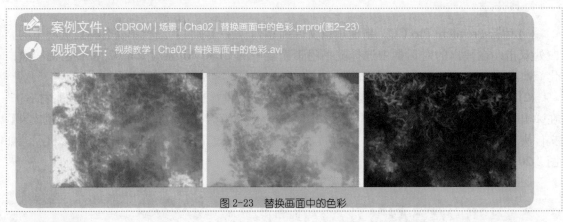

案例文件：CDROM | 场景 | Cha02 | 替换画面中的色彩.prproj(图2-23)

视频文件：视频教学 | Cha02 | 替换画面中的色彩.avi

图 2-23　替换画面中的色彩

制作概述

本例通过【颜色替换】效果配合为素材添加关键帧对视频中的颜色进行替换。

学习目标

学会为视频添加【颜色替换】效果。

操作步骤

(1) 运行 Premiere Pro CC，新建项目文件和序列，在【项目】面板中【名称】选项下的空白处双击，在弹出的对话框中选择随书附带光盘中的 CDROM| 素材 |Cha02| 替换画面中的色彩 .avi 素材文件，单击【打开】按钮。

(2) 将"替换画面中的色彩 .avi"素材文件拖曳至 V1 轨道中，激活【效果】面板，打开【视频效果】文件夹，选择【图像控制】下的【颜色替换】效果并拖曳至素材上。

(3) 然后切换至【效果控件】面板，将当前时间设置为 00:00:00:00，将【颜色替换】选择项组下的【相似性】设置为 95，单击【目标颜色】右侧的色块按钮，在弹出的【拾色器】对话框中，将 RGB 值设置为 255、199、97，单击【替换颜色】右侧的色块，在弹出的对话框中设置 RGB 值为 0、246、255，并单击其左侧的【切换动画】按钮，如图 2-24 所示。

(4) 将当前时间设置为 00:00:20:02，在【效果控件】面板中单击【替换颜色】右侧的色块，在弹出的【拾色器】对话框中将 RGB 值设置为 0、255、30，然后单击【确定】按钮，如图 2-25 所示。

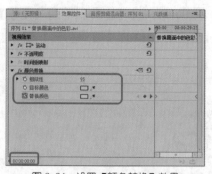

图 2-24 设置【颜色替换】效果

图 2-25 更改【替换颜色】

(5) 设置完成后将场景保存，在【节目】面板中单击【播放 - 停止切换】按钮 ▶，即可观看效果。

知识链接

【颜色替换】：将所有出现的选定颜色替换成新的颜色，同时保留灰色阶。使用此效果可以更改图像中的对象的颜色，其方法是选择对象的颜色，然后调整控件来创建不同的颜色。

案例精讲 025　扭曲视频效果

📄 **案例文件：** CDROM | 场景 | Cha02 | 扭曲视频效果.prproj(图2-26)

🌐 **视频文件：** 视频教学 | Cha02 | 扭曲视频效果.avi

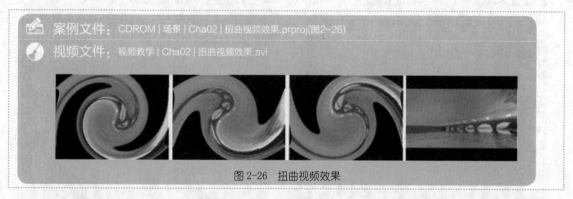

图 2-26　扭曲视频效果

制作概述

本例将为画面添加扭曲的视频效果，其中应用到【旋转】视频效果。

学习目标

学会为视频添加【旋转】视频效果。

操作步骤

(1) 运行 Premiere Pro CC，新建项目文件和序列，在【项目】面板中【名称】选项下的空白处双击，在弹出的对话框中选择随书附带光盘中的 CDROM| 素材 |Cha02| 扭曲视频效果 .avi 素材文件，单击【打开】按钮。

(2) 将"扭曲视频效果 .avi"文件拖曳至 V1 轨道中，激活【效果】面板，打开【视频效果】文件夹，选择【扭曲】下的【旋转】效果并拖曳至素材上，如图 2-27 所示。

（3）在【效果控件】面板中将当前时间设置为00:00:00:00，将【旋转】下的【角度】设置为300°。将【旋转扭曲半径】设置为48，并单击【角度】左侧的【切换动画】按钮，打开关键帧记录，如图2-28所示。

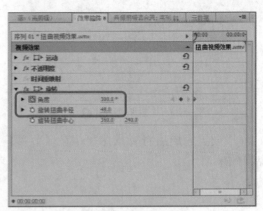

图2-27　选择并添加效果　　　　　　　　　　图2-28　设置效果参数

（4）将当前时间设置为00:00:01:00，【角度】设置为50°，如图2-29所示。

（5）将当前时间设置为00:00:02:00，【角度】设置为–200°，如图2-30所示。

（6）将当前时间设置为00:00:03:00，【角度】设置为–50°，将当前时间设置为00:00:04:00，【角度】设置为100°，将当前时间设置为00:00:05:00，【角度】设置为0。

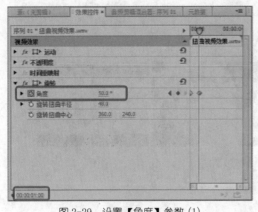

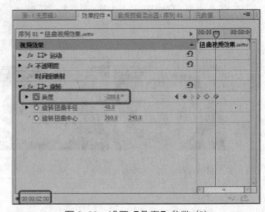

图2-29　设置【角度】参数（1）　　　　　　　图2-30　设置【角度】参数（2）

（7）设置完成后将场景保存，在【节目】面板中单击【播放 - 停止切换】按钮 ▶ ，即可观看效果。

知识链接

　　【旋转】：通过围绕剪辑中心旋转剪辑来扭曲图像。图像在中心的扭曲程度大于边缘的扭曲程度，在极端设置下会造成旋涡效果。

案例精讲 026　边角固定效果

案例文件：CDROM | 场景 | Cha02 | 边角固定效果.prproj(图2-31)

视频文件：视频教学 | Cha02 | 边角固定效果.avi

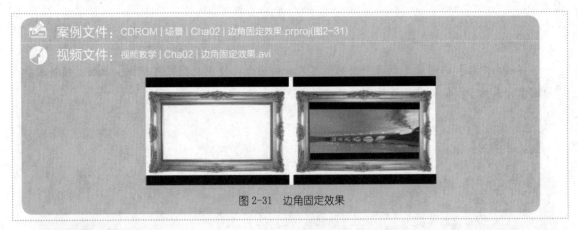

图 2-31　边角固定效果

制作概述

本例通过【边角固定】效果，将一段视频放在背景素材上，并对其参数进行调整，以得到需要的效果。

学习目标

学会为视频添加【边角固定】视频效果。

操作步骤

(1) 运行 Premiere Pro CC，新建项目文件和序列，进入操作界面，在【项目】面板中【名称】选项下的空白处双击，在弹出的【导入】对话框中选择随书附带光盘中的 CDROM| 素材 |Cha02| 边角固定效果 .mov 和边角固定效果 .jpg 素材文件，然后单击【打开】按钮。

(2) 将"边角固定效果 .mov"文件拖曳至 V2 轨道中，将"边角固定效果 .jpg"文件拖曳至 V1 轨道中，并拖动其结尾处与"边角固定效果 .mov"结尾处对齐，如图 2-32 所示。

(3) 在 V1 和 V2 轨道中，选中"边角固定效果 .jpg"和"边角固定效果 .mov"素材，并右击，在弹出的快捷菜单中选择【缩放为帧大小】命令。

(4) 切换至【效果】面板，打开【视频效果】文件夹，选择【扭曲】下的【边角定位】效果并拖曳至 V2 轨道中"边角固定效果 .mov"素材上，再选中素材。切换至【效果控件】面板，将【边角定位】选项下的【左上】设为 81、101，【右上】设为 637、105，【左下】设为 84、383，【右下】设为 632、381，如图 2-33 所示。

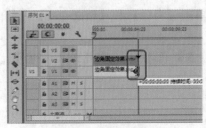

图 2-32　调整持续时间

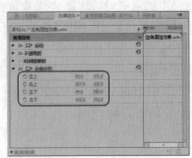

图 2-33　设置效果参数

(5) 设置完成后将场景保存，在【节目】面板中单击【播放 - 停止切换】按钮 ▶ ，即可观看效果。

知识链接

　　【边角定位】：通过更改每个角的位置来扭曲图像。使用此效果可拉伸、收缩、倾斜或扭曲图像，或用于模拟沿剪辑边缘旋转的透视或运动。

案例精讲 027　球面化效果

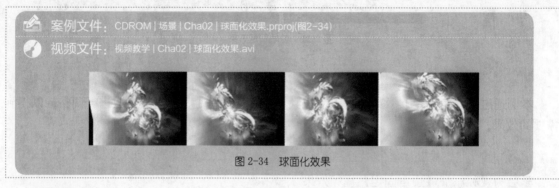

案例文件：CDROM | 场景 | Cha02 | 球面化效果.prproj(图2-34)

视频文件：视频教学 | Cha02 | 球面化效果.avi

图 2-34　球面化效果

制作概述

本例通过【球面化】效果配合为图像添加关键帧为图像添加动态效果。

学习目标

学会为素材添加【球面化】效果和添加关键帧。

操作步骤

(1) 运行 Premiere Pro CC，新建项目文件和序列，进入操作界面，在【项目】面板中【名称】选项下的空白处双击，在弹出的对话框中选择随书附带光盘中的 CDROM| 素材 |Cha02| 球面化效果 .jpg 素材文件，单击【打开】按钮。

(2) 在【项目】面板中，将导入的"球面化效果 .jpg"素材文件拖曳至 V1 轨道中，确定素材处于选中状态并右击，在弹出的快捷菜单中选择【缩放为帧大小】命令。

(3) 切换至【效果】面板，打开【视频效果】文件夹，选择【扭曲】下的【球面化】效果并拖曳至 V1 轨道中的"球面化效果 .jpg"文件上，即可为其添加【球面化】效果。

(4) 然后切换至【效果控件】面板，将当前时间设置为 00:00:00:00，将【球面化】选项下的【半径】设置为 258、【球面中心】设置为 160、151，并单击【半径】和【球面中心】左侧的【切换动画】按钮 ，打开动画关键帧，如图 2-35 所示。

(5) 将当前时间设置为 00:00:01:00，在【效果控件】面板中，将【球面中心】设置为 1160、151，如图 2-36 所示。

图 2-35　设置【球面化】效果

图 2-36　设置【球面中心】效果

(6) 将当前时间设置为 00:00:02:00，在【效果控件】面板中，将【球面中心】设置为 1160、833，如图 2-37 所示。

(7) 将当前时间设置为 00:00:03:00，在【效果控件】面板中，将【球面中心】设置为 230、833，将当前时间设置为 00:00:04:00，将【球面中心】设置为 664、575，将【半径】设置为 635，设置参数后的效果如图 2-38 所示。

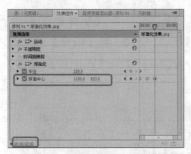
图 2-37　设置【球面中心】参数

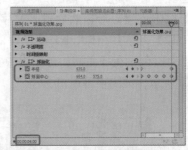
图 2-38　设置【球面中心】效果

(8) 设置完成后将场景保存，在【节目】面板中单击【播放 - 停止切换】按钮 ▶ ，即可观看效果。

知识链接

【球面化】：通过将图像区域包裹到球面上来扭曲图层。

案例精讲 028　水墨画效果

案例文件：CDROM | 场景 | Cha02 | 水墨画效果.prproj(图2-39)

视频文件：视频教学 | Cha02 | 水墨画效果.avi

图 2-39　水墨画效果

制作概述

水墨画具有很强的民族文化特色，将画面处理成水墨画效果，会给人一种古色古香、韵味十足的感觉。本例将一幅山水风景画面处理成水墨画，其中将使用到【黑白】效果。

学习目标

学会如何创建字幕和为素材添加【黑白】效果。

操作步骤

(1) 运行 Premiere Pro CC，新建项目文件和序列，进入操作界面，在【项目】面板的【名称】选项下双击，在弹出的对话框中选择随书附带光盘中的 CDROM| 素材 |Cha02| 水墨画效果 .jpg 素材文件，单击【打开】按钮，并在【项目】面板中将导入的素材拖曳至 V1 轨道中，然后右击，在弹出的快捷菜单中选择【缩放为帧大小】命令。

(2) 按 Ctrl+T 组合键，新建字幕，在打开的对话框中，将【名称】命名为【古诗】，单击【确定】按钮。进入字幕窗口，在【字幕工具】栏中，选择【垂直区域文字工具】，在字幕窗口中创建矩形，然后输入文字。然后选中输入的文字，将【字体系列】设置为【楷体 _GB2312】，将【字体大小】设置为 25，【字符间距】设置为 30，在【填充】选项组中将【颜色】设置为黑色，在【变换】选项组中将【X 位置】设置为 123.2、【Y 位置】设置为 147.4，如图 2-40 所示，关闭字幕窗口。

图 2-40 设置字幕

(3) 将【古诗】拖曳至 V2 轨道中，选中 V1 轨道中的素材，激活【效果】面板，打开【视频效果】文件夹，选择【图像控制】选项下的【黑白】效果，将其拖曳至【效果控件】面板中，为画面去色。

(4) 设置完成后将场景保存，在【节目】面板中单击【播放 - 停止切换】按钮 ▶ 即可观看效果。

案例精讲 029　镜像效果

案例文件：CDROM | 场景 | Cha02 | 镜像效果.prproj(图2-41)

视频文件：视频教学 | Cha02 | 镜像效果.avi

图 2-41　镜像效果

制作概述

本例将通过为素材添加【镜像】效果来制作水中倒影。

学习目标

学会为素材添加【镜像】效果。

操作步骤

(1) 运行 Premiere Pro CC，新建项目文件和序列，进入操作界面，在【项目】面板的【名称】选项下双击，在弹出的对话框中选择随书附带光盘中的 CDROM| 素材 |Cha02| 镜像效果 01.jpg、镜像效果 02.png 素材文件，单击【打开】按钮。

(2) 将"镜像效果 01.jpg"素材文件拖曳至 V1 轨道中，并选中轨道中的素材，右击，从弹出的快捷菜单中选择【缩放为帧大小】命令。将"镜像效果 02.png"素材文件拖曳至 V2 轨道中，并选中轨道中的素材，右击，从弹出的快捷菜单中选择【缩放为帧大小】命令，确定"镜像效果 02.png"素材文件处于选中的情况下，为其添加【镜像】效果。切换至【效果控件】面板，在【运动】选项组中将【缩放】设置为 35，将【位置】设置为 248、328，在【镜像】选项组中将【反射中心】设置为 1007、432，将【反射角度】设置为 92°，如图 2-42 所示。

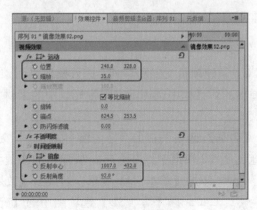

图 2-42　设置【镜像】效果

(3) 设置完成后将场景保存，在【节目】面板中即可观看效果。

知识链接

【镜像】：沿一条线拆分图像，然后将一侧反射到另一侧。

案例精讲 030　3D 空间效果

案例文件：CDROM | 场景 | Cha02 | 3D空间效果.prproj (图2-43)

视频文件：视频教学 | Cha02 | 3D空间效果.avi

图 2-43　3D 空间效果

制作概述

本例将制作 3D 空间的效果。通过使用【基本 3D】效果，对图像调整出 3D 空间效果，然后再对空间进行装饰。

学习目标

学会为素材添加【基本 3D】效果。

操作步骤

(1) 运行 Premiere Pro CC，新建项目文件和序列，进入操作界面，在【项目】面板的【名称】选项下的空白处双击，在弹出的对话框中选择随书附带光盘中的素材文件，单击【打开】按钮，导入素材，如图 2-44 所示。

(2) 在【项目】面板的【名称】选项下右击，将"墙中间 .jpg"文件拖曳至 V1 轨道中，然后将"墙左侧 .jpg"文件拖曳至 V2 轨道中，并右击，从弹出的快捷菜单中选择【缩放为帧大小】命令，然后为"墙左侧 .jpg"添加【基本 3D】效果。切换至【效果控件】面板，将【运动】选项组中的【位置】设置为 82、240，将【基本 3D】选项组中的【旋转】设置为 –75°，【与图像的距离】设置为 35，如图 2-45 所示。

图 2-44　导入素材

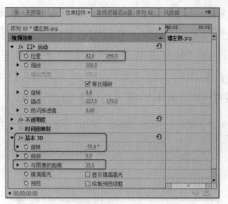

图 2-45　设置【基本 3D】效果

　　(3) 将"墙右侧 .jpg"拖曳至 V3 轨道中并选中素材，为其添加【基本 3D】效果。激活【效果控件】面板，将【运动】选项组中的【位置】设置为 643、240，将【基本 3D】选项组中的【旋转】设置为 72°，【与图像的距离】设置为 −10，如图 2-46 所示。

　　(4) 将"顶 .jpg"文件拖曳至 V4 轨道中，为其添加【基本 3D】效果。激活【效果控件】面板，将【运动】选项组中的【位置】设置为 360、40，将【基本 3D】选项组中的【倾斜】设置为 56°，【与图像的距离】设置为 −19，如图 2-47 所示。

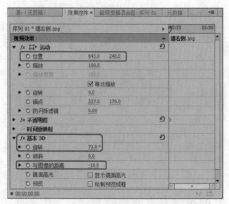

图 2-46　设置"墙右侧 .jpg"的参数

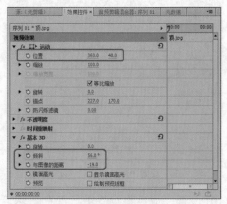

图 2-47　设置"顶 .jpg"的参数

　　(5) 将"地面 .jpg"文件拖曳至 V5 轨道中，为其添加【基本 3D】效果。激活【效果控件】面板，将【运动】选项组中的【位置】设置为 360、408，在【基本 3D】选项组中将【倾斜】设置为 −74°，【与图像的距离】设置为 −23，如图 2-48 所示。

　　(6) 将"装饰壁纸 1.jpg"素材文件拖曳至 V6 轨道中，激活【效果控件】面板，将【运动】

选项组中的【位置】设置为245、240，【缩放】设置为13，使用相同的方法向V7轨道中添加"装饰壁纸2.jpg"文件，并设置参数。

(7) 将"装饰壁纸3.jpg"素材文件拖曳至V8轨道中，并为其添加【基本3D】效果。切换至【效果控件】面板，将【运动】选项组中的【位置】设置为657、240，【缩放】设置为17，在【基本3D】选项组中，将【旋转】设置为51°，将【与图像的距离】设置为45，如图2-49所示。

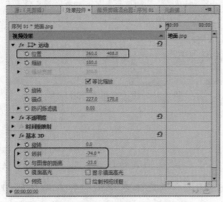

图 2-48　设置"地面.jpg"的参数

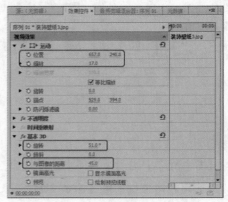

图 2-49　设置"装饰壁纸3.jpg"的参数

(8) 将"装饰壁纸4.jpg"文件拖曳至V9轨道中，为其添加【基本3D】效果。激活【效果控件】面板，将【运动】选项组中的【位置】设置为75、240，【缩放】设置为25，将【基本3D】选项组中的【旋转】设置为–56°，【与图像的距离】设置为34，如图2-50所示。

(9) 将"灯.jpg"文件拖曳至V10轨道中，激活【效果控件】面板，将【运动】选项组中的【位置】设置为360、146，【缩放】设置为20，将【不透明度】选项组中的【混合模式】设置为【深色】，如图2-51所示。

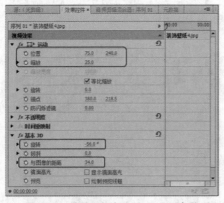

图 2-50　设置"装饰壁纸4.jpg"参数

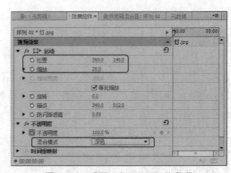

图 2-51　设置"灯.jpg"的参数

(10) 设置完成后将场景进行保存，然后在【节目】面板中查看效果即可。

案例精讲 031　单色保留效果

案例文件：CDROM | 场景 | Cha02 | 单色保留效果.prproj(图2-52)

视频文件：视频教学 | Cha02 | 单色保留效果.avi

图 2-52　单色保留效果

制作概述

本例将制作单色保留效果。本例将使用到【颜色过滤】特效，然后在【效果控件】面板中设置特效的参数。

学习目标

掌握【颜色过滤】效果的使用。

操作步骤

(1) 运行 Premiere Pro CC，新建项目文件和序列，进入操作界面，在【项目】面板中【名称】选项下的空白处双击，在弹出的对话框中选择随书附带光盘中的 CDROM| 素材 |Cha02| 单色保留效果 .jpg 文件，单击【打开】按钮。

(2) 将"单色保留效果 .jpg"文件拖曳至【时间线】窗口的【视频 1】轨道中，并选中素材右击，从弹出的快捷菜单中选择【缩放为帧大小】命令，打开【效果】面板，为素材添加【颜色过滤】效果。在【效果控件】面板中，将【颜色过滤】下的【相似性】设置为 25，【颜色】RGB 值设置为254、148、4，如图 2-53 所示。

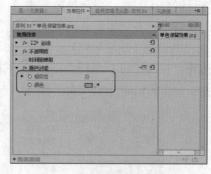

图 2-53　设置【颜色过滤】效果

(3) 设置完成后将场景进行保存，在【节目】面板中即可观看效果。

知识链接

【颜色过滤】：将剪辑转换成灰度，但不包括指定的单个颜色。使用【颜色过滤】效果可强调剪辑的特定区域。

使用【颜色过滤】效果只能隔离颜色，而不能隔离剪辑中的对象。

案例精讲 032　画面模糊效果

案例文件：CDROM | 场景 | Cha02 | 画面模糊效果.prproj(图2-54)

视频文件：视频教学 | Cha02 | 画面模糊效果.avi

图 2-54　画面模糊效果

制作概述

本例将介绍如何制作画面模糊效果。实现该效果将使用到【通道模糊】特效，然后在【效果控件】面板中设置参数即可。

学习目标

学会为素材添加【通道模糊】效果。

操作步骤

(1) 运行软件后，在欢迎界面中单击【新建项目】按钮，在【新建项目】对话框中，选择项目保存的路径，将项目命名为【画面模糊效果】，单击【确定】按钮。在【项目】面板的空白处右击，在弹出的快捷菜单中选择【新建项目】|【序列】命令，如图 2-55 所示。

(2) 弹出【新建序列】对话框，在该对话框中选择 DV–PAL|【标准 48kHz】选项，单击【确定】按钮，在【项目】面板的空白处双击，在弹出的对话框中选择随书附带光盘中的 CDROM| 素材 |Cha02|L1.jpg 素材文件，单击【打开】按钮，将其拖曳至 V1 轨道中，如图 2-56 所示。

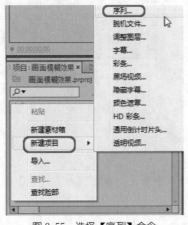

图 2-55　选择【序列】命令

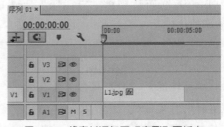

图 2-56　将素材添加至【序列】面板中

(3) 选择素材，在【效果控件】面板中将【缩放】设置为83，在【效果】面板中选择【视频效果】|【模糊和锐化】|【通道模糊】效果，将其添加至素材文件上，将当前时间设置为00:00:00:00，将【通道模糊】选项区域下的【红色模糊度】设置为15，【绿色模糊度】设置为15，【蓝色模糊度】设置为95，【Alpha 模糊度】设置为250，并单击其左侧的【切换动画】按钮 ，如图 2-57 所示。

(4) 将当前时间设置为00:00:03:00，将【红色模糊度】设置为0，【绿色模糊度】设置为0，【蓝色模糊度】设置为0，如图 2-58 所示。

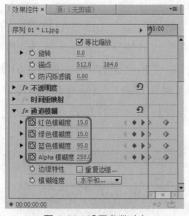
图 2-57　设置参数 (1)

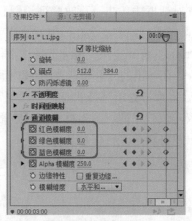
图 2-58　设置参数 (2)

(5) 将影片导出后对场景进行保存。

知识链接

【通道模糊】：使剪辑的红色、绿色、蓝色或 Alpha 通道各自变模糊。可以指定模糊是水平、垂直还是两者。

案例精讲 033　重影效果

案例文件：CDROM | 场景 | Cha02 | 重影效果.prproj(图2-59)

视频文件：视频教学 | Cha02 | 重影效果.avi

图 2-59　重影效果

制作概述

本例将介绍如何制作重影效果，其中将使用到【重影】特效。

学习目标

学会为素材添加【重影】特效。

操作步骤

(1) 启动软件后新建项目，将【名称】设置为【重影效果】，单击【确定】按钮，将序列设置为 DV-PAL|【标准 48kHz】，在【项目】面板的空白处双击，选择随书附带光盘中的 CDROM| 素材 |Cha02|L2.avi 素材文件，将其添加至 V1 轨道中。弹出【剪辑不匹配警告】对话框，在该对话框中单击【更改序列设置】按钮，如图 2-60 所示。

(2) 选择素材并右击，在弹出的快捷菜单中选择【取消链接】命令，选择A1轨道中的音频文件，按Delete键将其删除。继续选择该素材文件并右击，在弹出的快捷菜单中选择【速度/持续时间】命令，在弹出的【剪辑速度/持续时间】对话框中将【速度】设置为80%，如图2-61所示。

(3) 确定素材处于选择状态，在【效果】面板中选择【视频效果】|【模糊和锐化】|【重影】效果，双击该效果即可为素材添加【重影】效果，在【节目】面板中预览效果。设置完成后将影片导出并将场景进行保存。

图 2-60 【剪辑不匹配警告】对话框　　　　图2-61 【剪辑速度/持续时间】对话框

知识链接

【重影】：在当前帧上叠加前面紧接的帧的透明度。

案例精讲 034 画面锐化效果

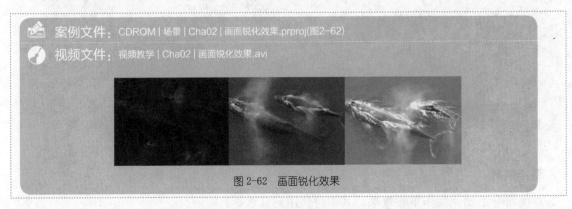

案例文件：CDROM | 场景 | Cha02 | 画面锐化效果.prproj(图2-62)

视频文件：视频教学 | Cha02 | 画面锐化效果.avi

图 2-62 画面锐化效果

制作概述

【锐化】效果可以将模糊的视频清楚化，本例将对其进行简单的介绍。

学习目标

学会为视频添加【亮度与对比度】特效和【锐化】特效。

操作步骤

(1) 启动软件后，新建项目和序列，在【项目】面板的空白处双击，在弹出的对话框中选择素材"L3.avi"，将其拖曳至 V1 轨道中，在弹出的对话框中选择【保持现有设置】选项，取消视音频链接，将音频删除。

(2) 打开【效果】面板，选择【视频效果】|【颜色校正】|【亮度与对比度】效果和【视频效果】|【模糊与锐化】|【锐化】效果，将其添加至素材文件上，为其添加【亮度与对比度】效果和【锐化】效果。在【效果控件】面板中，将当前时间设置为00:00:00:00，【不透明度】设置为50%，【混合模式】设置为【正常】，单击【亮度】、【对比度】、【锐化量】左侧的【切换动画】按钮 ，将当前时间设置为00:00:01:00，将【不透明度】设置为100%，单击【亮度】、【对比度】、【锐化量】右侧的【添加/移除关键帧】按钮 ，如图2-63所示。

(3) 将当前时间设置为 00:00:02:15，将【亮度】、【对比度】、【锐化量】设置为 53、35、45，如图 2-64 所示。设置完成后将影片导出，最后将场景进行保存。

图 2-63　设置参数

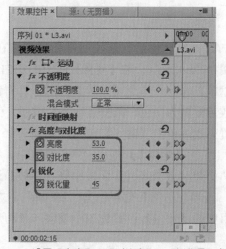

图 2-64　设置【亮度】、【对比度】、【锐化量】参数

知识链接

　　【锐化】：增加颜色变化位置的对比度。

案例精讲 035　设置渐变效果

案例文件：CDROM | 场景 | Cha02 | 渐变效果.prproj(图2-65)

视频文件：视频教学 | Cha02 | 渐变效果.avi

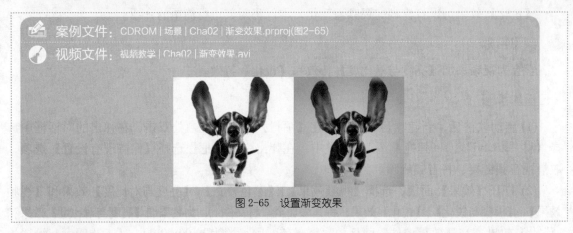

图 2-65　设置渐变效果

制作概述

本例将介绍如何制作渐变效果，其中将使用到【颜色遮罩】特效，为素材添加【羽化边缘】特效和为【颜色遮罩】添加【渐变】特效。

学习目标

学会如何创建【颜色遮罩】和添加【羽化边缘】特效和【渐变】特效。

操作步骤

(1) 运行软件后，新建项目和序列，在【项目】面板的空白处双击，在弹出的对话框中选择素材"L4.jpg"。在【项目】面板的空白处右击，在弹出的快捷菜单中选择【新建项目】|【颜色遮罩】命令，弹出【新建颜色遮罩】对话框，单击【确定】按钮。弹出【拾色器】对话框，将颜色设置为白色，单击【确定】按钮，弹出【选择名称】对话框，将名称设置为【遮罩L】，设置完成后单击【确定】按钮，如图 2-66 所示。

(2) 将【遮罩L】拖曳至 V2 轨道中，将"L4.jpg"素材文件拖曳至 V1 轨道中，选择"L4.jpg"，在【效果控件】面板中将【缩放】设置为 84，在【效果】面板中选择【视频效果】|【变换】|【羽化边缘】效果，为"L4.jpg"添加该效果，在【效果控件】面板中将【羽化边缘】选项组中的【数量】设置为 39，如图 2-67 所示。

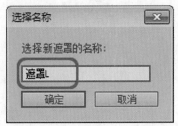

图 2-66　【选择名称】对话框

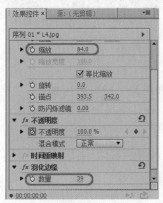

图 2-67　设置羽化边缘

(3) 选择【遮罩 L】，在【效果】面板中选择【视频效果】|【生成】|【渐变】效果，双击【渐变】效果，将【不透明度】下的【混合模式】设置为【相乘】，将【渐变起点】设置为 338.6、350.4，将【渐变终点】设置为 338、743。将【起始颜色】RGB 值设置为 240、204、182，将【结束颜色】RGB 值设置为 255、66、0，将【渐变形状】设置为【径向渐变】，将【与原始图像混合】设置为 50%，如图 2-68 所示。

 注意 　　使用【渐变起点】和【渐变终点】可指定起始和结束位置。使用【渐变扩散】可使渐变颜色分散并消除色带。

(4) 设置完成后，激活【序列】面板，在菜单栏中选择【文件】|【导出】|【媒体】命令，弹出【导出设置】对话框，在该对话框中将【格式】设置为 JPEG，单击【输出名称】右侧的文字，弹出【另存为】对话框，设置存储路径，并将【文件名】设置为【渐变效果】，单击【保存】按钮，如图 2-69 所示。

(5) 返回到【导出设置】对话框中，单击【导出】按钮即可将图片导出，导出完成后将场景进行保存。

图 2-68　设置参数

图 2-69　【另存为】对话框

知识链接

　　【渐变】：创建颜色渐变，可以创建线性渐变或径向渐变，并随时间推移而改变渐变位置和颜色。

案例精讲 036　棋盘格效果

案例文件：CDROM | 场景 | Cha02 | 棋盘格效果.prproj(图2-70)

视频文件：视频教学 | Cha02 | 棋盘格效果.avi

图 2-70　棋盘格效果

制作概述

下面将介绍如何利用【复制】效果和【棋盘】效果为选中的图片添加棋盘效果。

学习目标

学会为素材添加【复制】效果和【棋盘】效果。

操作步骤

(1) 运行软件后，新建项目和序列，再导入"L5.jpg"和"L6.jpg"素材文件，将"L5.jpg"和"L6.jpg"分别拖曳至 V2、V1 轨道中。选择"L6.jpg"素材文件，在【效果控件】面板中将【缩放】设置为 80，在【效果】面板中选择【视频效果】|【风格化】|【复制】效果，双击该效果，在【效果控件】面板中将【计数】设置为 2，如图 2-71 所示。

(2) 选择"L5.jpg"素材文件，为其添加【复制】效果，将【计数】设置为 2。选择【视频效果】|【生成】|【棋盘】效果，双击该效果，在【效果控件】面板中将【棋盘】选项组中的【锚点】设置为 512、384，将【大小依据】设置为【边角点】，将【边角】设置为 1113.9、821.4，将【混合模式】设置为【模板 Alpha】，如图 2-72 所示。

设置完成后将场景进行保存。

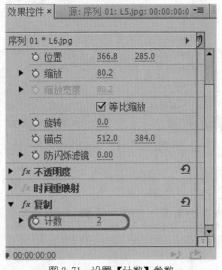

图 2-71　设置【计数】参数

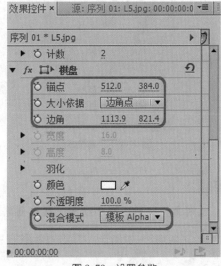

图 2-72　设置参数

知识链接

【复制】：将屏幕分成多个平铺并在每个平铺中显示整个图像。可通过拖曳滑块来设置每个列和行的平铺数。

【棋盘】：创建由矩形组成的棋盘图案，其中一半是透明的。

案例精讲 037　动态色彩背景

案例文件：CDROM | 场景 | Cha02 | 动态色彩背景.prproj(图2-73)

视频文件：视频教学 | Cha02 | 动态色彩背景.avi

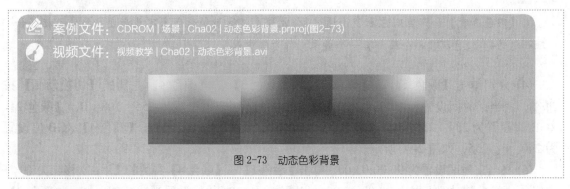

图 2-73　动态色彩背景

制作概述

本例将介绍如何制作动态色彩背景，将使用到【四色渐变】特效，利用为特效添加关键帧来创建动态背景。

学习目标

学会为素材添加【四色渐变】特效和为特效添加关键帧。

操作步骤

(1) 运行软件后，新建项目和序列，在【项目】面板的空白处双击，在弹出的快捷菜单中选择【新建项目】|【颜色遮罩】命令，弹出【新建颜色遮罩】对话框，单击【确定】按钮。弹出【拾色器】对话框，将【颜色】设置为白色，单击【确定】按钮，弹出【选择名称】对话框，在该对话框中保持默认设置，单击【确定】按钮。

(2) 将【颜色遮罩】拖曳至【序列】面板的V1轨道中，将时间设置为00:00:10:00，将其结尾处与时间线对齐，如图2-74所示。

(3) 打开【效果】面板，在该面板中选择【视频效果】|【生成】|【四色渐变】效果，双击该效果，将当前时间设置为00:00:00:00，将【点1】设置为72、57.6，【点2】设置为648、57.6，【点3】设置为72、518.4，【点4】设置为648、518.4，将【颜色1】RGB值设置为255、255、0，【颜色2】RGB值设置为0、255、0，【颜色3】RGB值设置为255、0、255，【颜色4】RGB值设置为0、0、255，如图2-75所示。

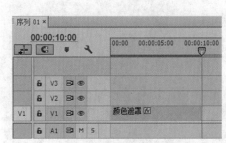

图 2-74　调整轨道中的文件

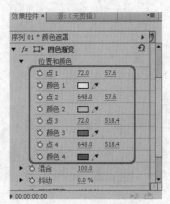

图 2-75　设置【四色渐变】效果参数

> **知识链接**
>
> 　　【四色渐变】：产生四色渐变。通过4个效果点、位置和颜色来定义渐变。渐变包括混合在一起的4个纯色环，每个环都有一个效果点作为其中心。

　　(4) 分别单击【颜色1】、【颜色2】、【颜色3】、【颜色4】左侧的【切换动画】按钮 ，将当前时间设置为00:00:02:00，将【颜色1】RGB值设置为255、108、0，【颜色2】RGB值设置为234、255、0，【颜色3】RGB值设置为54、0、255，【颜色4】RGB值设置为240、0、255，如图2-76所示。

　　(5) 将当前时间设置为00:00:03:00，单击【颜色1】~【颜色4】右侧的【添加/移除关键帧】按钮◆，将当前时间设置为00:00:05:00，将【颜色1】RGB值设置为97、218、0，【颜色2】RGB值设置为255、0、0，【颜色3】RGB值设置为255、0、246，【颜色4】RGB值设置为0、48、255，如图2-77所示。

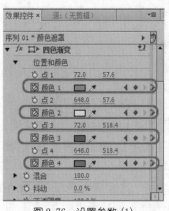

图 2-76　设置参数 (1)

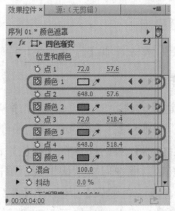

图 2-77　设置参数 (2)

　　(6) 使用同样的方法设置其他动画，设置完成后将影片导出并保存场景。

案例精讲 038　镜头光晕效果

　📁 **案例文件**：CDROM | 场景 | Cha02 | 镜头光晕效果.prproj(图2-78)

　🖌 **视频文件**：视频教学 | Cha02 | 镜头光晕效果.avi

图 2-78　镜头光晕效果

制作概述

本例将通过为素材添加并设置【镜头光晕】特效来制作镜头光晕效果。

学习目标

学会为文件添加【镜头光晕】特效。

操作步骤

(1) 运行软件后，新建项目和序列，在【项目】面板的空白处双击，在弹出的对话框中选择素材"L7.jpg"。将"L7.jpg"拖曳至 V1 轨道中，选择该素材，在【效果控件】面板中将【缩放】设置为 79，如图 2-79 所示。

(2) 在【效果】面板中选择【视频效果】|【生成】|【镜头光晕】效果，将该效果添加至素材文件上，将当前时间设置为 00:00:00:00，将【光晕中心】设置为 160、51，将【光晕亮度】设置为 158%，单击【光晕中心】、【光晕亮度】左侧的【切换动画】按钮，如图 2-80 所示。

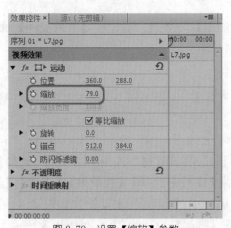

图 2-79 设置【缩放】参数

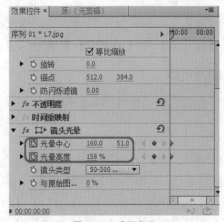

图 2-80 设置参数

(3) 将当前时间设置为 00:00:04:10，将【光晕中心】设置为 837、51，将【光晕亮度】设置为 90%，如图 2-81 所示。

设置完成后将影片导出并对场景进行保存。

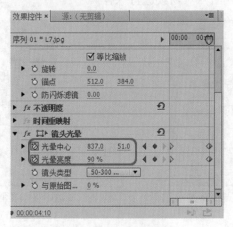

图 2-81 设置关键帧

案例精讲 039　闪电效果

案例文件：CDROM | 场景 | Cha02 | 闪电效果.prproj(图2-82)

视频文件：视频教学 | Cha02 | 闪电效果.avi

图 2-82　闪电效果

制作概述

本例将介绍如何制作闪电效果。为素材添加【闪电】特效后，通过在【效果控件】面板中设置【起始点】和【结束点】来确定闪电的位置。

学习目标

学会为素材添加【闪电】特效。

操作步骤

(1) 运行软件后，新建项目和序列，导入素材"L8.jpg"，将该素材添加至V1轨道中。选择素材，在【效果控件】面板中将【缩放】设置为120，在【效果】面板中选择【视频效果】|【生成】|【闪电】效果，将该效果添加至素材文件上。在【效果控件】面板中将【起始点】设置为199、288，将【结束点】设置为454、694，将【分段】设置为12，将【振幅】设置为20，如图2-83所示。

(2) 在【效果控件】面板中选择【闪电】效果，右击，在弹出的快捷菜单中选择【复制】命令，然后在【效果控件】面板的空白处右击，在弹出的快捷菜单中选择【粘贴】命令，将【起始点】设置为784、129，将【结束点】设置为699、528，将【速度】设置为1，如图2-84所示。

(3) 设置完成后将影片导出并对场景进行保存。

图 2-83　设置【闪电】参数

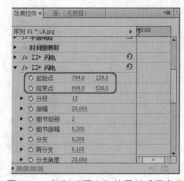

图 2-84　复制【闪电】效果并设置参数

【闪电】：在剪辑的两个指定点之间创建闪电、雅各布天梯和其他电化视觉效果。闪电效果在剪辑的时间范围内自动动画化，无须使用关键帧。

闪电的随机运动可能干扰剪辑中的其他图像。应尝试不同的随机植入值，直至找到一个适用于此剪辑的值。

案例精讲 040　画面亮度调整

案例文件：CDROM | 场景 | Cha02 | 画面亮度调整.prproj(图2-85)

视频文件：视频教学 | Cha02 | 画面亮度调整.avi

图 2-85　调整画面亮度

制作概述

本例通过【亮度与对比度】特效来对素材的画面亮度进行调整。

学习目标

学会通过【亮度与对比度】特效改变素材的画面亮度和对比度。

操作步骤

(1) 启动软件后，新建项目和序列，导入素材"L9.jpg"，在【效果控件】面板中将【缩放】设置为85。

(2) 将"L9.jpg"素材拖曳至V1轨道中，在【效果】面板中选择【视频效果】|【颜色校正】|【亮度与对比度】效果，双击该效果。将当前时间设置为00:00:00:00，单击【亮度】和【对比度】左侧的【切换动画】按钮，如图 2-86 所示。

(3) 将当前时间设置为00:00:04:00，将【亮度】设置为43，将【对比度】设置为25，如图 2-87 所示。

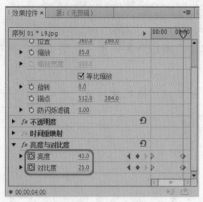

图 2-86　添加关键帧

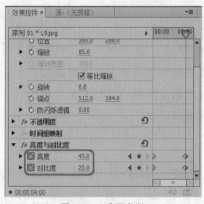

图 2-87　设置参数

(4) 设置完成后将影片导出并将场景进行保存。

案例精讲 041　改变颜色

案例文件：CDROM | 场景 | Cha02 | 改变颜色.prproj(图2-88)

视频文件：视频教学 | Cha02 | 改变颜色.avi

图 2-88　改变颜色

制作概述

本例将介绍如何制作改变颜色效果。通过为素材添加【更改颜色】特效和在【效果空间】面板中设置【更改颜色】特效的参数来更改素材的颜色。

学习目标

学会为素材添加并设置【更改颜色】特效。

操作步骤

(1) 启动软件后，新建项目和序列，在【项目】面板的空白处双击，在弹出的对话框中选择随书附带光盘中的 CDROM| 素材 |Cha02|L10.jpg 素材文件，单击【打开】按钮，将 "L10.jpg" 文件拖曳至 V1 轨道中，选择素材，在【效果控件】面板中将【缩放】设置为 77，如图 2-89 所示。

(2) 在【效果】面板中选择【视频效果】|【颜色校正】|【更改颜色】效果，双击该效果，在【效果控件】面板中将【色相变换】设置为 643，将【亮度变换】设置为 6，将【饱和度】设置为 100，将【要更改的颜色】RGB 值设置为 247、83、117，将【匹配柔和度】设置为 78%，如图 2-90 所示。

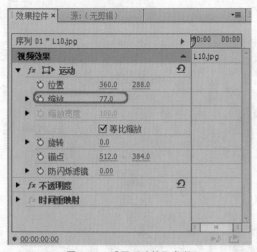

图 2-89 设置【缩放】参数

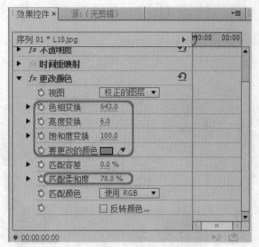

图 2-90 设置【更改颜色】参数

(3) 单击【色相变换】左侧的【切换动画】按钮 ，将当前时间设置为 00:00:02:15，将【色相变换】设置为 559，如图 2-91 所示。

(4) 将当前时间设置为 00:00:04:10，将【色相变换】设置为 418，如图 2-92 所示。

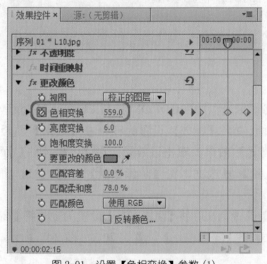

图 2-91 设置【色相变换】参数 (1)

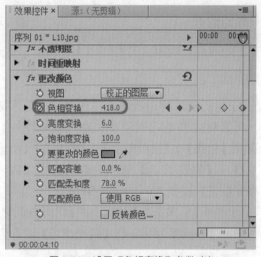

图 2-92 设置【色相变换】参数 (2)

(5) 至此改变颜色效果就制作完成了，将影片导出后保存场景。

知识链接

　　【更改颜色】：调整一系列颜色的色相、亮度和饱和度。

案例精讲 042　调整阴影 / 高光效果

📝 案例文件：CDROM | 场景 | Cha02 | 调整阴影高光效果.prproj(图2-93)

🎬 视频文件：视频教学 | Cha02 | 调整阴影高光效果.avi

图2-93　调整阴影/高光效果

制作概述

通过为素材添加【阴影/高光】特效来调整素材的阴影/高光效果。

学习目标

学会为素材添加【阴影/高光】特效。

操作步骤

(1) 运行软件后，新建项目和序列，导入随书附带光盘中的CDROM|素材|Cha02|L11.jpg素材，将素材拖曳至V1轨道中，在【效果控件】面板中将【缩放】设置为82，在【效果】面板中选择【效果】|【视频效果】|【调整】|【阴影/高光】效果，双击该效果。在【效果控件】面板中展开【阴影/高光】选项，取消选中【自动数量】复选框，将【阴影数量】设置为81，将【高光数量】设置为6，如图2-94所示。

(2) 展开【更多选项】选项，将【阴影色调宽度】设置为93，将【阴影半径】设置为19，将【高光色调宽度】设置为92，将【高光半径】设置为76，将【颜色校正】设置为20，如图2-95所示。

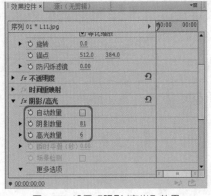

图2-94　设置【阴影/高光】效果

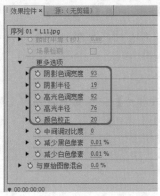

图 2-95　设置参数

(3) 至此调整阴影/高光效果就制作完成了，将图片导出后保存场景。

知识链接

【阴影/高光】：用于增亮图像中的主体，而降低图像中的高光。此效果不会使整个图像变暗或变亮；它基于周围的像素独立调整阴影和高光。也可以调整图像的总体对比度。默认设置用于修复有逆光问题的图像。

案例精讲 043　块溶解效果

案例文件：CDROM | 场景 | Cha02 | 块溶解效果.prproj(图2-96)

视频文件：视频教学 | Cha02 | 块溶解效果.avi

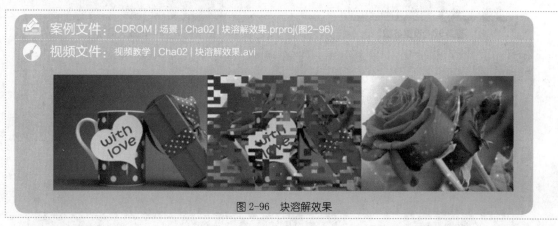

图 2-96　块溶解效果

制作概述

为素材添加【块溶解】特效后，可以在【效果控件】面板中设置【过渡完成】、【块高度】、【块宽度】和【羽化】的参数来制作溶解特效。

学习目标

学会为素材添加【块溶解】特效，并添加关键帧动画来制作动画效果。

操作步骤

(1) 启动软件后，新建项目和序列，导入"L12.jpg"、"L13.jpg"素材图片，将"L12.jpg"添加至 V2 轨道中，将"L13.jpg"添加至 V1 轨道中。在【效果控件】面板中将素材的【缩放】设置为 78。在【效果】面板中选择【视频效果】|【过渡】|【块溶解】效果，将其拖曳至 V2 轨道中的素材文件上，将当前时间设置为 00:00:00:00，单击【过渡完成】左侧的【切换动画】按钮，将【块宽度】设置为 46，将【块高度】设置为 22，如图 2-97 所示。

(2) 将当前时间设置为 00:00:03:16，将【过渡完成】设置为 100%，如图 2-98 所示。至此块溶解效果就制作完成了，导出影片后将场景进行保存。

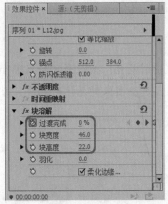

图 2-97 设置参数

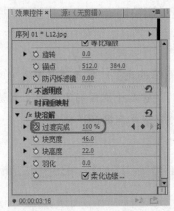

图 2-98 设置关键帧

知识链接

　　【块溶解】：使剪辑在随机块中消失。可以以像素为单位，单独设置块的宽度和高度。

案例精讲 044　投影效果

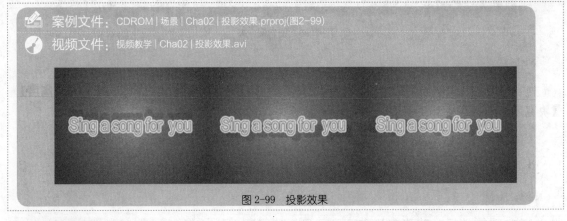

案例文件：CDROM | 场景 | Cha02 | 投影效果.prproj(图2-99)

视频文件：视频教学 | Cha02 | 投影效果.avi

图 2-99　投影效果

制作概述

　　制作本例需要首先创建字幕，然后将字幕拖曳至轨道中并为其添加【投影】特效来制作文字的投影。

学习目标

　　学会创建字幕和为字幕添加【投影】特效。

操作步骤

　　(1) 启动软件后，新建项目和序列，在【项目】面板的空白处右击，在弹出的快捷菜单中选择【新建项目】|【颜色遮罩】命令，在弹出的对话框中保持默认设置，单击【确定】按钮。在弹出的【拾色器】对话框中将颜色设置为白色，单击【确定】按钮，再在弹出的对话框中单击【确定】按钮。将【颜色遮罩】拖曳至 V1 轨道中。

(2) 在【效果】面板中选择【视频效果】|【生成】|【渐变】效果，双击该效果，在【效果控件】面板中将【渐变起点】设置为360、262，将【渐变终点】设置为360、740，将【渐变形状】设置为【径向渐变】，将【起始颜色】RGB 值设置为199、150、255，将【结束颜色】RGB 值设置为81、0、137，如图2-100所示。

(3) 在【效果】面板中选择【杂色】效果，双击该效果，在【效果控件】面板中，将【杂色数量】设置为19%，取消选中【使用颜色】复选框，如图2-101所示。

图 2-100　设置【渐变】参数

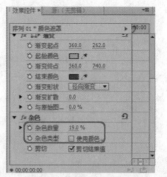

图 2-101　设置【杂色】参数

(4) 按 Ctrl+T 组合键，在弹出的对话框中保持默认设置，单击【确定】按钮。打开【字幕】对话框，在该对话框中选择【文字工具】 ，在设计栏中输入文本，将【字体系列】设置为 Arial，将【字体大小】设置为81，将【填充】选项组中的【颜色】设置为白色，单击【外描边】右侧的【添加】按钮，将【大小】设置为30，将【颜色】RGB 值设置为233、119、58，再次单击【外描边】右侧的【添加】按钮，将【大小】设置为50，将【颜色】RGB 值设置为255、255、0，如图2-102所示。

(5) 在【变换】选项组中将【X 位置】、【Y 位置】分别设置为391、291，将对话框关闭。将【字幕01】拖曳至 V2 轨道中，在【效果】面板中选择【投影】效果，在【效果控件】面板中将【阴影颜色】RGB 值设置为52、52、52，将【不透明度】设置为35%，将【方向】设置为0，将【距离】设置为35，将当前时间设置为00:00:00:00，单击【方向】左侧的【切换动画】按钮 ，如图2-103所示。

(6) 将当前时间设置为00:00:04:10，将【方向】设置为360，至此投影效果就制作完成了，影片导出后将场景进行保存即可。

图 2-102　输入文本

图 2-103　设置【投影】参数

案例精讲 045　斜角边效果

案例文件：CDROM | 场景 | Cha02 | 斜角边效果.prproj(图2-104)

视频文件：视频教学 | Cha02 | 斜角边效果.avi

图 2-104　斜角边效果

制作概述

本例将通过为素材添加【斜角边】特效来制作立体感效果。

学习目标

学会为素材添加【斜角边】特效。

操作步骤

(1) 启动软件后，新建项目和序列，双击【项目】面板空白处，在弹出的对话框中选择"L14.jpg"素材图片，将导入的素材拖曳至 V1 轨道中，如图 2-105 所示。在【效果】面板中选择【视频效果】|【透视】|【斜角边】效果，将该效果添加至素材图片上。

(2) 在【效果控件】面板中将【边缘厚度】设置为 0.1，将【光照角度】设置为 –31°，将【光照强度】设置为 0.5，如图 2-106 所示。

(3) 至此，斜角边效果就制作完成了，将图片导出后对场景进行保存。

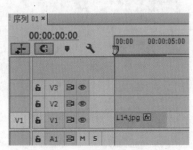

图 2-105　将素材添加至轨道中

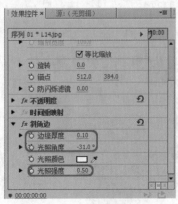

图 2-106　设置参数

【斜角边】：为图像边缘提供凿刻和光亮的3D外观。边缘位置取决于源图像的Alpha通道。

案例精讲 046　线条化效果

案例文件：CDROM | 场景 | Cha02 | 线条化效果.prproj(图2-107)

视频文件：视频教学 | Cha02 | 线条化效果.avi

图2-107　线条化效果

制作概述

本例将通过为素材添加【曝光过度】、【查找边缘】和【粗糙边缘】特效来制作线条化效果。

学习目标

学会为素材添加【曝光过度】、【查找边缘】和【粗糙边缘】特效。

操作步骤

(1) 运行软件后，新建项目和序列，导入素材图片"L15.jpg"，将其添加至V1轨道中。确定素材处于选择状态，在【效果控件】面板中将【缩放】设置为89，如图2-108所示。

(2) 在【效果】面板中选择【视频效果】|【风格化】|【曝光过度】效果，双击该效果，在【效果控件】面板中将【曝光过度】选项下的【阈值】设置为95，如图2-109所示。

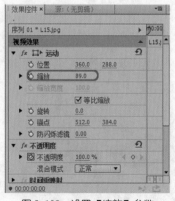

图2-108　设置【缩放】参数

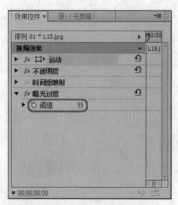

图2-109　设置【阈值】参数

(3) 在【效果】面板中搜索【查找边缘】效果，选择【风格化】下的【查找边缘】效果，双击该效果将其添加给素材文件。在【效果控件】面板中将【与原始图像混合】设置为25%，如图2-110所示。

(4) 选择【粗糙边缘】效果，将其添加至素材文件上，将【边框】设置为5，将【复杂度】设置为3，如图 2-111 所示。

图 2-110　设置【与原始图像混合】参数

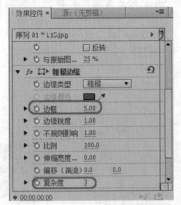

图 2-111　设置【粗糙边缘】参数

(5) 至此，线条化效果就制作完成了，将图片导出后对场景进行保存。

知识链接

　　【曝光过度】：创建负像和正像之间的混合，导致图像看起来有光晕。此效果类似于相片在显影过程中短暂曝光。

　　【查找边缘】：识别有明显过渡的图像区域并突出边缘。边缘可在白色背景上显示为暗线，或在黑色背景上显示为彩色线。如果应用查找边缘效果，图像通常看起来像草图或原图的底片。

　　【粗糙边缘】：通过使用计算方法使剪辑 Alpha 通道的边缘变粗糙。此效果为栅格化文字或图形提供自然粗糙的外观，犹如受过侵蚀的金属或打字机打出的文字。

案例精讲 047　无用信号遮罩

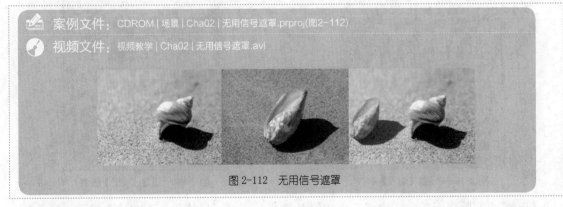

　　案例文件：CDROM | 场景 | Cha02 | 无用信号遮罩.prproj(图2-112)

　　视频文件：视频教学 | Cha02 | 无用信号遮罩.avi

图 2-112　无用信号遮罩

制作概述

　　本例通过为素材添加【16点无用信号遮罩】特效将素材多余的部分进行遮罩，使两个素材更好地融合在一起。

学习目标

学会为素材添加【16 点无用信号遮罩】特效。

操作步骤

(1) 启动软件后，新建项目和序列，导入素材"L16.jpg"和"L17.jpg"，将"L16.jpg"文件拖曳至 V1 轨道中，将"L17.jpg"拖曳至 V2 轨道中，如图 2-113 所示。

(2) 选择"L16.jpg"文件，在【效果控件】面板中将【位置】设置为 478、282，将【缩放】设置为 103，如图 2-114 所示。

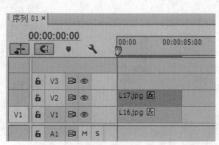

图 2-113　将素材添加至轨道中

图 2-114　设置【缩放】及【位置】参数

(3) 选择"L17.jpg"文件，在【效果控件】面板中将【位置】设置为 95.2、299，将【缩放】设置为 58，将【不透明度】设置为 78%，如图 2-115 所示。

(4) 在【效果】面板中选择【16 点无用信号遮罩】效果，将其添加至"L17.jpg"文件上，将【上左顶点】设置为 372.6、369.8，将【上左切点】设置为 511.9、190.7，将【上中切点】设置为 613.5、161.7，将【上右切点】设置为 664.8、186.6，将【右上顶点】设置为 658.7、394.6，将【右上切点】设置为 856.5、415，将【右中切点】设置为 915.6、459.9，将【右下切点】设置为 960.5、468，将【下右顶点】设置为 866.7、529.2，将【下右切点】设置为 836.1、584.3，将【下中切点】设置为 679.1、649.5，将【下左切点】设置为 587.3、659.7，将【左下顶点】设置为 479.2、659.7，将【左下切点】设置为 424.2、612.8，将【左中切点】设置为 346.6、570.7，将【左上切点】设置为 339.5、506.9，如图 2-116 所示。

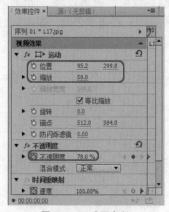

图 2-115　设置参数

图 2-116　设置【16 点无用信号遮罩】参数

(5) 至此，无用信号遮罩就制作完成了。把图片导出后将场景进行保存。

知识链接

【16点无用信号遮罩】：用于剪除镜头中的无关部分，以便能够更有效地应用和调整关键效果。

案例精讲 048　视频抠像

案例文件：CDROM | 场景 | Cha02 | 视频抠像.prproj (图2-117)

视频文件：视频教学 | Cha02 | 视频抠像.avi

图2-117　视频抠像

制作概述

本例将通过为素材添加【亮度键】特效来制作视频抠像效果。

学习目标

学会为素材添加【亮度键】特效。

操作步骤

(1) 运行软件后，新建项目和序列，导入素材"L18.gif"和"L19.jpg"，将"L19.jpg"文件拖曳至V1轨道中，将"L18.gif"文件拖曳至V2轨道中，将"L19.jpg"结尾处与"L18.gif"结尾处对齐，如图2-118所示。

(2) 选择"L19.jpg"文件，在【效果控件】面板中将【缩放】设置为80，选择"L18.gif"文件，将【缩放】设置为144，在【效果】面板中选择【亮度键】效果，将该效果添加给"L18.gif"文件。在【效果控件】面板中将【阈值】设置为80%，将【屏蔽度】设置为25%，如图2-119所示。

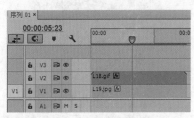

图2-118　将素材添加至轨道中

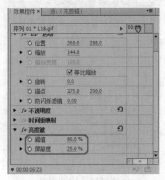

图2-119　设置参数

(3) 至此，视频抠像就制作完成了，将影片导出后对场景进行保存。

【亮度键】：抠出图层中指定明亮度或亮度的所有区域。

【亮度键】效果主要用于创建遮罩的对象与其背景相比有显著不同的明亮度值。

案例精讲 049　画面浮雕效果

案例文件：CDROM | 场景 | Cha02 | 画面浮雕效果.prproj(图2-120)

视频文件：视频教学 | Cha02 | 画面浮雕效果.avi

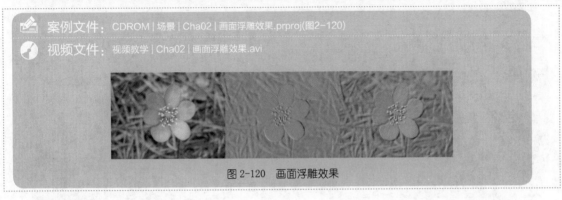

图 2-120　画面浮雕效果

制作概述

为素材添加【浮雕】效果，在【效果控件】面板中设置参数来制作出浮雕效果。

学习目标

学会为素材添加【浮雕】效果。

操作步骤

(1) 启动软件后，新建项目和序列，在【项目】面板的空白处双击，在弹出的对话框中选择 "L20.jpg" 素材图片，将该素材拖曳至 V1 轨道中，在【效果控件】面板中将【缩放】设置为 79，如图 2-121 所示。

(2) 在【效果】面板中选择【视频效果】|【风格化】|【浮雕】效果，双击该效果，在【效果控件】面板中，将当前时间设置为 00:00:00:00，将【方向】设置为 45，将【起伏】设置为 1，单击【方向】、【起伏】和【与原始图像混合】左侧的【切换动画】按钮，如图 2-122 所示。

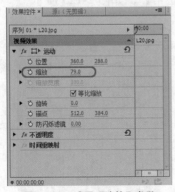

图 2-121　设置【缩放】参数

图 2-122　设置【浮雕】参数

（3）将当前时间设置为00:00:04:00，将【方向】设置为127，将【起伏】设置为5，将【与原始图像混合】设置为30，至此，画面浮雕效果就制作完成了。影片导出后对场景进行保存。

知识链接

【浮雕】：用于锐化图像中的对象的边缘并抑制颜色。此效果从指定的角度使边缘产生高光。

案例精讲 050　重复画面效果

案例文件：CDROM | 场景 | Cha02 | 重复画面效果.prproj（图2-123）

视频文件：视频教学 | Cha02 | 重复画面效果.avi

图 2-123　重复画面效果

制作概述

本例将通过为素材添加【复制】特效来制作重复画面效果。

学习目标

学会为素材添加【复制】特效。

操作步骤

（1）运行软件后，新建项目和序列，导入图片"L21.jpg"，将"L21.jpg"图片拖曳至V1轨道中，在【效果控件】面板中将【缩放】设置为77，在【效果】面板中选择【复制】效果，在【效果控件】面板中将【计数】设置为2，如图2-124所示。

（2）选择【网格】效果，双击该效果，在【效果控件】面板中将【边角】设置为1021.4、762.8，将【边框】设置为38，将【羽化】选项下的【宽度】、【高度】都设置为14，将【颜色】RGB值设置为255、150、0，将【混合模式】设置为【正常】，如图2-125所示。

（3）把图片导出后将场景进行保存。

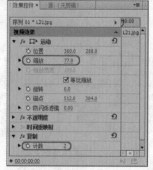

图 2-124　设置【缩放】及【计数】参数

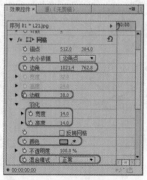

图 2-125　设置【网格】参数

案例精讲 051　马赛克效果

案例文件：CDROM | 场景 | Cha02 | 马赛克效果.prproj(图2-126)

视频文件：视频教学 | Cha02 | 马赛克效果.avi

图 2-126　马赛克效果

制作概述

本例将通过为素材添加【马赛克】特效来制作马赛克效果。

学习目标

学会为素材添加【马赛克】特效。

操作步骤

(1) 启动软件后，新建项目和序列，导入图片"L22.jpg"，将"L22.jpg"拖曳至 V1、V2 轨道中。在【效果控件】面板中将【缩放】设置为 77，在【效果】面板中选择【裁剪】效果，将其添加至 V2 轨道中的素材文件上。在【效果控件】面板中将【左对齐】设置为 28.9%，将【顶部】设置为 3%，将【右侧】设置为 5%，将【底对齐】设置为 15%，如图 2-127 所示。

(2) 在【效果】面板中选择【马赛克】效果，将其添加至 V2 轨道中的素材文件上，在【效果控件】面板中将【水平块】、【垂直块】都设置为 25，如图 2-128 所示。

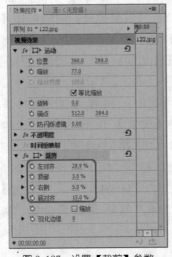

图 2-127　设置【裁剪】参数

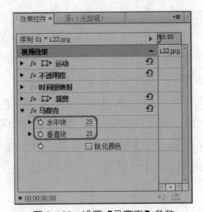

图 2-128　设置【马赛克】参数

(3) 至此马赛克效果就制作完成了，把图片导出后将场景进行保存。

知识链接

　　【马赛克】：使用纯色矩形填充剪辑，使原始图像像素化。此效果可用于模拟低分辨率显示以及用于遮蔽面部，也可以针对过渡来动画化此效果。

案例精讲 052　Alpha 发光效果

案例文件：CDROM | 场景 | Cha02 | Alpha发光效果.prproj(图2-129)

视频文件：视频教学 | Cha02 | Alpha发光效果.avi

图 2-129　Alpha 发光效果

制作概述

本例将通过为素材添加【Alpha 发光】效果来制作素材发光效果。

学习目标

学会为素材添加【Alpha 发光】特效。

操作步骤

　　(1) 启动软件后，新建项目和序列，导入图片"L23.jpg"、"L24.png"，将"L23.jpg"图片拖曳至 V1 轨道中，将"L24.png"拖曳至 V2 轨道中。在【效果控件】面板中将【缩放】设置为 65，在【效果】面板中选择【Alpha 发光】效果，将其添加至 V2 轨道中的素材文件上。将当前时间设置为 00:00:00:00，将【发光】设置为 0，将【亮度】设置为 255，将【起始颜色】RGB 值设置为 255、255、0，将【结束颜色】设置为白色，如图 2-130 所示。

　　(2) 单击【发光】左侧的【切换动画】按钮，将当前时间设置为 00:00:00:15，将【发光】设置为 100，将当前时间设置为 00:00:01:06，将【发光】设置为 0，将当前时间设置为 00:00:01:21，将【发光】设置为 100，将当前时间设置为 00:00:02:12，将【发光】设置为 0，将当前时间设置为 00:00:03:03，将【发光】设置为 100，将当前时间设置为 00:00:03:18，将【发光】设置为 0，将当前时间设置为 00:00:04:09，将【发光】设置为 100，当前时间设置为 00:00:04:23，将【发光】设置为 0，然后调整其位置，如图 2-131 所示。

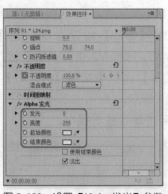
图 2-130　设置【Alpha 发光】参数

图 2-131　设置关键帧

(3) 至此，Alpha 发光效果就制作完成了，把影片导出后将场景进行保存。

知识链接

　　【Alpha发光】：在蒙版 Alpha 通道的边缘周围添加颜色，可以让单一颜色在远离边缘时淡出或变成另一种颜色。

案例精讲 053　相机闪光效果

案例文件：CDROM | 场景 | Cha02 | 相机闪光效果.prproj(图2-132)

视频文件：视频教学 | Cha02 | 相机闪光效果.avi

图 2-132　相机闪光效果

制作概述

本例将通过为素材添加【闪光灯】特效来制作相机闪光效果。

学习目标

学会为素材添加【闪光灯】特效。

操作步骤

(1) 启动软件后，新建项目和序列，导入图片"L25.jpg"、"L26.png"，将"L25.jpg"图片拖曳至 V1 轨道中，将其持续时间设置为 00:00:01:17，将当前时间设置为 00:00:00:18，将"L25.jpg"拖曳至 V2 轨道中，将其开始位置与时间线对齐，结尾处与 V1 轨道的结尾处对齐。

将"L26.png"拖曳至V3轨道中,将其开始处及结尾处与V1轨道中的素材对齐,如图2-133所示。

(2) 将 V1 轨道中素材的【位置】设置为360、240,将【缩放】设置为64。选择 V3 轨道中的素材,将【位置】设置为360、240,将【缩放】设置为80。选择 V2 轨道中的素材,将其【位置】设置为271.7、314.3,将【缩放】设置为18。在【效果】面板中选择【闪光灯】效果,在【效果控件】面板中将【随机植入】设置为1,如图2-134所示。

(3) 至此,相机闪光效果就制作完成了,把影片导出后将场景进行保存。

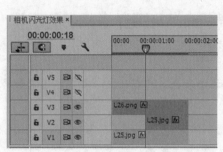

图 2-133　将素材添加至轨道中

图 2-134　设置【随机植入】参数

知识链接

　　【闪光灯】:对剪辑执行算术运算,或使剪辑在定期或随机间隔透明。

第 3 章
视频过渡效果

本章重点

- ◆ 摆入和摆出效果
- ◆ 旋转切换效果
- ◆ 明亮度映射切换效果
- ◆ 圆划像切换效果
- ◆ 页面剥落效果
- ◆ 卷走切换效果
- ◆ 交义溶解效果
- ◆ 随机反转效果

- ◆ 伸展效果
- ◆ 时钟式擦除效果
- ◆ 油漆飞溅效果
- ◆ 百叶窗效果
- ◆ 风车效果
- ◆ 螺旋框效果
- ◆ 纹理化效果

本章中制作的实例，主要运用了【效果】面板中常用的视频过渡效果，读者只有熟练掌握过渡效果，才能在使用时得心应手。

案例精讲 054　摆入和摆出效果

案例文件：CDROM | 场景 | Cha03 | 摆入和摆出效果.prproj(图3-1)

视频文件：视频教学 | Cha03 | 摆入和摆出.avi

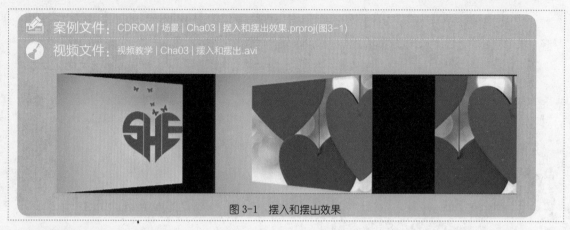

图 3-1　摆入和摆出效果

制作概述

本例将详细讲解【摆入和摆出】效果。通过添加素材图片，将【摆入和摆出】效果添加到两个素材之间，通过设置效果的【持续时间】得到想要的效果。

学习目标

掌握【摆入和摆出】效果的设置方法。

操作步骤

(1) 运行软件后，在欢迎界面中单击【新建项目】按钮，弹出【新建项目】对话框，在该对话框中设置正确的名称及保存位置，单击【确定】按钮，如图 3-2 所示。

(2) 按 Ctrl+N 组合键，弹出【新建序列】对话框，选择 DV-24P|【标准 48kHz】选项，单击【确定】按钮，如图 3-3 所示。

图 3-2　【新建项目】对话框

图 3-3　新建序列

(3) 在【项目】面板中双击导入随书附带光盘 CDROM| 素材 |Cha03 文件夹中的 001.jpg 和 002.jpg 文件，如图 3-4 所示。

(4) 选择 "001.jpg" 和 "002.jpg" 文件并将其拖曳至 V1 轨道中, 如图 3-5 所示。

图 3-4　导入素材文件

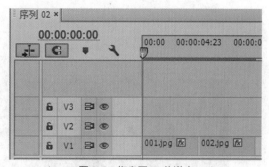

图 3-5　拖曳至 V1 轨道中

(5) 打开【效果】面板, 选择【视频过渡】|【3D 运动】|【摆入】效果, 将其拖曳至 "001. jpg" 素材文件的开始处和两个素材之间, 将【摆出】效果拖曳至 "002.jpg" 文件的结束处, 如图 3-6 所示。

> ?
> 注
> 意
> 在添加过渡效果时, 需要将要添加的效果拖曳至素材文件的开始处、结尾处, 除此之外, 在选中添加以后的过渡效果时, 可以在【效果控件】面板中对其进行相应的设置。

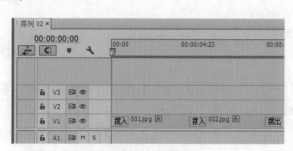

图 3-6　添加效果

(6) 选择两个素材之间的【摆入】效果, 在【效果控件】面板中, 将【摆入】设为【自东向西】, 如图 3-7 所示。

把图片导出后将场景进行保存。

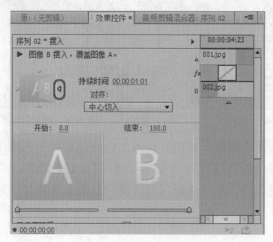

图 3-7　【效果控件】面板

案例精讲 055　旋转切换效果

案例文件：CDROM | 场景 | Cha03 | 旋转切换效果.prproj(图3-8)

视频文件：视频教学 | Cha03 | 旋转切换效果.avi

图 3-8　旋转切换效果

制作概述

本例将详细讲解【旋转切换】效果。通过添加素材图片，将【旋转】和【旋转离开】效果添加到两个素材之间，通过设置效果的【持续时间】和【方向】得到想要的效果。

学习目标

掌握【旋转】和【旋转离开】效果的设置方法。

操作步骤

(1) 新建项目文件及序列，在【项目】面板中导入随书附带光盘 CDROM| 素材 |Cha03 文件夹中的 003.jpg 和 004.jpg 文件，如图 3-9 所示。

(2) 选择导入的两个素材文件并将其拖曳至 V1 视频轨道中，如图 3-10 所示。

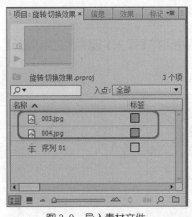

图 3-9　导入素材文件

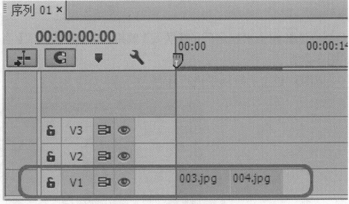

图 3-10　拖曳至 V1 轨道中

(3) 在 V1 轨道中选择两个素材，右击并在弹出的快捷菜单中选择【缩放为帧大小】命令。打开【效果】面板，选择【视频过渡】|【3D 运动】|【旋转】效果，将其拖至素材"003.jpg"文件的开始处和两个素材之间，然后选择【旋转离开】效果并将其添加在"004.jpg"文件的结尾处，如图 3-11 所示。

> **知识链接**
>
> 　　【旋转】过渡效果可以产生平面压缩过渡效果。而与【旋转】过渡效果不同的是，【旋转离开】过渡效果可以产生透视旋转效果。

　　(4) 选择两个素材之间的【旋转】效果，打开【效果控件】面板，单击【自北向南】按钮设置切换方向，如图 3-12 所示。

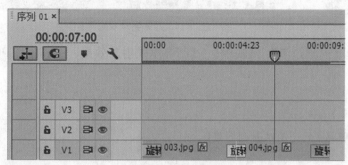

图 3-11　添加效果

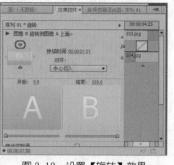

图 3-12　设置【旋转】效果

(5) 至此，旋转切换效果就制作完成了，把影片导出后将场景进行保存。

案例精讲 056　明亮度映射切换效果

> 案例文件：CDROM | 场景 | Cha03 | 明亮度映射切换效果.prproj
>
> 视频文件：视频教学 | Cha03 | 明亮度映射切换效果.avi

制作概述

本例将详细讲解【明亮度映射】效果。通过添加素材图片，将【明亮度映射】效果添加到两个素材之间，即可得到【明亮度映射】效果。

学习目标

掌握【明亮度映射】效果的设置方法。

操作步骤

(1) 新建项目文件及序列，在【项目】面板中导入随书附带光盘 CDROM| 素材 |Cha03 文件夹中的 g005.jpg 和 g006.jpg 文件，如图 3-13 所示。

(2) 选择导入的两个素材文件并将其拖曳至 V1 视频轨道中，右击并在弹出的快捷菜单中选择【缩放为帧大小】命令，如图 3-14 所示。

Premiere Pro CC 视频编辑

案例课堂 ▶

图 3-13　导入素材

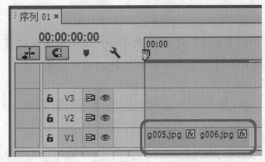

图 3-14　拖曳至 V1 视频轨道中

　　(3) 切换到【效果】面板，选择【视频过渡】|【映射】|【明亮度映射】效果，将其添加到两个素材之间，如图 3-15 所示。

知识链接

　　【明亮度映射】过渡效果是将图像A的亮度映射到图像B。

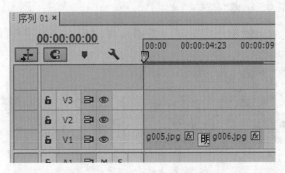

图 3-15　添加【明亮度映射】效果

　　(4) 至此，明亮度切换效果就制作完成了，把图片导出后将场景进行保存。

案例精讲 057　圆划像切换效果

✎ 案例文件：CDROM | 场景 | Cha03 | 圆划像切换效果.prproj

▶ 视频文件：视频教学 | Cha03 | 圆划像切换效果.avi

制作概述

　　本例将详细讲解【圆划像切换】效果。通过添加素材图片，将【圆划像】效果添加到两个素材之间，通过设置效果的【持续时间】和【方向】得到想要的效果。

学习目标

　　掌握【圆划像切换】效果的设置方法。

操作步骤

　　(1) 新建项目文件及序列，在【项目】面板中导入随书附带光盘 CDROM| 素材 |Cha03 文件

夹中的 g007.jpg 和 g008.jpg 文件，如图 3-16 所示。

(2) 选择导入的两个素材文件并将其拖曳至 V1 视频轨道中，右击，在弹出的快捷菜单中选择【缩放为帧大小】命令，如图 3-17 所示。

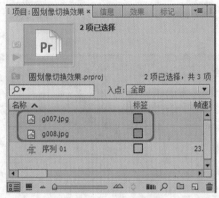 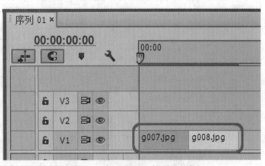

图 3-16　导入素材文件　　　　　　　　　　　图 3-17　拖曳至 V1 视频轨道中

(3) 打开【效果】面板，选择【视频过渡】|【划像】|【圆划像】效果，将其添加到两个素材之间，如图 3-18 所示。

(4) 选择添加的效果，将【持续时间】设为 00:00:03:00，将 A 的中心点进行移动，如图 3-19 所示。

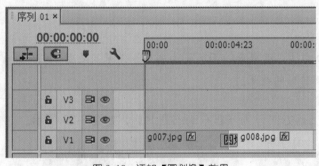 

图 3-18　添加【圆划像】效果　　　　　　　　　图 3-19　设置效果参数

(5) 至此，圆划像切换效果就制作完成了，把图片导出后将场景保存。

案例精讲 058　页面剥落效果

案例文件：CDROM | 场景 | Cha03 | 页面剥落效果.prproj

视频文件：视频教学 | Cha03 | 页面剥落效果.avi

制作概述

本例将详细讲解【页面剥落】效果。通过添加素材图片，将【页面剥落】效果添加到两个素材之间，通过设置效果的【持续时间】和【方向】得到想要的效果。

学习目标

掌握【页面剥落】效果的设置方法。

操作步骤

(1) 新建项目文件及序列，在【项目】面板中导入随书附带光盘 CDROM| 素材 |Cha03 文件夹中的 g009.jpg 和 g010.jpg 文件，如图 3-20 所示。

(2) 选择导入的两个素材文件并将其拖曳至 V1 视频轨道中，右击并在弹出的快捷菜单中选择【缩放为帧大小】命令，如图 3-21 所示。

图 3-20　导入素材文件

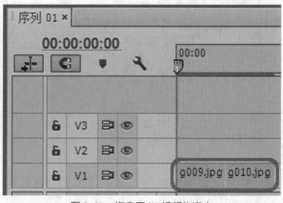

图 3-21　拖曳至 V1 视频轨道中

(3) 打开【效果】面板，选择【视频过渡】|【页面剥落】|【页面剥落】效果，并将其拖曳至两个素材之间，如图 3-22 所示。

> **知识链接**
>
> 在【页面剥落】文件夹中共有5个剥落过渡效果，而【页面剥落】效果只是其中的一个。
> 【页面剥落】过渡效果会产生页面剥落转换的效果。

(4) 切换到【效果控件】面板，将剥落方向设为【自东南向西北】，如图 3-23 所示。

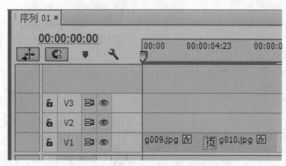

图 3-22　添加【页面剥落】效果

图 3-23　设置剥落方向

(5) 至此，页面剥落效果就制作完成了，将图片保存后将场景保存。

案例精讲 059　卷走切换效果

 案例文件：CDROM | 场景 | Cha03 | 卷走切换效果.prproj

 视频文件：视频教学 | Cha03 | 卷走切换效果.avi

制作概述

本例将详细讲解【卷走】效果。通过添加素材图片，将【卷走】效果添加到两个素材之间，通过设置效果的【持续时间】和【方向】得到想要的效果。

学习目标

掌握【卷走】效果的设置方法。

操作步骤

(1) 新建项目文件及序列，在【项目】面板中导入随书附带光盘 CDROM| 素材 |Cha03 文件夹中的 g011.jpg 和 g012.jpg 文件，如图 3-24 所示。

(2) 选择导入的两个素材文件并将其拖曳至 V1 视频轨道中，右击并在弹出的快捷菜单中选择【缩放为帧大小】命令，如图 3-25 所示。

图 3-24　导入素材文件

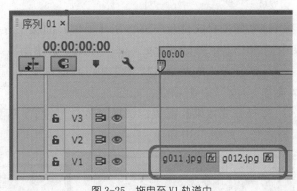
图 3-25　拖曳至 V1 轨道中

(3) 切换到【效果】面板，选择【视频过渡】|【页面剥落】|【卷走】效果，将其添加到两个素材之间，如图 3-26 所示。

知识链接

　　【卷走】过渡效果可以使素材产生像纸一样被卷起来的过渡效果。

(4) 选择添加的效果，在【效果控件】面板中将【持续时间】设为 00:00:03:00，如图 3-27 所示。

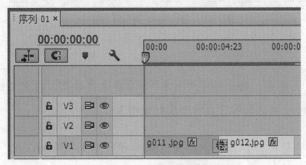
图 3-26　添加【卷走】效果

图 3-27　设置持续时间

(5) 至此，卷走切换效果就制作完成了，导出图片后将场景进行保存。

CG设计案例课堂

案例精讲 060　交叉溶解效果

案例文件：CDROM | 场景 | Cha03 | 交叉溶解效果.prproj

视频文件：视频教学 | Cha03 | 交叉溶解效果.avi

制作概述

本例将详细讲解【交叉溶解】效果。通过添加素材图片，将【交叉溶解】效果添加到两个素材之间，通过设置效果的【持续时间】得到想要的效果。

学习目标

掌握【交叉溶解】效果的设置方法。

操作步骤

(1) 新建项目文件及序列，在【项目】面板中导入随书附带光盘 CDROM| 素材 |Cha03 文件夹中的 g013.jpg 和 g014.jpg 文件，如图 3-28 所示。

(2) 选择导入的两个素材文件并将其拖曳至 V1 视频轨道中，右击并在弹出的快捷菜单中选择【缩放为帧大小】命令，如图 3-29 所示。

(3) 打开【效果】面板，选择【视频过渡】|【溶解】|【交叉溶解】效果，将其拖曳至两个素材之间，如图 3-30 所示。

图 3-28　导入素材文件

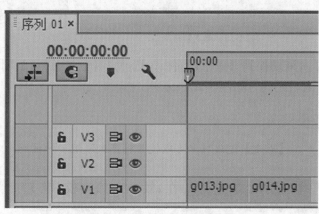

图 3-29　拖曳至 V1 视频轨道中

知识链接

【交叉溶解】过渡效果属于【溶解】文件夹，该文件夹中共有7个溶解过渡效果。【交叉溶解】将两个素材溶解转换，即前一个素材逐渐消失同时后一个素材逐渐显示。

(4) 选择添加【交叉溶解】效果，在【效果控件】面板中将【持续时间】设为 00:00:03:00，如图 3-31 所示。

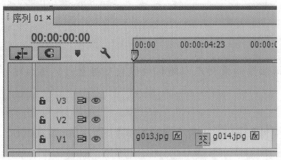

图 3-30 添加【交叉溶解】效果

图 3-31 设置持续时间

(5) 至此，交叉溶解效果就制作完成了，将图片导出后将场景进行保存。

案例精讲 061 随机反转效果

案例文件：CDROM | 场景 | Cha03 | 随机反转效果.prproj

视频文件：视频教学 | Cha03 | 随机反转效果.avi

制作概述

本例将详细讲解【随机反转】效果。通过添加素材图片，将【随机反转】效果添加到两个素材之间，通过设置效果的【持续时间】得到想要的效果。

学习目标

掌握【随机反转】效果的设置。

操作步骤

(1) 新建项目文件及序列，在【项目】面板中导入随书附带光盘 CDROM| 素材 |Cha03 文件夹中的 g015.jpg 和 g016.jpg 文件，如图 3-32 所示。

(2) 选择导入的两个素材文件并将其拖曳至 V1 视频轨道中，右击并在弹出的快捷菜单中选择【缩放为帧大小】命令，如图 3-33 所示。

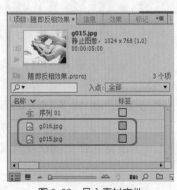

图 3-32 导入素材文件

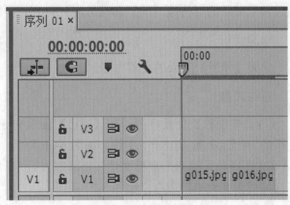

图 3-33 拖曳至 V1 轨道中

(3) 打开【效果】面板，选择【视频过渡】|【溶解】|【随机反转】效果，将其拖曳至两个

素材之间，如图 3-34 所示。

(4) 选择添加【随机反转】效果，在【效果控件】面板中将【持续时间】设为 00:00:03:00，如图 3-35 所示。

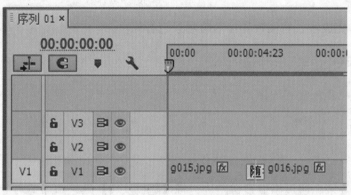

图 3-34　添加效果　　　　　　　　　　　图 3-35　设置持续时间

(5) 至此，随机反转效果就制作完成了，导出图片后将场景进行保存。

案例精讲 062　伸展效果

案例文件：CDROM | 场景 | Cha03 | 伸展效果.prproj

视频文件：视频教学 | Cha03 | 伸展效果.avi

制作概述

本例将详细讲解【伸展】效果。通过添加素材图片，将【伸展】效果添加到两个素材之间，通过设置效果的【持续时间】和【方向】得到想要的效果。

学习目标

掌握【伸展】效果的设置方法。

操作步骤

(1) 新建项目文件及序列，在【项目】面板中导入随书附带光盘 CDROM| 素材 |Cha03 文件夹中的 g017.jpg 和 g018.jpg 文件，如图 3-36 所示。

(2) 选择导入的两个素材文件并将其拖曳至 V1 视频轨道中，右击并在弹出的快捷菜单中选择【缩放为帧大小】命令，如图 3-37 所示。

图 3-36 导入素材文件

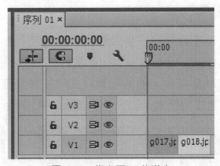

图 3-37 拖曳至 V1 轨道中

(3) 打开【效果】面板，选择【视频过渡】|【伸缩】|【伸展】效果，将其拖曳至两个素材之间，如图 3-38 所示。

知识链接

　　【伸展】过渡效果属于【伸缩】过渡效果文件夹，在该文件夹中共有4个过渡效果。【伸展】过渡效果可以使素材从一个边伸展进入，逐渐覆盖另一个素材。

---

(4) 选择添加的【伸展】效果，在【效果控件】面板中将【持续时间】设为 00:00:03:00，将方向设为【自西北向东南】，如图 3-39 所示。

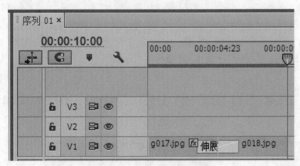

图 3-38 添加【伸展】效果

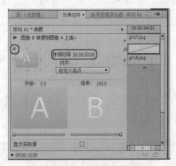

图 3-39 设置效果参数

(5) 至此，伸展效果就制作完成了，导出图片后保存场景即可。

案例精讲 063　时钟式擦除效果

案例文件：CDROM | 场景 | Cha03 | 时钟式擦除.prproj

视频文件：视频教学 | Cha03 | 时钟式擦除.avi

制作概述

本例将详细讲解【时钟式擦除】效果。通过添加素材图片，将【时钟式擦除】效果添加到两个素材之间，通过设置效果的【持续时间】和【方向】得到想要的效果。

学习目标

掌握【时钟式擦除】效果的设置方法。

操作步骤

(1) 新建项目文件及序列，在【项目】面板中导入随书附带光盘 CDROM| 素材 |Cha03 文件夹中的 g019.jpg 和 g020.jpg 文件，如图 3-40 所示。

(2) 选择导入的两个素材文件并将其拖曳至 V1 视频轨道中，右击并在弹出的快捷菜单中选择【缩放为帧大小】命令，如图 3-41 所示。

图 3-40　导入素材文件

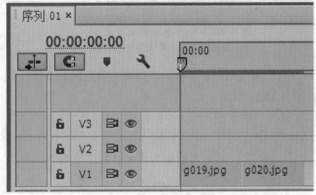

图 3-41　拖曳至 V1 视频轨道中

(3) 打开【效果】面板，选择【视频过渡】|【擦除】|【时钟式擦除】效果，将其拖曳至两个素材之间，如图 3-42 所示。

> 知识链接
>
> 【时钟式擦除】过渡效果使图像A以时钟放置方式过渡到图像B。

(4) 选择添加的【时钟式擦除】效果，在【效果控件】面板中将【持续时间】设为 00:00:02:00，如图 3-43 所示。

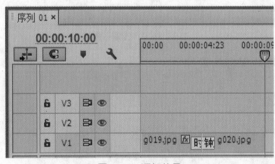

图 3-42　添加效果

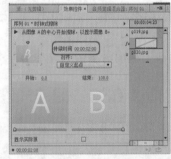

图 3-43　设置持续时间

(5) 至此，时钟擦除效果就制作完成了，导出图片后保存场景即可。

案例精讲 064　油漆飞溅效果

案例文件：CDROM | 场景 | Cha03 | 油漆飞溅效果 .prproj

视频文件：视频教学 | Cha03 | 油漆飞溅效果 .avi

制作概述

本例将详细讲解【油漆飞溅】效果。通过添加素材图片，将【油漆飞溅】效果添加到两个素材之间，通过设置效果的【持续时间】得到想要的效果。

学习目标

掌握【油漆飞溅】效果的设置方法。

操作步骤

(1) 新建项目文件及序列，在【项目】面板中导入随书附带光盘 CDROM| 素材 |Cha03 文件夹中的 g021.jpg 和 g022.jpg 文件，如图 3-44 所示。

(2) 选择导入的两个素材文件并将其拖曳至 V1 视频轨道中，右击并在弹出的快捷菜单中选择【缩放为帧大小】命令，如图 3-45 所示。

图 3-44　导入素材文件

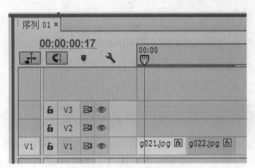

图 3-45　拖曳至 V1 轨道中

(3) 打开【效果】面板，选择【视频过渡】|【擦除】|【油漆飞溅】效果，将其拖曳至两个素材之间，如图 3-46 所示。

知识链接

　　【油漆飞溅】过渡效果使图像B以墨点状覆盖图像A。

(4) 选择添加的【油漆飞溅】效果，在【效果控件】面板中将【持续时间】设为 00:00:03:00，如图 3-47 所示。

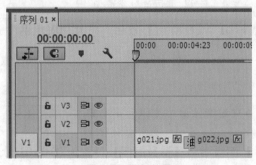

图 3-46　添加效果

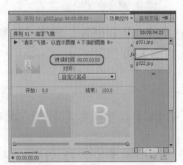

图 3-47　设置持续时间

(5) 至此，油漆飞溅效果就制作完成了，导出图片后保存场景。

案例精讲 065　百叶窗效果

✏ 案例文件：CDROM | 场景 | Cha03 | 百叶窗.prproj

🎬 视频文件：视频教学 | Cha03 | 百叶窗.avi

制作概述

本例将详细讲解【百叶窗】效果。通过添加素材图片，将【百叶窗】效果添加到两个素材之间，通过设置效果的【持续时间】和【方向】得到想要的效果。

学习目标

掌握【百叶窗】效果的设置。

操作步骤

(1) 新建项目文件及序列，在【项目】面板中导入随书附带光盘 CDROM| 素材 |Cha03 文件夹中的 g023.jpg 和 g024.jpg 文件，如图 3-48 所示。

(2) 选择导入的两个素材文件并将其拖曳至 V1 视频轨道中，右击并在弹出的快捷菜单中选择【缩放为帧大小】命令，如图 3-49 所示。

图 3-48　导入素材

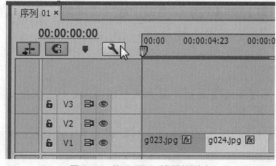

图 3-49　拖曳至 V1 视频轨道中

(3) 打开【效果】面板，选择【视频过渡】|【擦除】|【百叶窗】效果，将其拖曳至两个素材之间，如图 3-50 所示。

知识链接

【百叶窗】过渡效果使图像B在逐渐加粗的线条中逐渐显示，类似于百叶窗。

(4) 选择添加的【百叶窗】效果，在【效果控件】面板中将【持续时间】设置为 00:00:03:00，如图 3-51 所示。

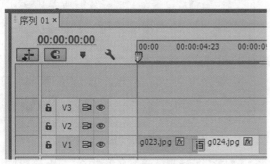

图 3-50 添加效果

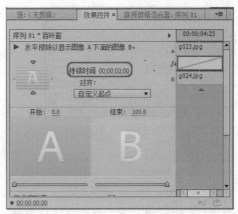

图 3-51 设置持续时间

(5) 至此，百叶窗效果就制作完成了，导出图片后保存场景。

案例精讲 066 风车效果

案例文件：CDROM | 场景 | Cha03 | 风车效果.prproj(图3-52)

视频文件：视频教学 | Cha03 | 风车效果.avi

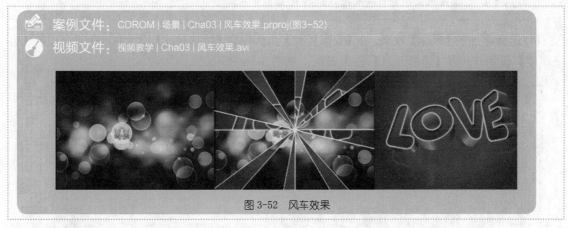

图 3-52 风车效果

制作概述

本例将详细讲解【风车】效果。通过添加素材图片，将【风车】效果添加到两个素材之间，通过设置效果的【持续时间】、【边框宽度】和【边框颜色】得到想要的效果。

学习目标

掌握【风车效果】效果的设置。

操作步骤

(1) 新建项目文件及序列，在【项目】面板中导入随书附带光盘 CDROM| 素材 |Cha03 文件夹中的 g025.jpg 和 g026.jpg 文件，如图 3-53 所示。

(2) 选择导入的两个素材文件并将其拖曳至 V1 视频轨道中，右击并在弹出的快捷菜单中选择【缩放为帧大小】命令，如图 3-54 所示。

图 3-53　导入素材文件

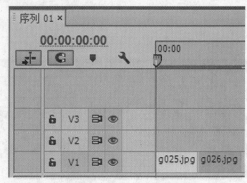

图 3-54　拖曳至 V1 视频轨道中

(3)打开【效果】面板,选择【视频过渡】|【擦除】|【风车】效果,将其拖曳至两个素材之间,如图 3-55 所示。

知识链接

　　【风车】过渡效果使图像B以风轮状旋转覆盖图像A。

(4)选择添加的【风车】效果,在【效果控件】面板中将【持续时间】设为 00:00:02:00,将【边框宽度】设为 3,将【边框颜色】设为黄色,如图 3-56 所示。

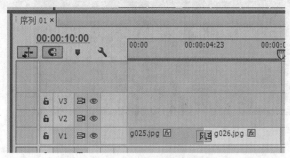

图 3-55　添加【风车】效果

图 3-56　设置效果参数

(5)至此,风车效果就制作完成了,导出图片后保存场景。

案例精讲 067　螺旋框效果

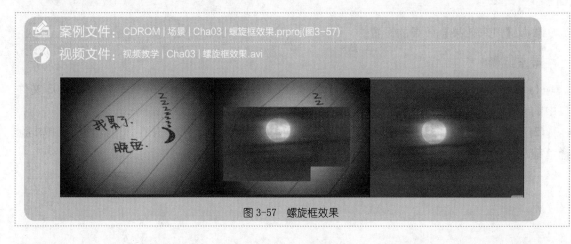

案例文件:CDROM | 场景 | Cha03 | 螺旋框效果.prproj(图3-57)

视频文件:视频教学 | Cha03 | 螺旋框效果.avi

图 3-57　螺旋框效果

制作概述

本例将详细讲解【螺旋框】效果。通过添加素材图片，将【螺旋框】效果添加到两个素材之间，通过设置效果的【持续时间】和【方向】得到想要的效果。

学习目标

掌握【螺旋框】效果的设置方法。

操作步骤

(1) 新建项目文件及序列，在【项目】面板中导入随书附带光盘 CDROM| 素材 |Cha03 文件夹中的 g027.jpg 和 g028.jpg 文件，如图 3-58 所示。

(2) 选择导入的两个素材文件并将其拖曳至 V1 视频轨道中，右击并在弹出的快捷菜单中选择【缩放为帧大小】命令，如图 3-59 所示。

图 3-58　导入素材文件

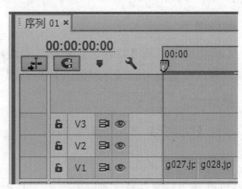

图 3-59　拖曳至 V1 轨道中

(3) 打开【效果】面板，选择【视频过渡】|【擦除】|【螺旋框】效果，将其拖曳至两个素材之间，如图 3-60 所示。

知识链接

【螺旋框】过渡效果使图像B以螺纹块状旋转出现。

(4) 选择添加的【螺旋框】效果，在【效果控件】面板中将【持续时间】设为 00:00:03:00，并选中【反向】复选框，如图 3-61 所示。

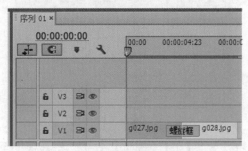

图 3-60　添加效果

图 3-61　设置效果参数

(5) 至此，螺旋框效果就制作完成了，导出图片后保存场景即可。

案例精讲 068 纹理化效果

📝 案例文件：CDROM | 场景 | Cha03 | 纹理化效果.prproj(图3-62)

🖌 视频文件：视频教学 | Cha03 | 纹理化效果.avi

图 3-62 纹理化效果

制作概述

本例将详细讲解【纹理化】效果。通过添加素材图片，将【纹理化】效果添加到两个素材之间，通过设置效果的【持续时间】得到想要的效果。

学习目标

掌握【纹理化】效果的设置方法。

操作步骤

(1) 新建项目文件及序列，在【项目】面板中导入随书附带光盘 CDROM| 素材 |Cha03 文件夹中的 g029.jpg 和 g030.jpg 文件，如图 3-63 所示。

(2) 选择导入的两个素材文件并将其拖曳至 V1 视频轨道中，右击并在弹出的快捷菜单中选择【缩放为帧大小】命令，如图 3-64 所示。

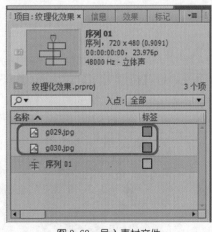

图 3-63 导入素材文件

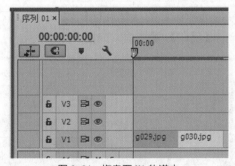

图 3-64 拖曳至 V1 轨道中

(3) 打开【效果】面板，选择【视频过渡】|【特殊效果】|【纹理化】效果，将其拖曳至两个素材之间，如图 3-65 所示。

【纹理】过渡效果产生纹理贴图效果。

(4)选择添加【纹理化】效果，在【效果控件】面板中将【持续时间】设为00:00:02:00，如图3-66所示。

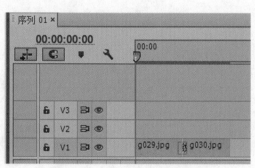

图 3-65　添加【纹理化】效果

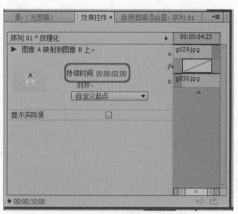

图 3-66　设置持续时间

(5)至此，纹理化效果就制作完成了，导出图片后保存场景即可。

第 4 章
字幕制作技巧

本章中制作的案例主要在字幕窗口中完成。本章的重点在于如何为背景添加一个静态的字幕。这种方法在广告中是最为常见的。通过本章的学习，读者应该可以制作出效果更佳的作品来。

案例精讲 069　字幕排列

✎　案例文件：CDROM|场景|Cha04|字幕排列.prproj(图4-1)

💿　视频文件：视频教学|Cha04|字幕排列.avi

图4-1　字幕排列效果

制作概述

本例的制作主要是对不同的字进行不同的设置。通过添加背景素材，新建字幕，在【字幕编辑器】中通过对不同字进行不同的设置，得到想要的效果。

学习目标

学会创建【项目】、【序列】文件及字幕之间的排列。

掌握如何在同一个字幕中创建不同的文字类型，并进行排列。

操作步骤

(1)运行 Premiere Pro CC，新建项目文件，进入工作界面后按 Ctrl+N 组合键，打开【新建序列】对话框，在【序列预设】选项卡的【可用预设】区域下选择 DV-24P|【标准 48kHz】选项，对【序列名称】进行命名，单击【确定】按钮。

(2)在【项目】面板中的【名称】区域下空白处双击，即可弹出【导入】对话框，在该对话框中选择随书附带光盘中的 CDROM| 素材 |Cha04| 字幕排列 .jpg 素材文件，然后单击【打开】按钮。

(3)将"字幕排列 .jpg"文件拖曳至 V1 轨道中，并选中素材。然后在素材上右击，从弹出的快捷菜单中选择【缩放为帧大小】命令。然后在【节目】面板中双击背景图片，即可显示变换控件，在左右方向调整图片的尺寸即可，如图 4-2 所示，将该素材的持续时间设置为00:00:05:05。

(4)按 Ctrl+T 组合键，在【新建字幕】对话框中使用默认命名，单击【确定】按钮，进入字幕窗口。使用【文字工具】 T，在字幕设计栏中输入"等待"，在【字幕属性】面板中【属性】区域下，将【字体】设置为 Adobe Arabic，【字体大小】设置为 38，【行距】设置为 0，【字符间距】设置为 0；取消选中【填充】复选框，添加一个【外描边】，将【类型】设置为【边缘】，【大小】设置为 40，【填充类型】设置为【实底】，【颜色】设置为白色，选中【阴影】

复选框，将阴影处颜色的 RGB 值设置为 82、165、193，【不透明度】设置为 50%，【角度】
设置为 –225°，【距离】设置为 5，【扩展】设置为 30。在【变换】选项组中设置【X 位置】
为 529.9，【Y 位置】为 225.3，如图 4-3 所示。

图 4-2　调整图片大小

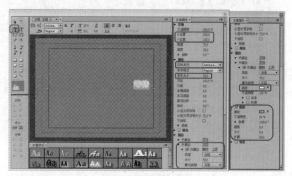

图 4-3　设置字幕参数

知识链接

　　应用描边效果后，可以在【描边类型】下拉列表中选择描边模式，包括【深度】、【边
缘】、【凹进】3 个选项。

　　【深度】：这是正统的描边效果。选择【深度】选项，可以在【大小】参数栏中设置边缘
宽度，在【色彩】栏中指定边缘颜色，在【透明】参数栏中控制描边的不透明度，在【填充类
型】中控制描边的填充方式。

　　【边缘】：在【边缘】模式下，对象产生一个厚度，呈现立体字的效果。可以在【角度】
设置栏中调整数值，改变透视效果。

　　【凹进】：在【凹进】模式下，对象产生一个分离的面，类似于产生透视的投影。可以在
【级别】设置栏中控制强度，在【角度】中调整分离面的角度。

　　在菜单栏中选择【文件】|【新建】|【字幕】命令，或在【项目】窗口的空白处右击，在
弹出的快捷菜单中选择【新建分项】|【字幕】命令，也可以打开【新建字幕】对话框。

---

　　(5) 继续使用【文字工具】输入文字"幸"，在【字幕属性】面板中【属性】选项组下将【字
体系列】设置为【创艺简老宋】，【字体大小】设置为 100，选中【填充】复选框，将【颜色】
设置为白色，【不透明度】设置为 100%，删除已有的【外描边】。再次添加【外描边】，将【类
型】设置为【边缘】，【大小】设置为 3，颜色 RGB 值设置为 247、255、209，【不透明】度
设置为 100%，选中【阴影】复选框，将【颜色】设置为白色，【不透明度】设置为 100%，【角
度】设置为 45°，【大小】设置为 5，【扩展】设置为 50。在【变换】选项组中设置【X 位置】
为 416.4、【Y 位置】为 269.4，如图 4-4 所示。

　　(6) 使用制作"幸"文字的方法制作"福"文字，并设置【X 位置】为 520、【Y 位置】
为 310。

　　(7) 使用【文字工具】输入英文"Waiting for happiness"，将【字体系列】设置为 Miriam，【字
体大小】设置为 25，【字偶间距】设置为 –1，【填充】设置为白色，【不透明度】设置为
100%，删除已有描边，取消选中【阴影】复选框，设置【X 位置】为 421.8、【Y 位置】为

335.3，如图 4-5 所示，设置完成后关闭该窗口。

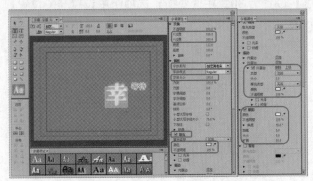

图 4-4　设置"幸"文字参数

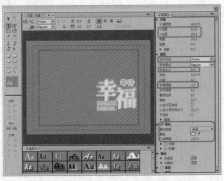

图 4-5　设置英文参数

(8) 在【项目】面板中，将【字幕 01】拖曳至 V2 轨道中，在【节目】面板中即可查看添加字幕后的效果。

案例精讲 070　使用软件自带的字幕模板

案例文件：CDROM | 场景 | Cha04 | 使用软件自带的字幕模板 .prproj(图4-6)

视频文件：视频教学 | Cha04 | 使用软件自带的字幕模板 .avi

图 4-6　使用软件自带的字幕模板

制作概述

本例主要讲解如何利用【字幕编辑器】中自带的字幕样式。通过对文字添加字幕样式可以很大程度地节省时间，提高工作效率。

学习目标

学会创建【项目】、【序列】文件及创建字幕。

掌握如何在【字幕编辑器】中应用字幕样式、更改字幕样式和存储字幕样式。

操作步骤

(1) 运行 Premiere Pro CC，新建项目文件和序列，然后在项目面板中双击，选择随书附带光盘中的 CDROM| 素材 |Cha04| 使用软件自带的字幕模板 .jpg 素材文件。

(2) 将素材导入后，并将导入的素材拖曳至 V1 轨道中，选中素材后右击，从弹出的快捷菜单中选择【缩放为帧大小】命令，并在【节目】面板中双击将图片调整至合适的大小，然后将其持续时间设置为 00:00:05:05。

(3) 按 Ctrl+T 组合键，在弹出的【新建字幕】对话框中使用默认名称，单击【确定】按钮。进入字幕窗口，使用【文字工具】T 输入英文 "LOVE to YOU"。然后选中 "LOVE"，在下方【字幕样式】面板中选择 Hobo Block 75 样式，在右侧的【字幕属性】面板中将【字体大小】设置为 48，将【填充】选项组下的颜色 RGB 值设置为 238、95、125，将【阴影】选项组下的【颜色】设置为白色，如图 4-7 所示。

(4) 然后选中英文 "to"，在下方的【字幕样式】面板中选择 Caslon Red 84 样式，在右侧的【字幕属性】面板中将【字体大小】设置为 30，将【填充】选项组下的【填充类型】设置为【实底】，【颜色】设置为白色，如图 4-8 所示。使用相同的方法设置英文 "YOU"，并将【字体大小】设置为 48。

图 4-7　设置 LOVE 的样式

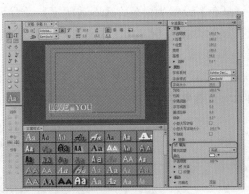
图 4-8　设置其他英文的样式

(5) 设置完成后调整文字的位置，关闭该窗口，然后在【项目】面板中将【字幕 01】拖曳至 V2 轨道中，在【节目】面板中查看效果。

案例精讲 071　在视频中添加字幕

案例文件：CDROM | 场景 | Cha04 | 在视频中添加字幕.prproj（图4-9）

视频文件：视频教学 | Cha04 | 在视频中添加字幕.avi

图 4-9　在视频中添加字幕

制作概述

本例将介绍如何对视频添加字幕。首先导入添加视频的素材文件，将其拖曳至 V1 轨道中，创建视频需要的字幕，并将其添加到 V2 轨道中，设置合适的持续时间以得到想要的效果。

学习目标

学会创建字幕及如何为视频添加字幕。

操作步骤

(1) 运行 Premiere Pro CC，新建项目文件和序列，然后在【项目】面板中双击，选择随书附带光盘中的 CDROM| 素材 |Cha04| 在视频中添加字幕 .avi 素材文件。

(2) 将导入的素材拖曳至 V1 轨道中。按 Ctrl+T 组合键，使用默认名称，进入字幕窗口，使用【文字工具】 T 在字幕窗口中输入"钟爱一生"，在【字幕属性】面板中将【字体系列】设置为【华文行楷】，将【字体大小】设置为 65，将【字符间距】设置为 6.7，将【填充】选项组下的颜色 RGB 值设置为 214、76、135，【不透明度】设置为 100%，选中【阴影】复选框，将【颜色】设置为白色，【不透明度】设置为 100%，【角度】设置为 45°，【大小】设置为 4，【扩展】设置为 64.8。在【变换】选项组中设置【X 位置】为 198.2、【Y 位置】为 427.2，如图 4-10 所示。

(3) 设置完成后关闭该窗口，在【项目】面板中将【字幕 01】拖曳至 V2 轨道中，在【节目】面板中查看效果。

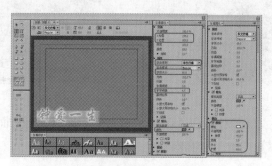

图 4-10　设置字母参数

案例精讲 072　颜色渐变的字幕

✎ 案例文件：CDROM | 场景 | Cha04 | 颜色渐变的字幕 .prproj(图 4-11)

🎬 视频文件：视频教学 | Cha04 | 颜色渐变的字幕 .avi

图 4-11　颜色渐变的字幕

制作概述

本例将介绍如何创建颜色渐变的字幕。制作渐变字幕的重点是在【字幕编辑器】中设置字体的【填充】，系统提供了不同的渐变类型，通过设置不同的颜色，而得到理想中的渐变字幕。

学习目标

学会创建渐变类型的字幕。

操作步骤

(1) 运行 Premiere Pro CC，新建项目和 DV-PAL|【标准 48kHz】序列。导入随书附带光盘中的 CDROM| 素材 |Cha04| 颜色渐变的字幕 .jpg 文件。

(2) 将导入的素材拖曳至【时间轴】面板的 V1 轨道中，确定素材选中的情况下，激活【效果控件】面板，将【运动】选项中的【缩放】设置为 80.0，如图 4-12 所示。

(3) 按 Ctrl+T 组合键，在弹出的对话框中使用默认命名，单击【确定】按钮，进入字幕面板。使用【文字工具】T 输入文字"假若生活辜负了你，你不能辜负你自己"。在字幕【属性】选项组中，将【字体系列】设置为【汉仪丫丫体简】，【字体大小】设置为 60.0，【行距】设置为 30.0，如图 4-13 所示。

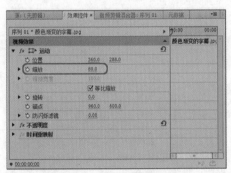

图 4-12　设置【缩放】参数

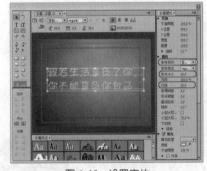

图 4-13　设置字体

(4) 在【填充】区域下将【填充类型】设置为【线性渐变】，然后将【颜色】左侧色彩的 RGB 值设置为 3、161、251，右侧色彩的 RGB 值设置为 177、224、246，将【重复】设置为 1.0，如图 4-14 所示。

> **注意**　单击【填充类型】下拉列表框右侧下三角按钮，在弹出的下拉列表中选择一种选项，可以决定使用何种方式填充对象。

(5) 选中【阴影】复选框，将【角度】设置为 100.0°，【距离】设置为 15.0，【大小】设置为 30.0，【扩散】设置为 70.0，然后单击【垂直居中】按钮和【水平居中】按钮，如图 4-15 所示。

(6) 将字幕面板关闭，将【字幕 01】拖曳至【时间轴】面板的 V2 轨道中，如图 4-16 所示，在【节目】面板中查看效果。

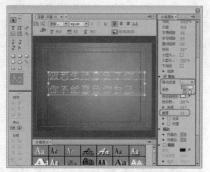

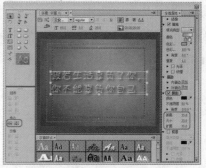

图 4-14　设置【填充】参数　　　　　　　　图 4-15　设置【阴影】参数

图 4-16　添加【字幕 01】

案例精讲 073　纹理效果的字幕

✎　案例文件：CDROM｜场景｜Cha04｜纹理效果的字幕.prproj(图4-17)

💿　视频文件：视频教学｜Cha04｜纹理效果的字幕.avi

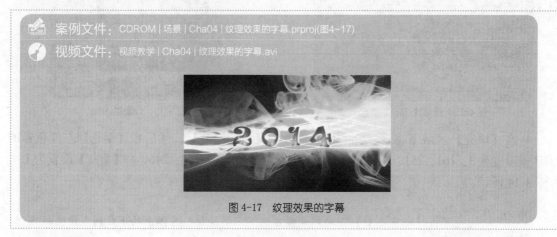

图 4-17　纹理效果的字幕

制作概述

　　本例将介绍如何制作纹理效果的字幕。首先选择好字幕的填充纹理及填充背景，通过新建字幕，在【字幕编辑器】中选择【填充】下的【纹理】选项，通过对【纹理】的设置得到纹理效果字幕。

学习目标

学会如何利用图片素材创建纹理字幕。

了解普通的字幕和纹理字幕的不同。

掌握如何根据字体选择字幕的纹理及如何创建纹理字幕。

操作步骤

(1) 运行 Premiere Pro CC，新建项目和 DV-PAL|【宽屏 48kHz】序列。导入随书附带光盘中的 CDROM| 素材 |Cha04| 纹理效果的字幕 01.jpg 文件，将导入的素材拖曳至【时间轴】面板的 V1 轨道中。

(2) 按 Ctrl+T 组合键，在弹出的对话框中使用默认命名，单击【确定】按钮，进入字幕面板。使用【文字工具】<u>T</u>输入文字"2014"。在【字幕属性】中，将【字体系列】设置为 Ravie，【字体大小】设置为 100.0，【字符间距】设置为 40.0，如图 4-18 所示。

(3) 在【填充】区域下将【颜色】设置为白色，然后选中【纹理】选项并将其展开，单击【纹理】右侧的图块，在弹出的【选择纹理图像】对话框中选择随书附带光盘中的 CDORM| 素材 |Cha04| 带纹理效果的字幕 02.jpg 文件，单击【打开】按钮。将【混合】设置为 80.0%，如图 4-19 所示。

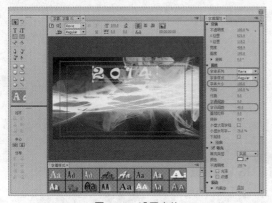

图 4-18　设置字体

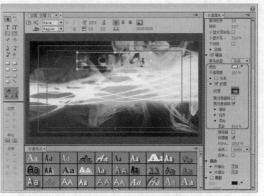

图 4-19　设置纹理

(4) 在【描边】区域下，单击【外描边】右侧的【添加】按钮，将【类型】设置为【深度】，【大小】设置为 30.0，【颜色】设置为白色，如图 4-20 所示。

(5) 选中【阴影】复选框，将【角度】设置为 100.0°，【距离】设置为 10.0，【大小】设置为 20.0，【扩散】设置为 70.0，然后单击【垂直居中】按钮 <u>◧</u> 和【水平居中】按钮 <u>◨</u>，如图 4-21 所示。

图 4-20　设置【描边】参数

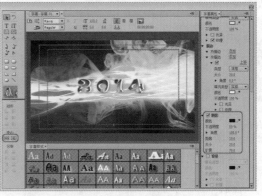

图 4-21　设置【阴影】参数

(6) 将字幕面板关闭，将【字幕 01】拖曳至【时间轴】面板的 V2 轨道中。选中 V2 轨道中的【字幕 01】，激活【效果控件】面板，将【运动】选项组中的【位置】设置为 360.0、310.0，【缩放】设置为 120.0，将【不透明度】设置为 90.0%，如图 4-22 所示。

（7）设置完成后将场景进行保存。

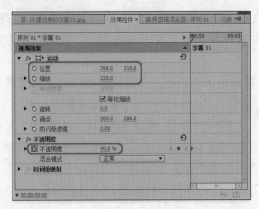

图 4-22　设置视频效果参数

案例精讲 074　阴影效果字幕

案例文件：CDROM | 场景 | Cha04 | 阴影效果字幕.prproj（图4-23）

视频文件：视频教学 | Cha04 | 阴影效果字幕.avi

图 4-23　阴影效果字幕

制作概述

本例将详细讲解如何制作阴影效果的字幕。首先新建一个字幕，设置合适的字体和字体大小，在【字幕属性】选项组中通过设置【填充类型】、【外侧边】及【阴影】而得到阴影效果。

学习目标

学会创建阴影效果的字幕。

了解设置不同颜色可得到不同的阴影效果。

掌握如何设置字幕属性得到阴影效果的字幕。

操作步骤

（1）运行软件后，在欢迎界面中单击【新建项目】按钮，弹出【新建项目】对话框，设置正确的名称和位置，然后单击【确定】按钮，如图 4-24 所示。

（2）新建项目文件后，按 Ctrl+N 组合键，弹出【新建序列】对话框，选择 DV-24P|【标准48kHz】，序列名称保持默认，单击【确定】按钮，如图 4-25 所示。

图 4-24 【新建项目】对话框

图 4-25 【新建序列】对话框

(3) 打开【项目】面板，导入随书附带光盘中的 CDROM| 素材 |Cha04|g001.jpg 文件，如图 4-26 所示。

(4) 选择导入的素材文件，将其拖曳至 V1 视频轨道中，如图 4-27 所示。

图 4-26 导入素材文件

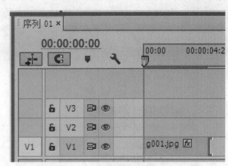

图 4-27 拖曳至 V1 轨道中

(5) 在 V1 轨道中选择素材文件，在【效果控件】面板中，选择【运动】选项组中的【缩放】并将【缩放】值设为 64，如图 4-28 所示。

(6) 按 Ctrl+T 组合键，弹出【新建字幕】对话框，保持默认值，单击【确定】按钮，如图 4-29 所示。

图 4-28 设置效果参数

图 4-29 【新建字幕】对话框

(7) 选择【文字工具】，并输入"星星去哪了？"，将【字体系列】设为【方正胖娃简体】，将【字体大小】设为 80，如图 4-30 所示。

(8) 将【填充类型】设为【四色渐变】，将左上角的色标设为 #E5E5E5，将右上角的色标设为 #FFD200，将左下角的色标设为 #CEB12A，将右下角的色标设为 #E5E5E5，如图 4-31 所示。

图 4-30　设置字体及大小

图 4-31　设置填充类型

(9) 添加一个外侧边，将【类型】设为【边缘】，将【大小】设为 13，其他保持默认值，如图 4-32 所示。

(10) 选中【阴影】复选框，将颜色设为【黑色】，将【不透明度】设为 50%，将【角度】设为 135°，将【距离】设为 13，将【大小】设为 18，将【扩展】设为 30，如图 4-33 所示。

图 4-32　设置外侧边

图 4-33　设置【阴影】参数

(11) 在【变换】选项组中，将【X 位置】设为 344，将【Y 位置】设为 114，如图 4-34 所示。

(12) 关闭【字幕编辑器】，在【项目】面板中选择【字幕 01】，将其拖曳至 V2 视频轨道中，并与 V1 轨道中的 "g001" 素材文件进行对齐，完成后的效果如图 4-35 所示。

图 4-34　设置位置

图 4-35　完成后的效果

(13) 设置完成后将场景保存即可。

案例精讲 075 路径字幕

图 4-36 路径字幕

制作概述

本例将讲解如何制作路径字幕。制作路径字幕的关键是创建合适的字幕。路径创建完成后，通过设置不同的字幕属性从而得到理想中的路径字幕。

学习目标

了解如何创建不同的路径。

掌握如何创建路径字幕并对其进行设置。

操作步骤

(1) 新建项目文件和 DV-24P|【标准 48kHz】序列文件，打开【项目】面板，导入随书附带光盘中的 CDROM| 素材 |Cha04|g002.jpg 文件，如图 4-37 所示。

(2) 选择添加的素材文件，将其拖曳至 V1 轨道中，如图 4-38 所示。

图 4-37 导入素材文件

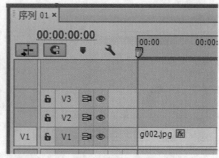

图 4-38 拖曳至 V1 轨道中

(3) 在 V1 轨道中选择素材文件，在【效果控件】面板中将【缩放】值设为 64，如图 4-39 所示。

(4) 按 Ctrl+T 组合键，弹出【新建字幕】对话框，在该对话框中保持默认值，单击【确定】按钮，如图 4-40 所示。

图 4-39　设置【缩放】参数

图 4-40　【新建字幕】对话框

(5) 进入【字幕编辑器】，选择【垂直路径文字工具】，绘制路径，如图 4-41 所示。

(6) 绘制完路径后输入文字"择一城终老遇一人白首"，将【字体系列】设为【汉仪细行楷简】，将【字体大小】设为 37，如图 4-42 所示。

图 4-41　绘制路径

图 4-42　设置字体

(7) 将【填充类型】设为【四色渐变】，将左上角的色标颜色设为 #E5D415，将左下角的色标设为白色，将右上角的色标设为 #FF0600，将右下角的色标设为 #AC04FA，如图 4-43 所示。

(8) 添加一个外描边，将【类型】设为【边缘】，将【大小】设为 60，将【填充类型】设为【实底】，将【颜色】设为 FFDE00，如图 4-44 所示。

图 4-43　设置填充

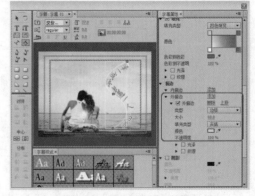

图 4-44　设置【外描边】参数

(9) 选中【阴影】复选框，将【不透明度】设为 69%，将【角度】设为 45°，将【距离】设为 5，将【大小】和【扩展】均设为 0，如图 4-45 所示。

(10) 对输入的文字适当调整位置，关闭【字幕编辑器】。在【项目】面板中选择【字幕01】将其拖曳至 V2 轨道中，并与 V1 轨道中的素材文件对齐，完成后的效果如图 4-46 所示。

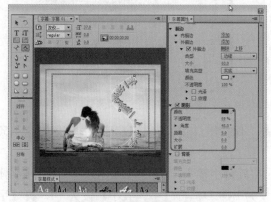

图 4-45　设置【阴影】参数

图 4-46　完成后的效果

案例精讲 076　发光字幕

案例文件：CDROM | 场景 | Cha04 | 发光字幕.prproj(图4-47)

视频文件：视频教学 | Cha04 | 发光字幕.avi

图 4-47　发光字幕

制作概述

本例将介绍发光字幕的制作过程。本例中的发光字幕首先应用了 BOLD 样式，在该样式基础上通过添加外侧边和阴影使文字呈现出发光效果。

学习目标

学会如何利用字幕样式创建发光字幕。

了解 BOLD 样式。

掌握如何利用【字幕编辑器】创建发光字幕。

操作步骤

(1) 新建项目文件和 DV-24P|【标准 48kHz】序列文件，打开【项目】面板，导入随书附带光盘中的 CDROM| 素材 |Cha04|g003.jpg 文件，如图 4-48 所示。

(2) 选择添加的素材文件，将其拖曳至 V1 轨道中，如图 4-49 所示。

图 4-48　导入素材文件

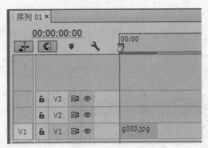

图 4-49　拖曳至 V1 视频轨道中

(3) 按 Ctrl+T 组合键，弹出【新建字幕】对话框，保持默认值，单击【确定】按钮，如图 4-50 所示。

(4) 进入【字幕编辑器】，使用【文本工具】在舞台中输入"I LOVE YOU…"，将【字体系列】设为 Adobe Caslon Pro，将【字体样式】设为 BOLD，将【字体大小】设为 70，将【字符间距】设为 6.7，将【倾斜】设为 15°，如图 4-51 所示。

图 4-50　【新建字幕】对话框

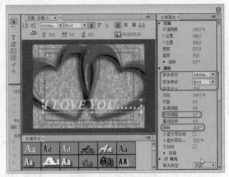

图 4-51　设置字体

(5) 选中【填充】复选框，将【填充类型】设为【实底】，将颜色设为白色，如图 4-52 所示。

(6) 添加一个外描边，将【大小】设为 42，将【填充类型】设为【实底】，将【颜色】设为白色，如图 4-53 所示。

图 4-52　设置【填充】参数

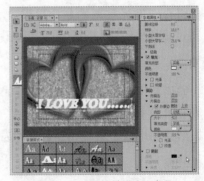

图 4-53　设置【外描边】参数

(7) 选中【阴影】复选框，将【颜色】设为白色，将【不透明度】设为 100%，将【角度】设为 45°，将【距离】设为 0，将【大小】设为 40，将【扩展】设为 65，如图 4-54 所示。

(8) 在【变换】选项组中将【X 位置】设为 330，将【Y 位置】设为 433，如图 4-55 所示。

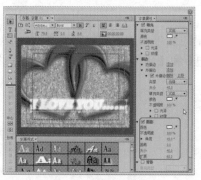

图 4-54 设置【阴影】

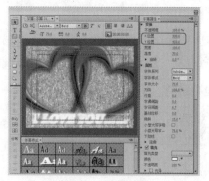

图 4-55 设置位置

(9) 关闭【字幕编辑器】，在 V1 轨道中选择添加的素材文件，打开【效果控件】面板，将
【缩放】值设为 64，如图 4-56 所示。

(10) 选择创建的【字幕 01】，将其拖曳至 V2 轨道中，并使其与 V1 轨道中的素材文件对齐，
如图 4-57 所示。

图 4-56 设置【缩放】值

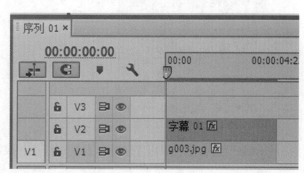

图 4-57 添加字幕

(11) 设置完成后将场景进行保存。

案例精讲 077 涂鸦字幕

案例文件：CDROM | 场景 | Cha04 | 涂鸦字幕.prproj(图4-58)

视频文件：视频教学 | Cha04 | 涂鸦字幕.avi

图 4-58 涂鸦字幕

制作概述

本例将介绍如何创建涂鸦字幕。涂鸦在日常生活中随处可见。创建涂鸦字幕时，首先为字幕文字创建一个涂鸦式的纹理，然后通过设置【外描边】和【阴影】使其呈现出涂鸦式的效果。

学习目标

了解如何对字幕应用纹理。

掌握创建涂鸦字幕的具体操作方法。

操作步骤

(1) 新建项目文件和 DV-24P|【标准 48kHz】序列文件，打开【项目】面板，导入随书附带光盘中的 CDROM| 素材 |Cha04|g004.jpg、g005.jpg 和 g006.jpg 文件，如图 4-59 所示。

(2) 选择"g004.jpg"文件，将其拖曳至 V1 轨道中，选择添加的素材文件，打开【效果控件】面板，将【运动】选项组下的【缩放】值设为 64，如图 4-60 所示。

图 4-59　导入素材文件

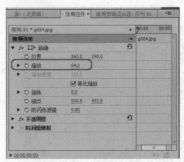

图 4-60　设置【缩放】值

(3) 按 Ctrl+T 组合键，弹出【新建字幕】对话框，保持默认值，单击【确定】按钮，如图 4-61 所示。

(4) 进入【字幕编辑器】中，选择【文字工具】，输入文字，将【字体系列】设为【汉仪竹节体简】，将【字体大小】设为 185，将【倾斜】设为 20°，如图 4-62 所示。

图 4-61　【新建字幕】对话框

图 4-62　设置字体

(5) 添加一个内描边，将【类型】设为【凹进】，【角度】设为 90°，然后选中【纹理】复选框，单击【纹理】右侧的图标，弹出【选择纹理图像】对话框，选择随书附带光盘中的 CDROM| 素材 |Cha04|g005.jpg 文件，单击【打开】按钮，如图 4-63 所示。

(6) 添加一个外描边，将【大小】设为40，然后选中【纹理】复选框，单击【纹理】右侧的图标，弹出【选择纹理图像】对话框，选择随书附带光盘 CDROM| 素材 |Cha04|g006.jpg 文件，单击【打开】按钮，如图 4-64 所示。

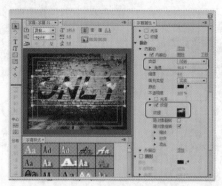
图 4-63　设置【内描边】

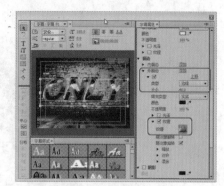
图 4-64　设置【外描边】

(7) 继续添加一个外描边，设置与上一步的【外描边】相同的参数，如图 4-65 所示。

(8) 选中【阴影】复选框，将【不透明度】设为100%，将【角度】设为 –215°，将【距离】设为 25，将【扩展】设为 50，如图 4-66 所示。

图 4-65　设置【外描边】

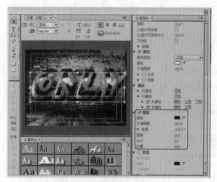
图 4-66　设置【阴影】

(9) 在【变换】选项组中将【X 位置】设为 320，将【Y 位置】设为 240，如图 4-67 所示。

(10) 关闭【字幕编辑器】，选择【字幕 01】并将其拖曳至 V2 轨道中，并与 V1 轨道中的素材文件对齐，如图 4-68 所示。

图 4-67　设置位置

图 4-68　拖曳至 V2 轨道中

(11) 设置完成后将场景进行保存。

CG设计案例课堂

案例精讲 078　中英文字幕

案例文件：CDROM | 场景 | Cha04 | 中英文字幕.prproj(图4-69)

视频文件：视频教学 | Cha04 | 中英文字幕.avi

图 4-69　中英文字幕

制作概述

本例将介绍中英文字幕。创建中英文字幕的要点是，如何使中文字幕和英文字幕之间互相搭配而协调，其本身没有具体要求，只要文字和背景之间相互协调即可。

学习目标

学会如何利用中英文字幕使其和背景相互搭配。

了解对字幕的填充。

掌握如何创建中英文字幕。

操作步骤

(1) 新建项目文件和DV-24P|【标准48kHz】序列文件，在【项目】面板中导入随书附带光盘中的CDROM| 素材 |Cha04|g007.jpg 文件，如图4-70所示。

(2) 选择"g007.jpg"文件，将其拖曳至V1轨道中。选择添加的素材文件，打开【效果控件】面板，将【运动】选项组中的【缩放】值设为51，如图4-71所示。

图 4-70　导入素材文件

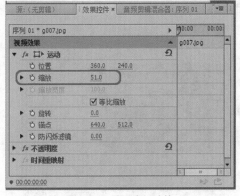

图 4-71　设置素材缩放

(3) 按 Ctrl+T 组合键，弹出【新建字幕】对话框，保持默认值，如图 4-72 所示。

(4) 弹出【字幕编辑器】，选择【文字工具】，输入文字"花"，将【字体系列】设为【方正行楷简体】，将【字体大小】设为 150，如图 4-73 所示。

图 4-72　【新建字幕】对话框

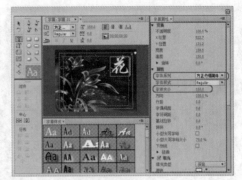

图 4-73　设置字体

(5) 在【填充】选项组中将【填充类型】设为【线性渐变】，将第一个色标的颜色设为 #C1A961，将第二个色标的颜色设为 #F5E19E，并适当调整色标的位置，如图 4-74 所示。

(6) 选中【阴影】复选框，将【颜色】设为 #FD1F00，将【不透明度】设为 89%，将【角度】设为 90°，将【距离】设为 0，将【大小】设为 14，将【扩展】设为 63，如图 4-75 所示。

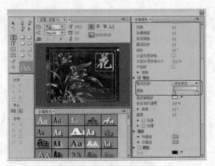

图 4-74　设置【填充】

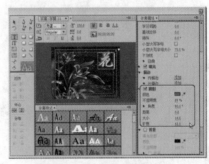

图 4-75　设置【阴影】

(7) 使用【选择工具】选择创建的"花"文字，按 Ctrl+C 组合键进行复制，按 Ctrl+V 组合键进行粘贴，然后将复制的文字"花"修改为"Flower"，如图 4-76 所示。

(8) 选择修改的文字，将【字体系列】设为 Bell MT，将【字体样式】设为 Italic，将【字体大小】设为 55，将【字符间距】设为 5，如图 4-77 所示。

图 4-76　复制并修改文字

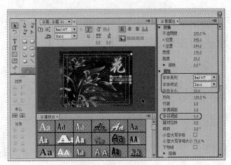

图 4-77　设置字体

(9) 使用【选择工具】对中英文字进行适当调整，如图 4-78 所示。

(10) 关闭【字幕编辑器】，将创建的【字幕 01】拖曳至 V2 轨道中，使其与 V1 轨道中的素材文件对齐，如图 4-79 所示。

图 4-78　调整文字的位置

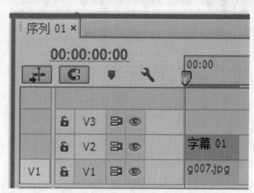

图 4-79　添加字幕到 V1 轨道

(11) 设置完成后将场景进行保存。

案例精讲 079　卡通字幕

案例文件：CDROM | 场景 | Cha04 | 卡通字幕.prproj(图4-80)

视频文件：视频教学 | Cha04 | 卡通字幕.avi

图 4-80　卡通字幕

制作概述

本例将介绍如何制作卡通字幕。卡通字幕主要是指本身形状和颜色符合卡通形象。本例中的卡通字幕主要是通过【钢笔工具】绘制出文字的大体轮廓，然后通过对其添加渐变色，使其呈现卡通形象。

学习目标

掌握如何利用【钢笔工具】绘制卡通文字并对其填充颜色。

操作步骤

(1) 新建项目文件和 DV-24P|【标准 48kHz】序列文件，在【项目】面板中导入随书附带光

盘中的 CDROM| 素材 |Cha04|g008.jpg 文件，如图 4-81 所示。

(2) 选择"g008.jpg"文件，将其拖曳至 V1 轨道中。选择添加的素材文件，打开【效果控件】面板，将【运动】选项组中的【缩放】值设为 64，如图 4-82 所示。

图 4-81　导入素材文件

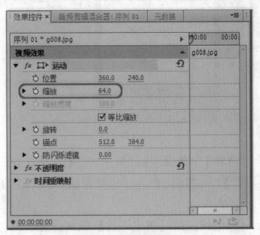

图 4-82　设置【缩放】

(3) 按 Ctrl+T 组合键，弹出【新建字幕】对话框，在该对话框中保持默认值，单击【确定】按钮，如图 4-83 所示。

(4) 进入【字幕编辑器】中，选择【钢笔工具】绘制路径，如图 4-84 所示。

图 4-83　【新建字幕】对话框

图 4-84　绘制路径

> **注意**　通过路径创建图形时，路径上的控制点越多，图形形状越精细，但过多的控制点不利于后期修改。建议使路径上的控制点在不影响效果的情况下，尽量减少。

(5) 在【字幕属性】面板中，将【图形类型】设为【填充贝塞尔曲线】，将【填充类型】设为【线性渐变】，将第一个色标的颜色设为 #FE6AFE，将第二个色标的颜色设为 #FFA7FE，如图 4-85 所示。

(6) 继续使用【钢笔工具】绘制路径，如图 4-86 所示。

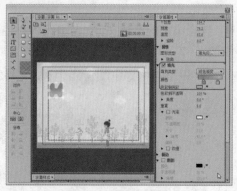

图 4-85 设置填充颜色

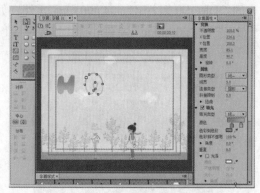

图 4-86 绘制路径

(7) 在【字幕属性】面板中，将【图形类型】设为【填充贝塞尔曲线】，将【填充类型】设为【线性渐变】，将第一个色标的颜色设为 #6767fD，将第二个色标的颜色设为 #86A6F9，如图 4-87 所示。

(8) 继续使用【钢笔工具】绘制路径，如图 4-88 所示。

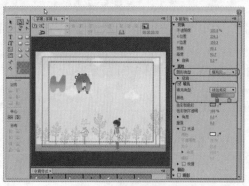

图 4-87 设置填充颜色

图 4-88 绘制路径

(9) 在【字幕属性】面板中，将【图形类型】设为【填充贝塞尔曲线】，将【填充类型】设为【线性渐变】，将第一个色标的颜色设为 #10D699，将第二个色标的颜色设为 #58ECBA，如图 4-89 所示。

(10) 选择【椭圆工具】，绘制椭圆，并将其【填充类型】设为【实底】，【颜色】设为 #F4E5AE，并将其调整到适当的位置，如图 4-90 所示。

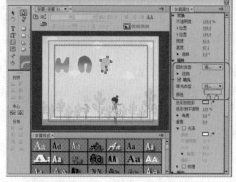

图 4-89 设置填充颜色

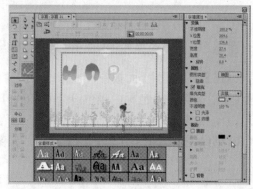

图 4-90 绘制椭圆

(11) 使用【选择工具】选择上一步绘制的图形和椭圆并对其进行复制，然后调整到适当的位置，如图 4-91 所示。

(12) 使用【钢笔工具】绘制路径，如图 4-92 所示。

图 4-91　复制图形

图 4-92　绘制路径

(13) 在【字幕属性】面板中，将【图形类型】设为【填充贝塞尔曲线】，将【填充类型】设为【线性渐变】，将第一个色标的颜色设为 #179AB8，将第二个色标的颜色设为 #14BFC6，如图 4-93 所示。

(14) 使用同样的方法绘制图形的高光区域，并对其填充白色，然后将其【不透明度】设为 60%，完成后的效果如图 4-94 所示。

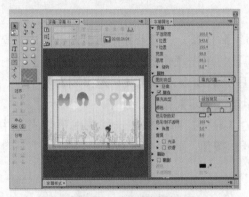

图 4-93　设置填充颜色

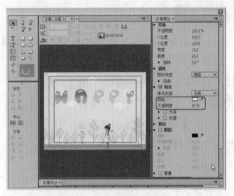

图 4-94　完成后的效果

(15) 关闭【字幕编辑器】，选择创建的【字幕 01】，将其拖曳至 V2 轨道中，并与 V1 轨道中的素材文件对齐，如图 4-95 所示。

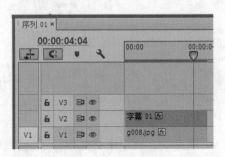

图 4-95　添加字幕

(16) 设置完成后将场景进行保存。

案例精讲 080　水平滚动的字幕

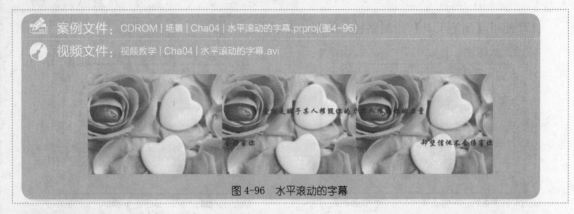

📝 案例文件：CDROM | 场景 | Cha04 | 水平滚动的字幕.prproj(图4-96)

🎬 视频文件：视频教学 | Cha04 | 水平滚动的字幕.avi

图 4-96　水平滚动的字幕

制作概述

本例将制作水平滚动字幕。其中字幕的制作方法和前面其他字幕相同，只是在创建完字幕后对其设置了【滚动／游动选项】，设置【字幕类型】和【定时】即可完成水平滚动字幕的创建。

学习目标

掌握如何创建水平滚动字幕及【滚动/游动选项】的设置。

操作步骤

(1) 运行软件后，在欢迎界面中单击【新建项目】按钮，在【新建项目】对话框中，选择项目的保存路径，并将其命名为【水平滚动的字幕】，单击【确定】按钮。在【项目】面板中右击，在弹出的快捷菜单中选择【新建项目】|【序列】命令，弹出【新建序列】对话框，在该对话框中选择 DV–PAL|【标准 48kHz】，然后单击【确定】按钮，如图 4-97 所示。

(2) 在【项目】面板的空白处双击，在弹出的【导入】对话框中选择随书附带光盘中的 CDROM| 素材 |Cha04|P1.jpg 素材文件，单击【打开】按钮，如图 4-98 所示。

图 4-97　【新建序列】对话框

图 4-98　【导入】对话框

(3) 将导入的素材拖曳至 V1 轨道中，确定素材文件处于选择状态，右击，在弹出的快捷菜单中选择【缩放为帧大小】命令，打开【效果控件】面板，将【缩放】设置为 103，如图 4-99 所示。

(4) 按 Ctrl+T 组合键，弹出【新建字幕】对话框，使用默认设置，单击【确定】按钮。打开【字幕】对话框，选择【文字工具】 T ，在字幕设计栏中输入文字"爱就是赋予某人摧毁你的力量"，将【字体系列】设置为【华文行楷】，将【字体大小】设置 36，在【填充】选项组中将颜色 RGB 值设置为 17、2、208，将【X 位置】、【Y 位置】分别设置为 391、220，如图 4-100 所示。

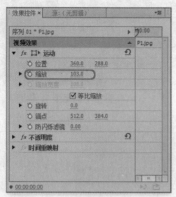

图 4-99　【效果控件】面板

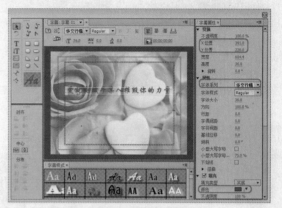

图 4-100　设置字幕

(5) 单击【滚动/游动选项】按钮 ，弹出【滚动/游动选项】对话框，将【字幕类型】设置为【向左游动】，在【定时(帧)】选项组中选中【开始于屏幕外】复选框和【结束于屏幕外】复选框，然后单击【确定】按钮，如图 4-101 所示。

(6) 单击【基于当前字幕新建字幕】按钮 ，弹出【新建字幕】对话框，使用默认设置，单击【确定】按钮。将原有的文字删除，然后在字幕设计栏中输入文字"却坚信他不会伤害你"，将【X 位置】、【Y 位置】分别设置为 440、399，如图 4-102 所示。

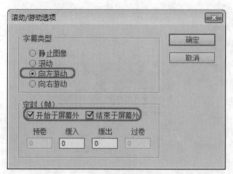

图 4-101　【滚动/游动选项】对话框

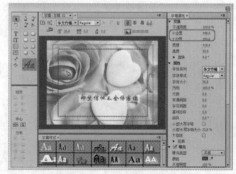

图 4-102　输入文字

(7) 单击【滚动/游动选项】按钮 ，弹出【滚动/游动选项】对话框，将【字幕类型】设置为【向右游动】，设置完成后单击【确定】按钮。关闭【字幕】对话框，选择 V1 轨道中的素材文件并右击，在弹出的快捷菜单中选择【速度/持续时间】命令，在弹出的【编辑速度/持续时间】对话框中将【持续时间】设置为 00:00:08:00，单击【确定】按钮，如图 4-103 所示。

(8) 将当前时间设置为 00:00:00:00，在【项目】面板中将【字幕 01】拖曳至 V2 轨道中，将【字幕 01】结束处与 V1 轨道中的素材结束处对齐，如图 4-104 所示。

(9) 将当前时间设置为 00:00:02:00，在【项目】面板中将【字幕 02】拖曳至 V3 轨道中，将其开始处与时间线对齐，将其结束处与 V2 轨道中的素材结尾处对齐，如图 4-105 所示。

图 4-103　设置持续时间

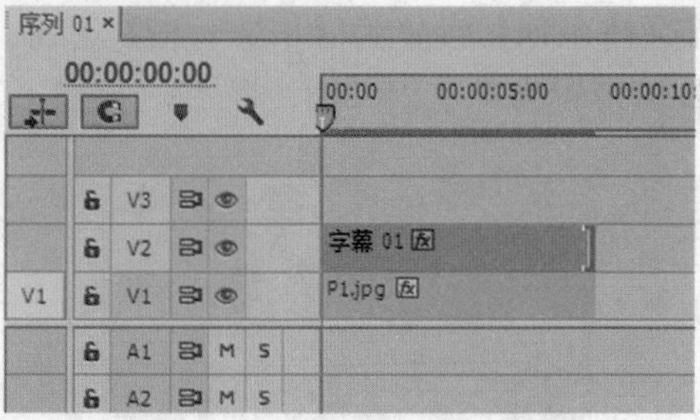

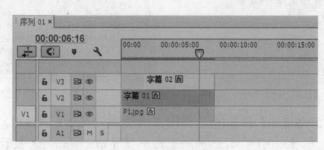

图 4-104　将字幕拖曳至 V2 轨道中

图 4-105　设置【字幕 02】

(10) 设置完成后将场景进行保存即可。

案例精讲 081　垂直滚动的字幕

案例文件：CDROM | 场景 | Cha04 | 垂直滚动的字幕.prproj (图4-106)

视频文件：视频教学 | Cha04 | 垂直滚动的字幕.avi

图 4-106　垂直滚动的字幕

制作概述

垂直滚动字幕的创建和水平滚动字幕的创建基本相同，只是垂直滚动字幕在【滚动/游动选项】设置中选择的是【滚动】选项。

学习目标

掌握如何创建垂直滚动字幕及【滚动/游动选项】的设置。

操作步骤

(1) 运行软件后，在欢迎界面中单击【新建项目】按钮，在【新建项目】对话框中选择项目的保存路径，将项目命名为【垂直滚动的字幕】，单击【确定】按钮。新建【序列01】，打开随书附带光盘中的 CDROM| 素材 |Cha04|P2.jpg 素材文件，将"p2.jpg"素材文件拖曳至 V1 轨道中，将其【持续时间】设置为 00:00:10:00，如图 4-107 所示。

(2) 按 Ctrl+T 组合键打开【新建字幕】对话框，保持默认设置。打开【字幕】对话框，选择【文字工具】 **T**，在字幕选项栏中输入文本，将【字体系列】设置为【华文隶书】，将【字体大小】设置为 40，将【X 位置】、【Y 位置】分别设置为 420、355，将【颜色】设置为黑色，如图 4-108 所示。

图 4-107　设置持续时间

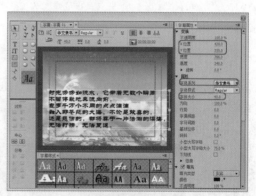

图 4-108　输入文本

(3) 单击【滚动 / 游动选项】按钮 **≡**，打开【滚动 / 游动选项】对话框，选中【滚动】单选按钮，选中【开始于屏幕外】复选框和【结束于屏幕外】复选框，如图 4-109 所示。

 注意　　对于垂直文字，默认的滚动方式是从下向上滚动。

(4) 单击【确定】按钮，将【字幕】对话框关闭，将【字幕 01】拖曳至 V2 轨道中，将其结尾处与"P2.jpg"素材文件对齐，如图 4-110 所示。

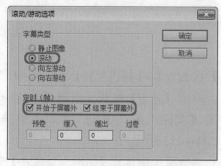

图4-109　【滚动/游动选项】对话框

图 4-110　设置【字幕 01】

(5) 激活【序列】面板，在菜单栏中选择【文件】|【导出】|【媒体】命令，弹出【导出设置】对话框，将【格式】设置为 AVI，单击【输出名称】右侧的文字。弹出【另存为】对话框，将【文件名】设置为【垂直滚动的字幕】，单击【保存】按钮，如图 4-111 所示。

(6) 返回到【导出设置】对话框，单击【导出】按钮，将视频导出，设置完成后将场景进行保存。

图 4-111　【另存为】对话框

案例精讲 082　逐字打出的字幕

案例文件：CDROM | 场景 | Cha04 | 逐字打出的字幕.prproj(图4-112)

视频文件：视频教学 | Cha04 | 逐字打出的字幕.avi

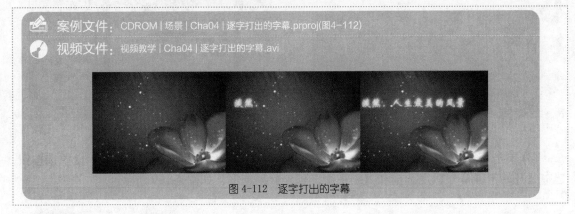

图 4-112　逐字打出的字幕

制作概述

本例将制作逐字打出的字幕。首先要创建字幕，创建完成后对其添加【裁剪】特效，通过对其【右侧】添加关键帧，使其成为逐字打出的效果。

学习目标

掌握如何创建逐字打出字幕及【裁剪】特效关键帧的创建。

操作步骤

(1) 运行软件后，在欢迎界面中单击【新建项目】按钮，在【新建项目】对话框中，选择项目的保存路径，并将其命名为【逐字打出的字幕】，单击【确定】按钮。新建【序列 01】，打开随书附带光盘中的 CDROM| 素材 |Cha04|P3.jpg 素材文件，将"p3.jpg"素材文件拖曳至 V1 轨道中，将其【持续时间】设置为 00:00:05:00，如图 4-113 所示。

(2) 在【序列】面板中选择该素材并右击，在弹出的快捷菜单中选择【缩放为帧大小】命令。打开【效果控件】面板，将【运动】选项组中的【缩放】设置为 80，如图 4-114 所示。

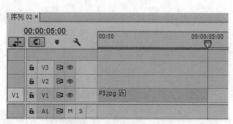

图 4-113　设置持续时间

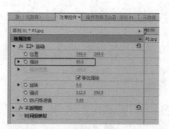

图 4-114　设置【缩放】参数

(3) 按 Ctrl+T 组合键打开【新建字幕】对话框，在该对话框中保持默认设置，单击【确定】按钮。使用【文字工具】 T ，在字幕设计栏中输入文字"淡然，人生最美的风景"，将【字体系列】设置为【华文新魏】，将【字体大小】设置为 56，将【X 位置】、【Y 位置】设置为 349、184，将颜色的 RGB 值设置为 255、255、0。选中【阴影】复选框，将【不透明度】设置为 100%，【角度】设置为 0，【距离】设置为 2，【大小】设置为 40，【扩展】设置为 86，如图 4-115 所示。

(4) 将【字幕】对话框关闭，将【字幕 01】拖曳至 V2 轨道中，将其开始处和结尾处与 V1 轨道中的素材文件对齐。打开【效果】面板，选择【效果】|【视频效果】|【变换】|【裁剪】特效，将其拖曳至【字幕 01】素材文件上，如图 4-116 所示。

图 4-115　输入文字并设置

图 4-116　选择【裁剪】特效

(5) 将当前时间设置为 00:00:00:00，在【裁剪】选项组中将【右侧】设置为 100%，单击其左侧的【切换动画】按钮 ，将当前时间设置为 00:00:00:11，将【右侧】设置为 86%，将当前时间设置为 00:00:00:22，将【右侧】设置为 78%，如图 4-117 所示。

(6) 将当前时间设置为 00:00:01:00，将【右侧】设置为 72%，将当前时间设置为 00:00:01:11，将【右侧】设置为 63%，将当前时间设置为 00:00:01:22，将【右侧】设置为 56%，如图 4-118 所示。

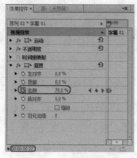

图 4-117　设置参数

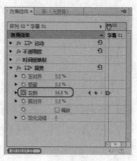

图 4-118　设置【右侧】参数

第 4 章　字幕制作技巧

121

(7) 使用同样的方法设置其他参数，设置完成后将场景进行保存即可。

案例精讲 083　卷展效果的字幕

案例文件：CDROM | 场景 | Cha04 | 卷展效果的字幕.prproj(图4-119)

视频文件：视频教学 | Cha04 | 卷展效果的字幕.avi

图 4-119　卷展效果的字幕

制作概述

本例将制作卷展效果的字幕。首先创建多个自己喜欢的字幕样式，并将其添加到视频轨道中，然后选择【卷走】特效进行添加，通过设置卷走方向和持续时间，使其呈现卷展效果。

学习目标

掌握如何创建卷展效果字幕及如何设置【卷走】特效。

操作步骤

(1) 运行软件后，在欢迎界面中单击【新建项目】按钮，在【新建项目】对话框中，选择项目的保存路径，将项目命名为【卷展效果的字幕】，单击【确定】按钮。新建【序列01】，打开随书附带光盘中的 CDROM| 素材 |Cha04|P4.jpg 素材文件，将"P4.jpg"素材文件拖曳至 V1 轨道中，将其【持续时间】设置为 00:00:07:00，如图 4-120 所示。

(2) 打开【效果控件】面板，将【缩放】设置为 73，观察其在【节目】面板中的效果，如图 4-121 所示。

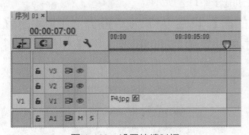

图 4-120　设置持续时间

图 4-121　缩放后的效果

(3) 按 Ctrl+T 组合键，在弹出的对话框中保持默认设置，单击【确定】按钮。打开【字幕】面板，选择【文字工具】，在字幕设计栏中输入文字，将【字体系列】设置为【华文行楷】，将【字体大小】设置为 35，将【行距】设置为 12，将【X 位置】、【Y 位置】分别设置为330、233，将【填充】下的颜色 RGB 值设置为 207、0、0，如图 4-122 所示。

(4) 单击【基于当前字幕新建字幕】按钮 ，在弹出的对话框中保持默认设置，在字幕设计栏中输入文字，将【X 位置】、【Y 位置】分别设置为 323、334。再次单击【基于当前字幕新建字幕】按钮 ，在弹出的对话框中保持默认设置，在字幕设计栏中输入文字，将【X 位置】、【Y 位置】分别设置为 406、416，如图 4-123 所示。

(5) 将对话框关闭，打开【效果】面板，选择【视频过渡】|【3D 运动】|【旋转离开】特效，将其添加至 "P4.jpg" 素材文件的开始位置。在【序列】面板中选择刚刚添加的视频过渡特效，在【效果控件】面板中将【持续时间】设置为 00:00:00:10，如图 4-124 所示。

(6) 将当前时间设置为 00:00:01:00，在【项目】面板中选择【字幕01】，将其拖曳至 V2 轨道中，将其开始位置与时间线对齐，结束位置与 V1 轨道中的素材对齐，如图 4-125 所示。

图 4-122　输入文字

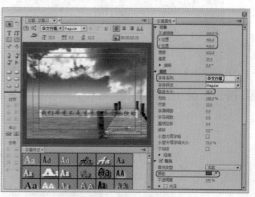

图 4-123　输入其他文字

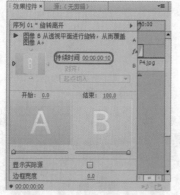

图 4-124　添加【旋转离开】特效

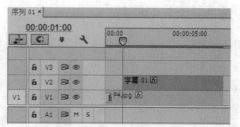

图 4-125　添加【字幕01】

(7) 在【效果】面板中选择【视频过渡】|【页面剥落】|【卷走】特效，将其添加至【字幕01】的开始位置。选择该特效，激活【效果控件】面板，将其【持续时间】设置为 00:00:01:20，将【方向】设置为自东向西，选中【反向】复选框，如图 4-126 所示。

(8) 将当前时间设置为 00:00:02:00，将【项目】面板中的【字幕02】拖曳至 V3 轨道中，将其开始位置与时间线对齐，结束位置与【字幕01】对齐。选择【卷走】特效，将其添加至【字幕02】的开始位置，将其【持续时间】设置为 00:00:01:20，将【方向】设置为自东向西，选中【反向】复选框，如图 4-127 所示。

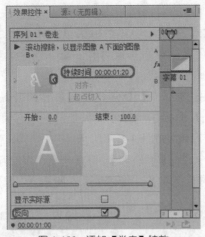

图 4-126　添加【卷走】特效

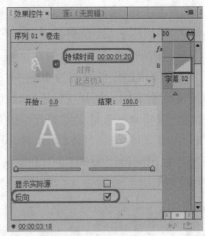

图 4-127　设置参数

(9) 选择【序列】|【添加轨道】命令，弹出【添加轨道】对话框，保持默认设置，单击【确定】按钮。使用同样的方法进行其他设置，完成后的效果如图 4-128 所示。

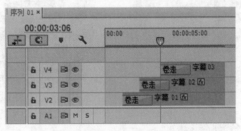

图 4-128　设置完成后的效果

(10) 设置完成后将影片导出，将场景进行保存即可。

案例精讲 084　远处飞来的字幕

📝 案例文件：CDROM | 场景 | Cha04 | 远处飞来的字幕.prproj（图4-129）

🎬 视频文件：视频教学 | Cha04 | 远处飞来的字幕.avi

图 4-129　远处飞来的字幕

制作概述

本例将制作远处飞来的字幕。首先要创建字幕，将创建完成的字幕添加至【序列】面板中，并配合【效果】面板中的效果和更改【效果控件】面板中的参数来制作此效果。

学习目标

掌握如何创建字幕和为字幕添加【多旋转】效果和【交叉划像】效果。

操作步骤

(1) 运行软件后，在欢迎界面中单击【新建项目】按钮，在【新建项目】对话框中，选择项目的保存路径，将项目命名为【远处飞来的字幕】，单击【确定】按钮。新建【序列01】，打开随书附带光盘中的 CDROM| 素材 |Cha04|P5.tif 素材文件，将"P5.tif"素材文件拖曳至 V1 轨道中，如图 4-130 所示。选择该素材文件，右击，在弹出的快捷菜单中选择【缩放为帧大小】命令，在【效果控件】面板中将【缩放】设置为 114。

(2) 按 Ctrl+T 组合键，打开【新建字幕】对话框，保持默认设置，单击【确定】按钮。打开【字幕】对话框，使用【文字工具】 **T**，在字幕设计栏中输入文字，选择输入的文字，在【字幕样式】下拉列表框中选择 Lithos Gold Strokes 52 选项，将【字体大小】设置为 135，将【旋转】设置为 8°，将【X 位置】、【Y 位置】分别设置为 400、289，如图 4-131 所示。

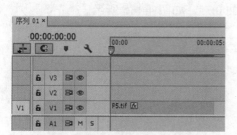

图 4-130 将素材添加到【序列】面板中

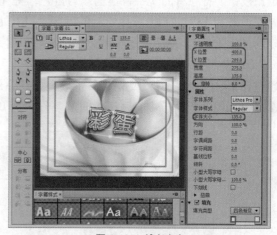

图 4-131 输入文字

(3) 单击【基于当前字幕新建字幕】按钮 **T**，在弹出的对话框中保持默认设置，单击【确定】按钮。将原有的文字删除，选择【椭圆工具】 ⬭，在设计栏中绘制椭圆，将【宽度】、【高度】分别设置为 232、145，将【旋转】设置为 330°，将【X 位置】、【Y 位置】分别设置为140、120，在【字幕样式】下拉列表框中选择 HoboStd Slant Gold 80 选项，取消选中【外描边】复选框，如图 4-132 所示。

(4) 在工具箱中选择【文字工具】 **T**，在设计栏中输入文字。选择输入的文字，在【字幕样式】下拉列表框中选择 Tektonpro Narrow Yellow 100 选项，将【字体系列】设置为【汉仪中楷简】，将【字体大小】设置为 80，将【旋转】设置为 330°，将【X 位置】、【Y 位置】分别设置为127、130，如图 4-133 所示。

图 4-132　绘制椭圆

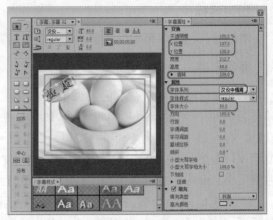

图 4-133　输入文字

(5) 单击【基于当前字幕新建字幕】按钮 **T**，在弹出的对话框中保持默认设置，单击【确定】按钮。将原有的文字替换为"力量"，将【旋转】设置为30°，将【X位置】、【Y位置】分别设置为137、472。选择绘制的椭圆，将其【旋转】设置为29°，将【X位置】、【Y位置】分别设置为140、467，设置完成后的效果如图 4-134 所示。

(6) 使用同样的方法设置其他字幕，将【字幕】对话框关闭。在【效果】面板中选择【视频过渡】|【划像】|【交叉划像】特效，将其添加至 V1 轨道中素材的开始位置并选择该特效，在【效果控件】面板中将【持续时间】设置为 00:00:00:15，如图 4-135 所示。

图 4-134　设置完成后的效果

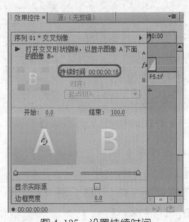

图 4-135　设置持续时间

(7) 在菜单栏中选择【序列】|【添加轨道】命令，弹出【添加轨道】对话框，在该对话框中添加 3 条视频轨道，然后单击【确定】按钮，如图 4-136 所示。

(8) 将当前时间设置为 00:00:01:00，在【项目】面板中将【字幕01】拖曳至 V2 轨道中，将其开始位置与时间线对齐，结束位置与 V1 轨道中的素材对齐。将当前时间设置为 00:00:01:15，将【字幕02】拖曳至 V3 轨道中，将开始位置与时间线对齐，结束位置与 V1 轨道中的素材对齐。使用同样的方法设置其他字幕，完成后的效果如图 4-137 所示。

(9) 在【效果】面板中选择【视频过渡】|【滑动】|【多旋转】特效，将其添加至【字幕01】～【字幕06】中，如图 4-138 所示。

(10) 设置完成后将场景进行保存即可。

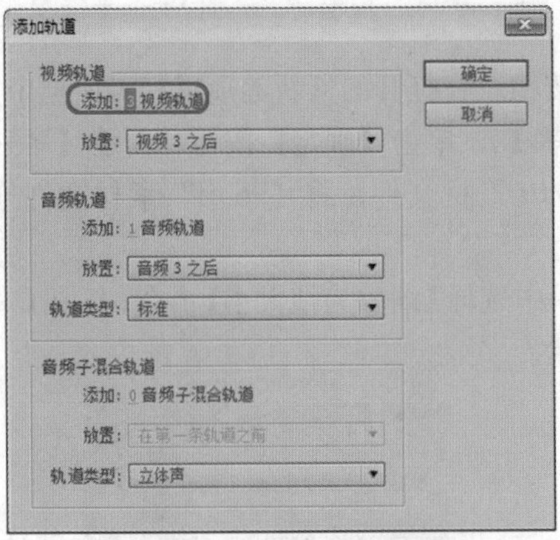

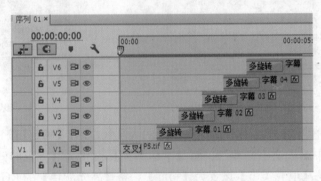

图 4-136 【添加轨道】对话框

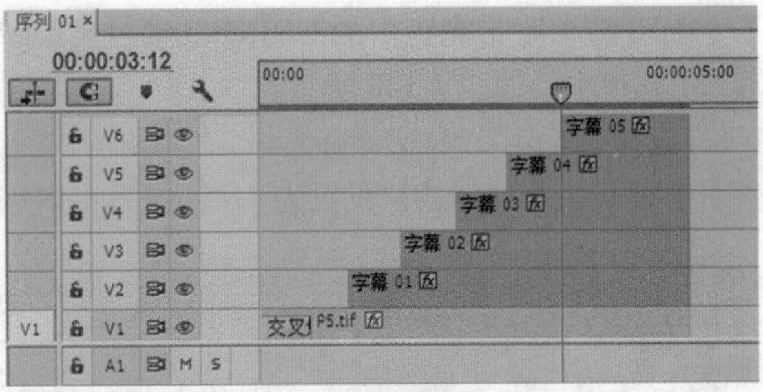

图 4-137 调整完成后的效果

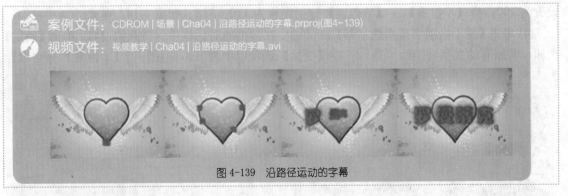

图 4-138 设置完成后的效果

案例精讲 085 沿路径运动的字幕

案例文件：CDROM | 场景 | Cha04 | 沿路径运动的字幕.prproj(图4-139)

视频文件：视频教学 | Cha04 | 沿路径运动的字幕.avi

图 4-139 沿路径运动的字幕

制作概述

本例将制作沿路径运动的字幕。创建完多个字幕后将字幕添加至【序列】面板中，通过更改字幕的位置及缩放使字幕沿一定路径进行运动。

学习目标

学会如何创建字幕和设置字幕的位置及缩放。

操作步骤

(1) 运行软件后，在欢迎界面中单击【新建项目】按钮，在打开的【新建项目】对话框中，选择项目的保存路径，将项目命名为【沿路径运动的字幕】，单击【确定】按钮。新建【序列01】，打开随书附带光盘中的 CDROM| 素材 |Cha04|P6.tif 素材文件，将 "P6.tif" 素材文件拖曳至 V1 轨道中，如图 4-140 所示。

(2) 选择 "P6.tif" 素材文件并右击，在弹出的快捷菜单中选择【缩放为帧大小】命令，打开【效果控件】面板，将【缩放】设置为 118，如图 4-141 所示。

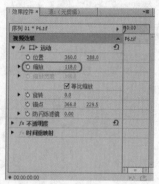

图 4-140　将素材添加至【序列】面板中　　　　图 4-141　设置【缩放】参数

(3) 按 Ctrl+T 组合键，在弹出的对话框中保持默认设置，单击【确定】按钮。选择【文字工具】T，在字幕设计栏中输入文字 "罗"，将【字体系列】设置为【方正胖娃简体】，将【字体大小】设置为 120，将【填充类型】设置为【斜面】，将【高光颜色】的 RGB 值设置为 250、0、235，将【阴影颜色】的 RGB 值设置为 82、1、132，将【大小】设置为 36，选中【变亮】复选框，将【光照角度】设置为 270°，将【光照强度】设置为 100，选中【阴影】复选框，将【颜色】的 RGB 值设置为 181、0、188，将【不透明度】设置为 77，将【大小】设置为 32，将【扩展】设置为 100，将【X 位置】、【Y 位置】分别设置为 170、318，如图 4-142 所示。

(4) 单击【基于当前字幕新建字幕】按钮，在弹出的对话框中保持默认设置，单击【确定】按钮。将原有的文字替换为 "曼"，在【变换】选项组中将【X 位置】、【Y 位置】分别设置为 315、318，如图 4-143 所示。

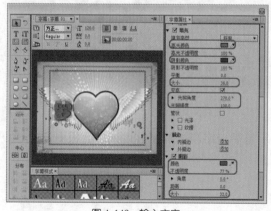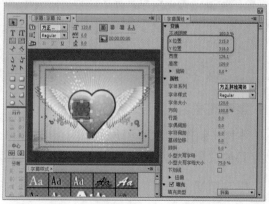

图 4-142　输入文字　　　　　　　　　　图 4-143　设置【X 位置】、【Y 位置】

(5) 使用同样的方法设置其他字幕，设置完成后将【字幕】对话框关闭。在【项目】面板中将【字幕 01】拖曳至 V2 轨道中，将当前时间设置为 00:00:00:00。选择【字幕 01】，打开【效果控件】面板，将【缩放】设置为 32，将【位置】设置为 408、467，分别单击其左侧的【切换动画】按钮，如图 4-144 所示。

(6) 将当前时间设置为 00:00:00:11，将【位置】设置为 311、357，将当前时间设置为 00:00:00:20，将【位置】设置为 284、233，将当前时间设置为 00:00:01:05，将【位置】设置为 359、183，将当前时间设置为 00:00:01:12，将【位置】设置为 413、218，将当前时间设置为 00:00:01:17，将【位置】设置为 413、302，单击【缩放】右侧的【添加/移除关键帧】按钮。将当前时间设置为 00:00:01:24，将【缩放】设置为 100，将【位置】设置为 360、288，如图 4-145 所示。

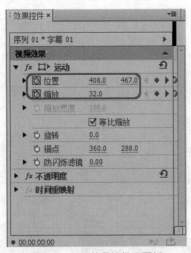

图 4-144 【效果控件】面板

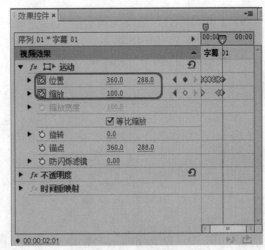

图 4-145 设置参数

(7) 将当前时间设置为 00:00:00:05，在【项目】面板中将【字幕 02】拖曳至 V3 轨道中，将其开始位置与时间线对齐，将结束位置与 V2 轨道中的素材结尾位置对齐，将【缩放】设置为 32，将【位置】设置为 382、467，单击【缩放】、【位置】左侧的【切换动画】按钮，如图 4-146 所示。

(8) 将当前时间设置为 00:00: 00:16，将【位置】设置为 273、357，将当前时间设置为 00:00:01:00，将【位置】设置为 238、274，将当前时间设置为 00:00:01:09，将【位置】设置为 273、194，将当前时间设置为 00:00:01:16，将【位置】设置为 370、206，将当前时间设置为 00:00:01:21，将【位置】设置为 370、284，单击【缩放】右侧的按钮。将当前时间设置为 00:00:02:01，将【缩放】设置为 100，将【位置】设置为 360、288，如图 4-147 所示。

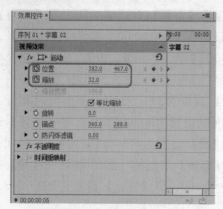

图 4-146 设置参数 (1)

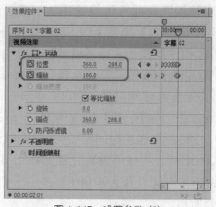

图 4-147 设置参数 (2)

(9) 使用同样的方法设置其他参数，设置完成后将影片导出，将场景进行保存即可。

案例精讲 086 手写字效果

案例文件：CDROM | 场景 | Cha04 | 手写字效果.prproj(图4-148)

视频文件：视频教学 | Cha04 | 手写字效果.avi

图 4-148 手写字效果

制作概述

本例将介绍如何制作手写字效果。手写字效果就是需要按照笔画将文字显示出来。创建完字幕后为字幕添加【4 点无用信号遮罩】特效，按照文字的笔画将文字书写出来。

学习目标

学会如何为字幕添加【4 点无用信号遮罩】特效。

操作步骤

(1) 打开软件，在欢迎界面中单击【新建项目】按钮，弹出【新建项目】对话框，将【名称】设置为【手写字效果】，设置其存储路径，单击【确定】按钮，即可新建一个项目。在【项目】面板中右击，在弹出的快捷菜单中选择【新建项目】|【序列】命令，弹出【新建序列】对话框，在该对话框中选择 DV-PAL|【标准 48kHz】，保持默认名称，单击【确定】按钮，如图 4-149 所示。

(2) 在【项目】面板的空白处双击，在弹出的对话框中选择素材文件"P7.tif"，单击【打开】按钮，将其添加至【项目】面板中。选择"P7.tif"素材文件，将其拖曳至 V1 轨道中。确定该素材文件处于选择状态，右击，在弹出的快捷菜单中选择【缩放为帧大小】命令，打开【效果控件】面板，将【缩放】设置为114，如图4-150所示。

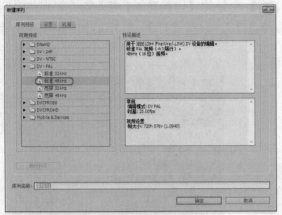

图4-149 【新建序列】对话框　　　　图4-150 【效果控件】面板

(3) 按Ctrl+T组合键，弹出【新建字幕】对话框，保持默认设置，单击【确定】按钮。选择【文字工具】■，在字幕设计栏中输入文字"恋"，将【字体系列】设置为【汉仪楷体简】，将【字体大小】设置为174，将【填充类型】设置为【斜面】，将【高光颜色】RGB值设置为255、120、0，将【阴影颜色】RGB值设置为219、13、3，将【大小】设置为18，选中【变亮】复选框，将【X位置】、【Y位置】分别设置为197、384，如图4-151所示。

(4) 将对话框关闭，在菜单栏中选择【文件】|【新建序列】命令，在弹出的对话框中选择DV-PAL|【标准48kHz】，保持默认名称，单击【确定】按钮。将【字幕01】拖曳至V1轨道中，将其【持续时间】设置为00:00:04:00，在【效果】面板中选择【4点无用信号遮罩】特效，将其添加至【字幕01】上。将当前时间设置为00:00:00:00，在【效果控件】面板中将【4点无用信号遮罩】选项组中的【上左】、【上右】、【下右】、【下左】分别设置为134.7、276.7，177.2、254.2，188.2、266.2，142.9、291.8，如图4-152所示。

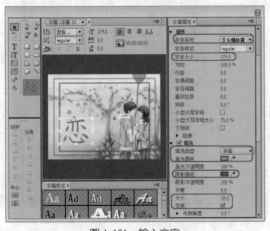

图4-151 输入文字　　　　　图4-152 设置参数

(5) 单击【下左】、【下右】左侧的【切换动画】按钮■，将当前时间设置为00:00:00:08，将【下右】、【下左】分别设置为219.5、297.5，162.6、310.3。将【字幕01】拖曳至V2轨道中，将其开始位置与时间线对齐，将结尾处与V1轨道中的结尾处对齐，如图4-153所示。

(6) 为其添加【4点无用信号遮罩】特效，确定V2轨道中的素材处于选择状态，在【效果控件】面板中将【上左】、【上右】、【下右】、【下左】分别设置为70.7、261.8，106.1、259.5，116.5、330.1，95、334，单击【上右】、【下右】左侧的【切换动画】按钮，将当前时间设置为00:00:00:16，将【上右】、【下右】设置为232.7、248，247.3、315.3，如图4-154所示。

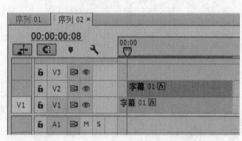

图 4-153　将【字幕 01】拖曳至【序列】面板中

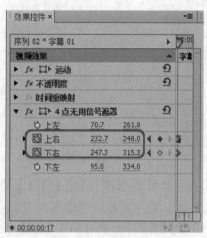

图 4-154　设置参数（1）

(7) 将【字幕01】拖曳至V3轨道中，将其开始位置与时间线对齐，将结束位置与V2轨道中的素材结尾处对齐，为其添加【4点无用信号遮罩】特效。确认素材处于选择状态，在【效果控件】面板中将【上左】、【上右】、【下右】、【下左】分别设置为137.1、314，172.7、308，174.5、323，141.2、327.5，如图4-155所示。

(8) 单击【下右】、【下左】左侧的【切换动画】按钮，将当前时间设置为00:00:00:24，将【下右】、【下左】分别设置为171.8、387.5，147.6、390.5，如图4-156所示。

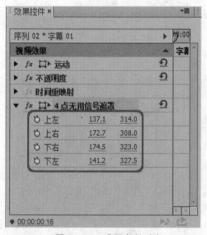

图 4-155　设置参数（2）

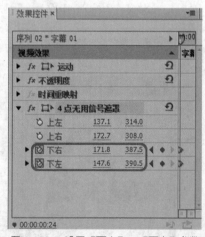

图 4-156　设置【下右】、【下左】参数

(9) 在菜单栏中选择【序列】|【添加轨道】命令，弹出【添加轨道】对话框，在【视频轨道】选项组中添加7条视频轨道，其他保持默认设置，单击【确定】按钮，如图4-157所示。

(10) 使用同样的方法设置其他动画，完成后的效果如图4-158所示。

图 4-157 【添加轨道】对话框

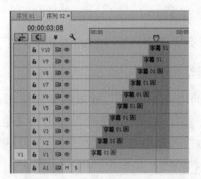

图 4-158 设置完成后的效果

(11) 切换至【序列 1】面板中，将【序列 2】拖曳至 V2 轨道中。确定【序列 2】处于选择状态，右击，在弹出的快捷菜单中选择【取消链接】命令，然后选择 A2 轨道中的音频文件，按 Delete 键将其删除，如图 4-159 所示。

(12) 至此，手写字效果就制作完成了，影片导出后将场景进行保存即可。

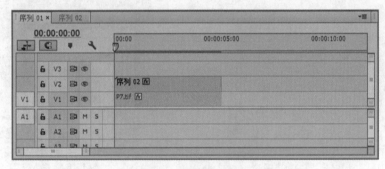

图 4-159 将音频文件删除

案例精讲 087 带滚动效果的字幕

案例文件：CDROM | 场景 | Cha04 | 带滚动效果的字幕.prproj(图4-160)

视频文件：视频教学 | Cha04 | 带滚动效果的字幕.avi

图 4-160 带滚动效果的字幕

制作概述

带滚动效果的字幕就是结合水平滚动和垂直滚动效果来制作该效果。在创建字幕的时候要为字幕设置【滚动/游动选项】，然后将设置该选项的字幕拖曳至【序列】面板中即可。

学习目标

学会为字幕设置【滚动/游动选项】。

操作步骤

(1) 运行软件后，在欢迎界面中单击【新建项目】按钮，在【新建项目】对话框中，选择项目的保存路径，将项目命名为【带滚动效果的字幕】，单击【确定】按钮。新建【序列01】，打开随书附带光盘中的 CDROM| 素材 |Cha04|P8.jpg 素材文件，将 P8.jpg 素材文件拖曳至 V1 轨道中，如图 4-161 所示。

(2) 按 Ctrl+T 组合键，弹出【新建字幕】对话框，保持默认设置，单击【确定】按钮。打开【字幕】对话框，在该对话框中选择【文字工具】 **T**，在字幕设计栏中输入文字"人生的两种境界"，将【字体系列】设置为【汉仪中楷简】，将【字体大小】设置为46，将【X位置】、【Y位置】设置为505、98，将【填充】选项组中【颜色】的RGB值设置为191、0、189，如图4-162 所示。

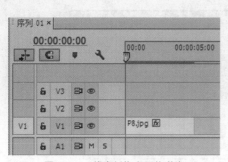

图 4-161　将素材拖曳至轨道中

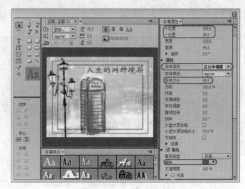

图 4-162　输入文字

(3) 单击【滚动/游动选项】按钮，在弹出的【滚动/游动选项】对话框中选中【向左游动】单选按钮，选中【开始于屏幕外】复选框，单击【确定】按钮，如图4-163所示。

(4) 单击【基于当前字幕新建字幕】按钮，在弹出的对话框中保持默认设置，将原有文字替换为"痛而不言"，将【X位置】、【Y位置】分别设置为578、208。单击【滚动/游动选项】按钮，在弹出的对话框中选中【滚动】单选按钮，选中【开始于屏幕外】复选框，单击【确定】按钮。单击【基于当前字幕新建字幕】按钮，在弹出的对话框中保持默认设置，将原有文字替换为"笑而不语"，将【X位置】、【Y位置】分别设置为631、303，如图4-164所示。

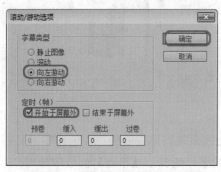

图4-163　【滚动/游动选项】对话框

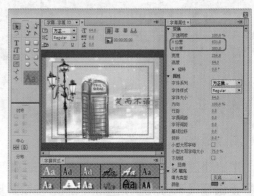

图 4-164　替换文字

(5) 再次单击【滚动/游动选项】按钮 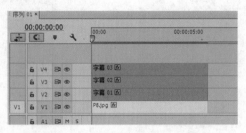，在弹出的对话框中选中【滚动】单选按钮，选中【开始于屏幕外】复选框，单击【确定】按钮。将【字幕】对话框关闭，将【字幕01】、【字幕02】、【字幕03】拖曳至【序列】面板中，将V1~V4轨道中素材的持续时间都设置为00:00:06:00，效果如图4-165所示。

图4-165　将字幕添加至【序列】面板中

(6) 将影片导出后将场景进行保存即可。

案例精讲 088　立体旋转效果的字幕

图4-166　立体旋转效果的字幕

制作概述

本例将制作立体旋转效果的字幕。创建完字幕并将字幕添加至【序列】面板后，为字幕添加【基本 3D】特效，然后在【效果控件】面板中设置该效果的参数并添加关键帧来制作立体旋转效果。

学习目标

掌握【基本 3D】特效的应用。

操作步骤

(1) 运行软件后，在欢迎界面中单击【新建项目】按钮，在【新建项目】对话框中选择项目的保存路径，将项目命名为【立体旋转效果的字幕】，单击【确定】按钮。新建【序列01】，打开随书附带光盘中的 CDROM| 素材 |Cha04|P9.jpg 素材文件，将"P9.jpg"素材文件拖曳至 V1 轨道中，如图 4-167 所示。

(2) 选择 V1 轨道中的素材文件并右击,在弹出的快捷菜单中选择【缩放为帧大小】命令,在【效果控件】面板中将【缩放】设置为 103,如图 4-168 所示。

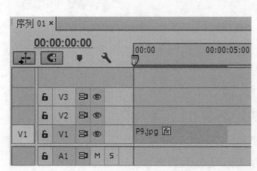

图 4-167 将素材添加至【序列】面板中

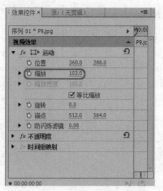

图 4-168 设置【缩放】参数

(3) 按 Ctrl+T 组合键,打开【新建字幕】对话框,在该对话框中保持默认设置,单击【确定】按钮。在打开的对话框中选择【文字工具】 T ,在设计栏中输入文字,选择输入的文字,将【字体系列】设置为【汉仪书魂体简】,将【字体大小】设置为 65,将【填充类型】设置为【斜面】,将【高光颜色】RGB 值设置为 255、126、0,将【阴影颜色】RGB 值设置为 104、22、2,将【大小】设置为 44,选中【变亮】复选框,将【X 位置】、【Y 位置】分别设置为 407、269。选中【阴影】复选框,将【颜色】RGB 值设置为 255、120、0,将【不透明度】设置为 76%,将【角度】设置为 0,将【大小】设置为 51,将【扩展】设置为 93,如图 4-169 所示。

(4) 将对话框关闭,将【字幕 01】拖曳至 V2 轨道中,在【效果】面板中选择【视频效果】|【透视】|【基本 3D】特效,将其拖曳至 V2 轨道中素材文件上。将当前时间设置为 00:00:00:00,将【与图像的距离】设置为 125,并单击【旋转】、【倾斜】、【与图像的距离】左侧的【切换动画】按钮 ,如图 4-170 所示。

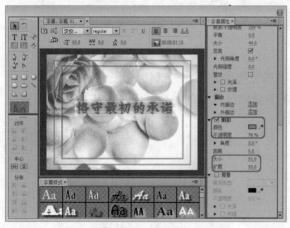

图 4-169 输入文字

图 4-170 设置【基本 3D】参数

(5) 将当前时间设置为 00:00:04:00,将【旋转】设置为 3×0°,将【倾斜】设置为 2×0°,将【与图像的距离】设置为 0,如图 4-171 所示。

(6) 激活【序列】面板,在菜单栏中选择【文件】|【导出】|【媒体】命令,在弹出的对话

框中将【格式】设置为 AVI，单击【输出名称】右侧的文字。弹出【另存为】对话框，在该对话框中设置存储路径，将【文件名】设置为【立体旋转效果的字幕】，如图 4-172 所示，设置完成后单击【保存】按钮即可。

图 4-171　设置参数

图 4-172　【另存为】对话框

（7）返回到【导出设置】对话框中，单击【导出】按钮即可将影片导出，导出完成后将场景进行保存即可。

案例精讲 089　制作波纹文字

> ✎ 案例文件：CDROM | 场景 | Cha04 | 制作波纹文字.prproj（图4-173）
>
> ⊙ 视频文件：视频教学 | Cha04 | 制作波纹文字.avi

图 4-173　制作波纹文字

制作概述

制作波纹文字首先要创建字幕，创建完成后将字幕拖曳至【序列】面板中，然后为其添加【波形变形】特效，在【效果控件】面板中设置参数。

学习目标

掌握【波形变形】特效的使用方法。

操作步骤

（1）启动软件后在欢迎界面中单击【新建项目】按钮，在弹出的对话框中将【文件名】设置为【制作波纹文字】，设置存储路径，单击【确定】按钮。在【项目】面板中右击，在弹出的快捷菜单中选择【新建项目】|【序列】命令，在弹出的对话框中选择 DV-PAL|【标准

48kHz】，单击【确定】按钮。导入素材文件 P10.jpg，将其添加至【序列】面板的 V1 轨道中，在【效果】面板中选择【视频效果】|【扭曲】|【波形变形】特效，如图 4-174 所示。

(2) 将该特效拖曳至素材文件上，打开【效果控件】面板，在该面板中将【波形类型】设置为【正弦】，将【波形高度】设置为 8，将【波形宽度】设置为 92，将【方向】设置为 90，将【波形速度】设置为 0.6，如图 4-175 所示。

图 4-174　选择【波形变形】特效

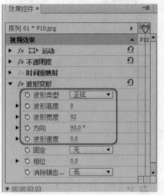

图 4-175　设置参数

(3) 按 Ctrl+T 组合键，在弹出的对话框中保持默认设置，单击【确定】按钮，打开【字幕】对话框，选择【文字工具】 **T** ，在设计栏中输入文本，选择输入的文本，将【字体系列】设置为【方正琥珀简体】，将【字体大小】设置为 122，将【X 位置】、【Y 位置】分别设置为 403、182，如图 4-176 所示。

(4) 选中【填充】选项组中的【纹理】复选框，单击【纹理】右侧的按钮，弹出【选择纹理图像】对话框，在该对话框中选择随书附带光盘中的 CDROM| 素材 |Cha04|P11.jpg，单击【打开】按钮，如图 4-177 所示。

图 4-176　输入文字

图 4-177　【选择纹理图像】对话框

(5) 将【字幕】对话框关闭，将【字幕 01】拖曳至 V2 轨道中，在【效果】面板中选择【波形变形】特效，将其拖曳至【字幕 01】上，确定【字幕 01】处于选择状态，在【效果控件】面板中将【波形类型】设置为【正弦】，将【波形高度】设置为 8，将【波形宽度】设置为 92，将【方向】设置为 90，将【波形速度】设置为 0.6，如图 4-178 所示。

图 4-178　设置参数

(6) 至此，波纹文字就制作完成了，将影片导出并将场景进行保存即可。

案例精讲 090　动态旋转的字幕

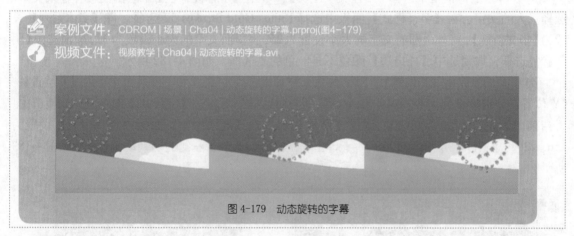

案例文件：CDROM | 场景 | Cha04 | 动态旋转的字幕.prproj(图4-179)

视频文件：视频教学 | Cha04 | 动态旋转的字幕.avi

图 4-179　动态旋转的字幕

制作概述

制作动态旋转的字幕首先要创建字幕并在字幕编辑器中进行设置。在本例中将使用【路径文字工具】绘制形状并输入文字，然后将字幕拖曳至【序列】面板中，在【效果控件】面板中进行设置。

学习目标

学会创建动态旋转的字幕。

操作步骤

(1) 启动软件后，在弹出的欢迎界面中单击【新建项目】按钮，在弹出的对话框中将【文件名】设置为【动态旋转的字幕】，单击【确定】按钮，将【序列】设置为 DV–PAL|【标准48kHz】，在【项目】面板的空白处双击，在弹出的对话框中选择随书附带光盘中 CDROM| 素材 |Cha04|P12.jpg 素材文件，如图 4-180 所示。

(2) 将 P12.jpg 文件拖曳至 V1 轨道中，选择素材，右击，在弹出的快捷菜单中选择【缩放为帧大小】命令，在【效果控件】面板中将【缩放】设置为 103。按 Ctrl+T 组合键，在弹出的对话框中保持默认设置，单击【确定】按钮，如图 4-181 所示。

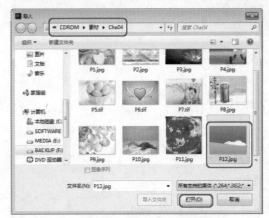

图 4-180　【导入】对话框

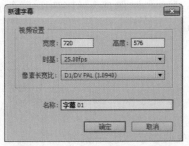

图 4-181　【新建字幕】对话框

　　(3) 在弹出的对话框中选择【路径文字工具】 ，在【字幕设计栏】中绘制图形并输入文字，选择输入的文字，在【字幕样式】面板中选择 Lithos Gold Strokes 52 选项，将【字体系列】设置为【华文新魏】，将外面圆的文字的大小设置为25，将里面文字的大小设置为32，取消选中【阴影】复选框，取消选中【外描边】颜色不是红色的复选框，如图 4-182 所示。

　　(4) 将外面文字的【X 位置】、【Y 位置】分别设置为175、220，将里面文字的【X 位置】、【Y 位置】分别设置为176、230，设置完成后将对话框关闭。将【字幕 01】拖曳至 V2 轨道中。将当前时间设置为 00:00:00:00，选择【字幕 01】，在【效果控件】面板中将【锚点】设置为156、229，将【位置】设置为135、254，单击【位置】、【旋转】左侧的切换动画按钮，如图 4-183 所示。

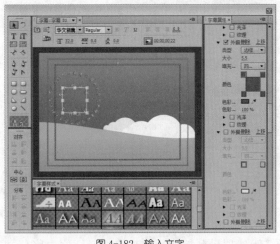

图 4-182　输入文字

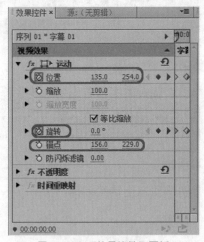

图 4-183　【效果控件】面板

　　(5) 将当前时间设置为 00:00:04:00，将【位置】设置为572、323，将【旋转】设置为135，如图 4-184 所示。

　　(6) 至此，动态旋转的字幕就制作完成了，将影片导出后保存场景即可。

140

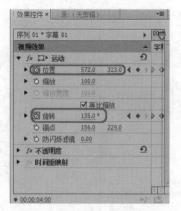

图 4-184　设置【位置】及【旋转】参数

案例精讲 091　数字化字幕

案例文件：CDROM | 场景 | Cha04 | 数字化字幕.prproj(图4-185)

视频文件：视频教学 | Cha04 | 数字化字幕.avi

图 4-185　数字化字幕

制作概述

本例将介绍如何制作数字化字幕。首先在字幕编辑器中输入数字并对其进行设置，然后将字幕拖曳至【序列】面板中为其添加【变换】、【Alpha 发光】等特效。

学习目标

掌握【变换】、【Alpha 发光】等特效的设置。

操作步骤

(1) 运行软件后，单击【新建项目】按钮，将【文件名】设置为【数字化字幕】，单击【确定】按钮，将【序列】设置为 DV-PAL | 【标准 48kHz】，在【项目】面板的空白处双击，在弹出的对话框中选择 P13.jpg 文件，如图 4-186 所示。

(2) 单击【打开】按钮，然后将 P13.jpg 文件拖曳至 V1 轨道中，在轨道中选择该素材，右击，在弹出的快捷菜单中选择【缩放为帧大小】命令，在【效果控件】面板中将【缩放】设置为 104，如图 4-187 所示。

图 4-186 【导入】对话框

图 4-187 设置参数 (1)

(3) 按 Ctrl+T 组合键，在弹出的对话框中保持默认设置，单击【确定】按钮，在打开的对话框中选择【文字工具】 T，在设计栏中输入文字"00:08:16:23"，选择输入的文字，将【字体系列】设置为 Agency FB，将【字体大小】设置为 35，将【颜色】RGB 值设置为 173、173、173，将其调整至合适的位置，如图 4-188 所示。

(4) 单击【基于当前字幕新建字幕】按钮 T，在弹出的对话框中保持默认设置，单击【确定】按钮，将原有的文字替换为 00:18:16:23，将【字体大小】设置为 128，将【颜色】设置为白色，如图 4-189 所示。

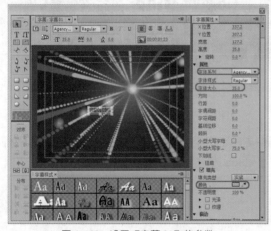

图 4-188 设置【字幕 01】的参数

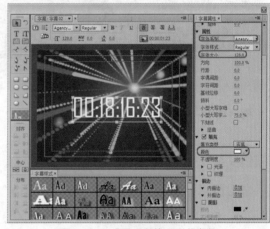

图 4-189 设置【字幕 02】的参数

(5) 将【字幕】对话框关闭，将【字幕 01】拖曳至 V1 轨道中。在【效果】面板中，选择【视频效果】|【扭曲】|【变换】特效，将其拖曳至 V2 轨道中的素材文件上，在【运动】选项组中将【位置】设置为 360、188，将【变换】选项组中的【缩放宽度】设置为 75，将【倾斜】设置为 –6，如图 4-190 所示。

(6) 在【效果】面板中选择【视频效果】|【扭曲】|【Alpha 发光】特效，将其拖曳至 V2 轨道中的素材文件上，将当前时间设置为 00:00:00:00，将【发光】设置为 0，将【起始颜色】、【结束颜色】都设置为白色，选中【使用结束颜色】复选框，单击【发光】左侧的【切换动画】按钮，将当前时间设置为 00:00:00:16，将【发光】设置为 70，如图 4-191 所示。

图 4-190　设置参数（2）

图 4-191　设置【Alpha 发光】参数

(7) 将当前时间设置为 00:00:00:23，单击【运动】选项组中的【位置】、【缩放】左侧的【切换动画】按钮，单击【变换】选项组中的【缩放宽度】、【倾斜】左侧的【切换动画】按钮，将【Alpha 发光】选项组中的【发光】设置为 100，如图 4-192 所示。

(8) 将当前时间设置为 00:00:01:10，将【运动】选项组中的【位置】设置 360、288，将【缩放】设置为 125，将【变换】选项组中的【缩放宽度】设置为 100，将【倾斜】设置为 0，如图 4-193 所示。

图 4-192　设置【发光】参数

图 4-193　设置【缩放宽度】和【倾斜】参数

(9) 将当前时间设置为 00:00:01:17，在【效果控件】面板中单击【不透明度】右侧的【添加/移除关键帧】按钮，如图 4-194 所示。

(10) 将当前时间设置为 00:00:01:24，在【效果控件】面板中将【运动】选项组中的【缩放】设置为 350，将【不透明度】设置为 0，如图 4-195 所示。

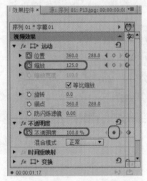

图4-194　单击【添加/移除关键帧】按钮

图 4-195　设置【缩放】及【不透明度】参数

(11) 确定当前时间是 00:00:01:24，在【效果控件】面板中将【Alpha 发光】选项组中的【发光】设置为 0，如图 4-196 所示。

(12) 在【项目】面板中将【字幕 02】拖曳至 V3 轨道中，将其开始位置与时间线对齐，将其结尾处与 V2 轨道中素材的结尾处对齐，效果如图 4-197 所示。

图 4-196　设置【发光】参数

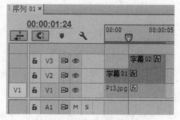

图 4-197　调整素材

(13) 在【效果】面板中选择【视频过渡】|【擦除】|【时钟式擦除】特效，将其添加至【字幕 02】的开始位置，如图 4-198 所示。至此【数字化字幕】就制作完成了，影片导出后将场景进行保存。

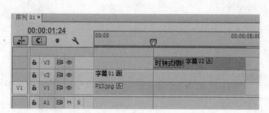

图 4-198　添加【时钟式擦除】特效

案例精讲 092　掉落的文字

案例文件：CDROM | 场景 | Cha04 | 掉落的文字.prproj(图4-199)

视频文件：视频教学 | Cha04 | 掉落的文字.avi

图 4-199　掉落的文字

制作概述

本例将制作掉落的文字效果。首先创建项目和序列，然后创建多个字母【字幕】，将【字幕】拖曳至【序列】面板中，然后再为其添加【基本 3D】特效，最后在【效果控件】面板中设置参数。

学习目标

学会创建掉落的文字效果。

操作步骤

(1) 启动软件后，在欢迎界面中单击【新建项目】按钮，在弹出的对话框中指定存储路径并将【文件名】设置为【掉落的文字】，单击【确定】按钮，在【项目】面板中右击，在弹出的快捷菜单中选择【新建项目】|【序列】命令，弹出【新建序列】对话框，在该对话框中选择 DV–PAL|【标准 48kHz】，如图 4-200 所示。

(2) 在【项目】面板的空白处双击，在弹出的对话框中选择随书附带光盘中的 CDROM| 素材 |Cha04|P14.jpg 素材文件，单击【打开】按钮，如图 4-201 所示。

图 4-200 【新建序列】对话框

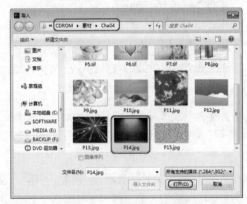

图 4-201 【导入】对话框

(3) 将 P14.jpg 拖曳至 V1 轨道中，选择该素材并右击，在弹出的快捷菜单中选择【速度 / 持续时间】命令，将其【持续时间】设置为 00:00:04:00，如图 4-202 所示。

(4) 按 Ctrl+T 组合键，在弹出的对话框中单击【确定】按钮，在弹出的【字幕】对话框中选择【文字工具】，在设计栏中输入文字，将【字体系列】设置为 Adobe Calon Pro，将【字体大小】设置为 208。选中【纹理】复选框，单击【纹理】右侧的按钮，在弹出的【选择纹理图像】对话框中选择 P15.jpg，如图 4-203 所示。

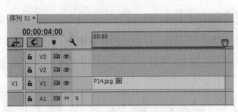

图 4-202 设置素材的持续时间

图 4-203 【选择纹理图像】对话框

（5）单击【打开】按钮，单击【外描边】右侧的【添加】按钮，将【类型】设置为【边缘】，将【大小】设置为 13，将【颜色】RGB 值设置为 220、93、0，再次单击【外描边】右侧的【添加】按钮，将【大小】设置为 30，将【颜色】设置为白色，如图 4-204 所示。

（6）确定该字母处于选择状态，在【变换】选项组中将【X 位置】、【Y 位置】设置为 175.6、314。单击【基于当前字幕新建字幕】按钮，在弹出的对话框中保持默认设置，单击【确定】按钮，将原有的字幕替换为 a，将【X 位置】、【Y 位置】分别设置为 273.4、312，如图 4-205 所示。

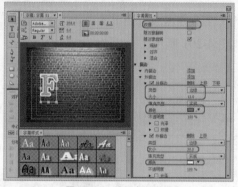
图 4-204　设置参数 (1)

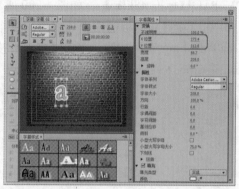
图 4-205　设置【X 位置】、【Y 位置】

（7）再次单击【基于当前字幕新建字幕】按钮，在弹出的对话框中保持默认设置，单击【确定】按钮，将原有的字幕替换为 m，将【X 位置】、【Y 位置】分别设置为 403.6、314，如图 4-206 所示。

（8）使用同样的方法设置其他字幕，设置完成后将对话框关闭。将当前时间设置为 00:00:00:04，将【字幕 01】拖曳至 V2 轨道中，将其开始位置与时间线对齐，将其结尾处与 V1 轨道中的素材结尾处对齐，如图 4-207 所示。

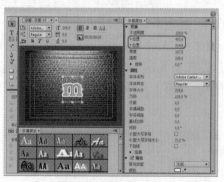
图 4-206　设置参数 (2)

图 4-207　将【字幕 01】拖曳至 V2 轨道中

（9）在菜单栏中选择【序列】|【添加轨道】命令，在弹出的对话框中添加 4 条视频轨道。单击【确定】按钮，将当前时间设置为 00:00:00:08，将【字幕 02】拖曳至 V3 轨道中，将其开始位置与时间线对齐，将其结尾处与 V1 轨道中的素材结尾处对齐。使用同样的方法将其他字幕拖曳至【序列】面板中，如图 4-208 所示。

（10）在【效果】面板中选择【视频效果】|【透视】|【基本 3D】特效，将其添加至 V2 ～ V7 轨道中的字幕。将当前时间设置为 00:00:00:04，选择 V2 轨道中的素材文件，在【锚

点】设置为 165、288，将【位置】设置为 165、664，如图 4-209 所示。

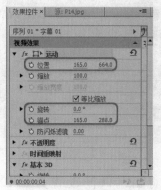

图 4-208　将字幕添加至【序列】面板中　　　　图 4-209　设置参数（1）

（11）单击【运动】选项组中的【位置】、【旋转】和【基本 3D】选项组中的【倾斜】左侧的【切换动画】按钮，将当前时间设置为 00:00:00:16，将【位置】设置为 165、288，将【旋转】设置为 1×0，将【倾斜】设置为 1×0，如图 4-210 所示。

（12）将当前时间设置为 00:00:00:08，选择【字幕 02】，将【位置】设置为 247、609，将【锚点】设置为 247、288，单击【运动】选项组中的【位置】、【旋转】按钮和【基本 3D】选项组中的【倾斜】左侧的【切换动画】按钮，将当前时间设置为 00:00:00:20，将【位置】设置为 247、288，将【旋转】设置为 1×0，将【倾斜】设置为 1×0，如图 4-211 所示。

（13）使用同样的方法设置其他动画，将当前时间设置为 00:00:00:17，选择 V2 轨道中的字幕，单击【运动】选项组中【旋转】右侧的【添加/移除关键帧】按钮，将当前时间设置为 00:00:00:21，将【旋转】设置为 1×7，如图 4-212 所示。

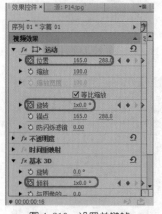

图 4-210　设置关键帧　　　　图 4-211　设置参数（2）　　　　图 4-212　设置【旋转】参数

（14）将当前时间设置为 00:00:01:05，将【旋转】设置为 353，将当前时间设置为 00:00:01:13，将【旋转】设置为 1×7，将当前时间设置为 00:00:01:21，将【旋转】设置为 353，将当前时间设置为 00:00:02:01，将【旋转】设置为 1×0，如图 4-213 所示。

（15）将当前时间设置为 00:00:00:21，选择 V3 轨道中的字幕，单击【旋转】右侧的【添加/移除关键帧】按钮，将当前时间设置为 00:00:01:01，将【旋转】设置为 353，将当前时间设置为 00:00:01:09，将【旋转】设置为 1×7，如图 4-214 所示。

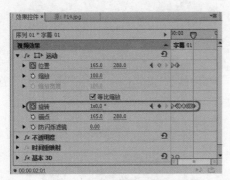

图 4-213 设置关键帧

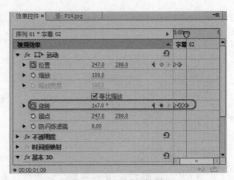

图 4-214 设置关键帧

(16) 将当前时间设置为00:00:01:17，将【旋转】设置为353，将当前时间设置为00:00:02:01，将【旋转】设置为1×0，如图4-215所示。

(17) 使用同样的方法设置其他旋转动画，将当前时间设置为00:00:02:01，选择V7轨道中的字幕，单击【运动】选项组中的【位置】右侧的【添加/移除关键帧】和【基本3D】选项组中的【倾斜】右侧的【添加/移除关键帧】按钮，将当前时间设置为00:00:02:20，将【位置】设置为590、620，将【倾斜】设置为110，如图4-216所示。

图 4-215 设置关键帧

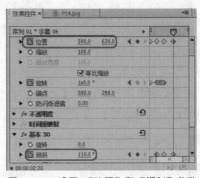

图 4-216 设置【位置】和【倾斜】参数

(18) 选择V6轨道中的字幕，将当前时间设置为00:00:02:03，单击【运动】选项组中的【位置】右侧的【添加/移除关键帧】和【基本3D】选项组中的【倾斜】右侧的【添加/移除关键帧】按钮，将当前时间设置为00:00:02:22，将【位置】设置为519、610，将【倾斜】设置为110，如图4-217所示。

(19) 使用同样的方法设置其他动画，设置完成后将影片导出并将场景进行保存。

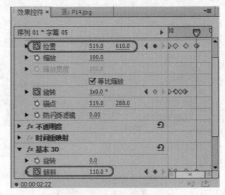

图 4-217 设置参数

第 5 章
编辑音频

本章重点

- ◆ 为视频插入背景音乐
- ◆ 使音频与视频同步对齐
- ◆ 调节关键帧上的音量
- ◆ 调节音频的速度
- ◆ 声音的淡入与淡出
- ◆ 使用调音台调节轨道效果
- ◆ 录制音频文件
- ◆ 使用均衡器优化高低音
- ◆ 山谷回声效果
- ◆ 消除音频中嗡嗡的电流声
- ◆ 屋内混响效果
- ◆ 为自己的歌声增加伴唱
- ◆ 左右声道的渐变转化
- ◆ 高低音的转换
- ◆ 制作奇异音调的音频
- ◆ 普通音乐中交响乐效果
- ◆ 超重低音效果
- ◆ 左右声道各自为主的效果

本章将介绍音频素材的编辑方法。用户可以选用音频素材来进行分割、连接和转换等操作练习来熟悉。本章中的案例精讲应用最基本的知识进行练习。

案例精讲 093　为视频插入背景音乐

案例文件：CDROM | 场景 | Cha05 | 为视频插入背景音乐.prproj(图5-1)

视频文件：视频教学 | Cha05 | 为视频插入背景音乐.avi

图 5-1　为视频插入背景音乐

制作概述

本例将介绍如何为视频添加背景音乐。导入素材后，将音频文件拖曳至 A1 轨道中，并分别为音频的开始、结束处添加【恒定增益】切换效果即可。

学习目标

学会如何添加音频。

操作步骤

(1) 运行 Premiere Pro CC，在欢迎界面中单击【新建项目】按钮，在【新建项目】对话框中，选择项目的保存路径，对项目进行命名，单击【确定】按钮，如图 5-2 所示。

(2) 进入工作区后按 Ctrl+N 组合键，打开【新建序列】对话框，在【序列预设】选项卡中【可用预设】区域下选择 DV-PAL|【标准 48kHz】选项，对【序列名称】进行设置，单击【确定】按钮，如图 5-3 所示。

图 5-2　【新建项目】对话框

图 5-3　【新建序列】对话框

(3) 进入操作界面，在【项目】面板中【名称】区域下的空白处双击，在弹出的对话框中选择随书附带光盘中的 CDROM| 素材 |Cha05| 为视频插入背景音乐 .mp3、为视频插入背景音乐 .mov 文件，单击【打开】按钮，如图 5-4 所示。

(4) 将【为视频插入背景音乐 .mov】文件拖曳至 V1 轨道中，如图 5-5 所示。

图 5-4 选择素材 图 5-5 向 V1 轨道中拖动素材

(5) 将【为视频插入背景音乐 .mp3】文件拖曳至 A1 轨道中，并分别为音频的开始、结束处添加【恒定增益】切换效果，如图 5-6 所示。

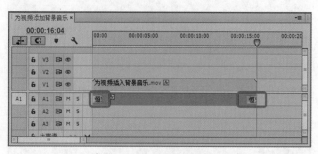

图 5-6 向音频轨道添加音频并添加效果

知识链接

【恒定增益】：交叉淡化在剪辑之间过渡时以恒定速率更改音频进出。

案例精讲 094 使音频和视频同步对齐

案例文件：CDROM | 场景 | Cha05 | 使音频和视频同步对齐.prproj(图5-7)

视频文件：视频教学 | Cha05 | 使音频和视频同步对齐.avi

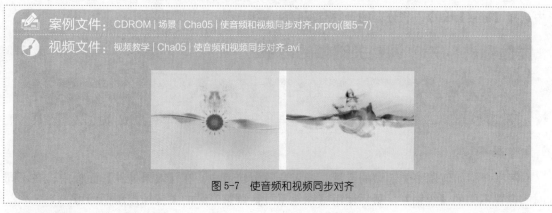

图 5-7 使音频和视频同步对齐

制作概述

本例将介绍对齐视音频并将其链接。为轨道中的音频添加【恒定增益】音频过渡效果，然后选中视音频执行【链接】命令即可。

学习目标

掌握链接视音频的方法。

操作步骤

(1) 运行 Premiere Pro CC，新建项目和序列。导入随书附带光盘中的 CDROM| 素材 |Cha05| 使音频和视频同步对齐 .avi、使音频和视频同步对齐 .mp3 文件，分别将导入的视音频素材拖曳至【时间轴】面板的 V1、A1 轨道中，如图 5-8 所示。

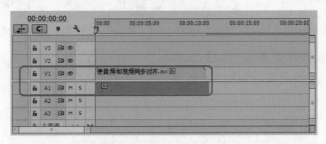

图 5-8　将素材拖曳至轨道中

(2) 在【使音频和视频同步对齐 .mp3】结尾处添加【恒定增益】音频过渡效果，如图 5-9 所示。

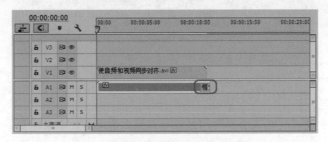

图 5-9　添加【恒定增益】音频过渡效果

(3) 在【时间轴】面板中，按住 Shift 键将视音频素材都选中，然后右击，在弹出的快捷菜单中选择【链接】命令，将分开的音频与视频链接到一起。

案例精讲 095　调整关键帧的音量

📖 案例文件：CDROM | 场景 | Cha05 | 调整关键帧的音量.prproj

🎬 视频文件：视频教学 | Cha05 | 调整关键帧的音量.avi

制作概述

本例将介绍如何调整关键帧的音量。导入音频至轨道中，在【效果控件】面板中，在不同的时间设置不同的【级别】，最后使用【钢笔工具】调整音频的关键帧控制柄即可。

学习目标

学会设置关键帧上的【级别】参数。

学会使用【钢笔工具】调整音频的关键帧控制柄。

操作步骤

(1) 运行 Premiere Pro CC, 新建项目和序列。导入随书附带光盘中的 CDROM| 素材 |Cha05| 音频 01.mp3 文件。

(2) 将导入的音频拖曳至【时间轴】面板的 A1 轨道中, 选中音频素材, 设置当前时间为 00:00:03:00, 在【效果控件】面板中, 将【音量】组中的【级别】设置为 –2.0dB, 如图 5-10 所示。

(3) 设置当前时间为 00:00:06:00, 在【效果控件】面板中, 将【音量】组中的【级别】设置为 6.0dB, 如图 5-11 所示。

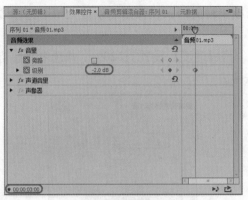
图 5-10 设置参数 (1)

图 5-11 设置参数 (2)

(4) 设置当前时间为 00:00:10:00, 在【效果控件】面板中, 将【音量】组中的【级别】设置为 0.0dB, 如图 5-12 所示。

(5) 在【时间轴】面板中, 将 A1 轨道展开, 选择【钢笔工具】 , 按住 Ctrl 键在【时间轴】面板中调整音频的关键帧控制柄, 如图 5-13 所示。

图 5-12 设置参数 (3)

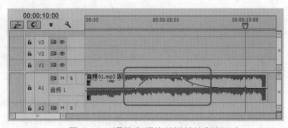
图 5-13 调整音频的关键帧控制柄

案例精讲 096 调整音频的速度

 案例文件：CDROM | 场景 | Cha05 | 调整音频的速度.prproj

视频文件：视频教学 | Cha05 | 调整音频的速度.avi

制作概述

本例将介绍如何调整音频的速度。导入音频至轨道中，在【剪辑速度/持续时间】对话框中设置相应的参数即可。

学习目标

学会如何调整音频的速度。

操作步骤

(1)继续上一实例的操作，右击A1轨道中的音频素材文件，在弹出的快捷菜单中选择【速度/持续时间】命令，如图5-14所示。

(2)在弹出的【剪辑速度/持续时间】对话框中，将【速度】设置为120%，并选中【保持音频音调】复选框，如图5-15所示，单击【确定】按钮。

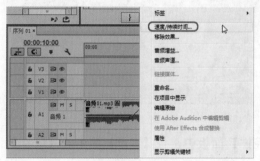

图5-14 选择【速度/持续时间】命令

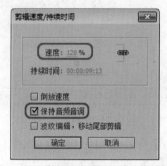

图5-15 【剪辑速度/持续时间】对话框

> **注意** 改变音频的播放速度后会影响音频播放的效果，音调会因速度提高而升高，因速度的降低而降低。同时播放速度变化了，播放的时间也会随之改变，但这种改变与单纯改变音频素材的入出点而改变持续时间不是一回事。

案例精讲 097　调整声音的淡入与淡出

✎ **案例文件：** CDROM | 场景 | Cha05 | 调整声音的淡入与淡出.prproj

◉ **视频文件：** 视频教学 | Cha05 | 调整声音的淡入与淡出.avi

制作概述

本例将介绍如何调整声音的淡入与淡出。在【效果控件】面板中，设置【级别】的关键帧，然后使用【钢笔工具】调整关键帧的位置，并按住 Ctrl 键调整音频的中间两个关键帧的控制柄。

学习目标

学会使用【钢笔工具】调整关键帧。

操作步骤

(1) 运行 Premiere Pro CC，新建项目和序列。导入随书附带光盘中的 CDROM| 素材 |Cha05|

音频 02.mp3 文件。

(2)将导入的音频拖曳至【时间轴】面板的A1轨道中。在【效果控件】面板中，单击【级别】右侧的【添加/移除关键帧】按钮，分别在00:00:00:00、00:00:01:21、00:00:10:13和00:00:12:13处添加关键帧，如图5-16所示。

(3) 在【时间轴】面板中，将 A1 轨道展开，选择【钢笔工具】，调整关键帧的位置，并按住 Ctrl 键调整音频的中间两个关键帧的控制柄，如图 5-17 所示。

图 5-16　添加关键帧

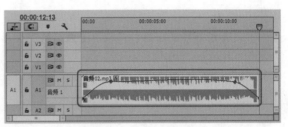

图 5-17　调整关键帧

案例精讲 098　调整左右声道效果

案例文件：CDROM | 场景 | Cha05 | 调整左右声道效果.prproj

视频文件：视频教学 | Cha05 | 调整左右声道效果.avi

制作概述

本例将介绍如何调整左右声道效果。在【音频剪辑混合器】面板中，设置左右声道的值即可调整左右声道效果。

学习目标

学会如何设置左右声道的值。

操作步骤

(1) 继续上一实例的操作，在【时间轴】面板中，将当前时间设置为00:00:02:19。然后在【音频剪辑混合器】面板中，单击【音频 1】中的【写关键帧】按钮，将左右声道的值设置为–50.0，如图 5-18 所示。

(2) 将当前时间设置为 00:00:09:13，在【音频剪辑混合器】面板中，将左右声道的值设置为 50.0，如图 5-19 所示。

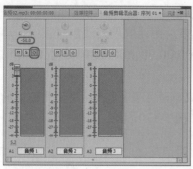
图 5-18 将左右声道的值设置为 -50.0

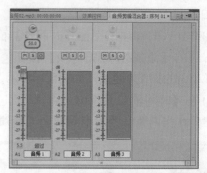
图 5-19 将左右声道的值设置为 50.0

知识链接

【音频剪辑混合器】：利用音频剪辑混合器，可调节时间轴中的剪辑的音量和声像。

案例精讲 099 左右声道音量的渐变转化

案例文件：CDROM | 场景 | Cha05 | 左右声道音量的渐变转化.prproj

视频文件：视频教学 | Cha05 | 左右声道音量的渐变转化.avi

制作概述

本例将介绍如何设置左右声道音量的渐变转化。在【效果控件】面板的【声道音量】组中，设置【左】、【右】参数即可。

学习目标

学会如何调节出左右声道音量的渐变转化效果。

操作步骤

(1) 运行 Premiere Pro CC，新建项目和序列。导入随书附带光盘中的 CDROM| 素材 |Cha05| 音频 02.mp3 文件。

(2) 将导入的音频拖曳至【时间轴】面板的 A1 轨道中。设置当前时间为 00:00:00:00，在【效果控件】面板的【声道音量】组中，将【左】设置为 –10.0dB，【右】设置为 6.0 dB，如图 5-20 所示。

(3) 将时间设置为 00:00:10:17，在【效果控件】面板的【声道音量】组中，设置【左】为 6.0 dB，设置【右】为 0.0 dB，如图 5-21 所示。

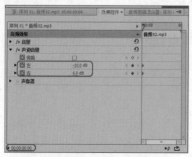
图 5-20 设置【声道音量】(1)

图 5-21 设置【声道音量】(2)

案例精讲 100 左右声道各自为主的效果

制作概述

本例将介绍如何实现左右声道各自为主的效果。在【音频剪辑混合器】面板中，设置左右声道的值即可。

学习目标

学会如何实现左右声道各自为主的效果。

操作步骤

(1) 运行 Premiere Pro CC，新建项目和序列。导入随书附带光盘中的 CDROM| 素材 |Cha05| 音频 02.mp3 文件。

(2) 将导入的音频拖曳至【时间轴】面板的 A1 轨道中。在【时间轴】面板中，将当前时间设置为 00:00:03:00。然后在【音频剪辑混合器】面板中，单击【音频 1】中的【写关键帧】按钮◇，将左右声道的值设置为 100.0，如图 5-22 所示。

(3) 将当前时间设置为 00:00:09:11，在【音频剪辑混合器】面板中，将左右声道的值设置为 –100.0，如图 5-23 所示。

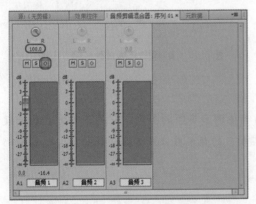

图 5-22 将左右声道的值设置为 100.0

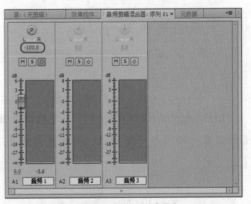

图 5-23 将左右声道的值设置为 –100.0

案例精讲 101 使用 EQ（均衡器）优化高低音

制作概述

本例将介绍如何使用 EQ(均衡器) 优化高低音。首先为音频素材添加 EQ(均衡器) 音频效果，然后设置其参数即可。

学习目标

学会如何使用 EQ(均衡器)音频效果。

操作步骤

(1) 运行 Premiere Pro CC，新建项目和序列。导入随书附带光盘中的 CDROM| 素材 |Cha05| 音频 03.mp3 文件。

(2) 将导入的音频拖曳至【时间轴】面板的 A1 轨道中。选择轨道中的音频素材，切换至【效果】面板，在【音频效果】中双击 EQ(均衡器)音频效果，如图 5-24 所示。

(3) 激活【效果控件】面板，单击展开的 EQ 中【自定义设置】右侧的【编辑】按钮。在弹出的【剪辑效果编辑器 –EQ】对话框中分别选中 Low、Mid1、Mid2、Mid3 和 High 复选框，然后手动调整显示框，如图 5-25 所示。

图 5-24 双击 EQ(均衡器)音频效果

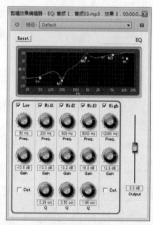

图 5-25 【剪辑效果编辑器 -EQ】对话框

知识链接

　　EQ：是 Equalization 的缩写，这个特效能够精确地调节音频的音调。它的工作方式和一般音频设备上的图形均衡类似。音频的调整是通过在相应的频率提升或者减小原始信号的百分比来进行的。

案例精讲 102　设置回声效果

案例文件：CDROM | 场景 | Cha05 | 设置回声效果.prproj

视频文件：视频教学 | Cha05 | 设置回声效果.avi

制作概述

本例将介绍如何设置回声效果。首先为音频素材添加【延迟】音频效果，然后设置其效果参数。

学习目标

学会设置【延迟】音频效果。

操作步骤

(1) 运行 Premiere Pro CC，新建项目和序列。导入随书附带光盘中的 CDROM| 素材 |Cha05| 音频 03.mp3 文件。将导入的音频拖曳至【时间轴】面板 A1 轨道中。

(2) 选择轨道中的音频素材，切换至【效果】面板，在【音频效果】中双击【延迟】音频效果，如图 5-26 所示。

(3) 激活【效果控件】面板，将当前时间设置为 00:00:00:00。单击【延迟】中【反馈】和【混合】左侧的【切换动画】按钮，将【反馈】设置为 60.0%、【混合】设置为 70.0%，如图 5-27 所示。

图 5-26 双击【延迟】音频效果

图 5-27 设置参数 (1)

(4) 将当前时间设置为 00:00:03:22，将【反馈】设置为 20.0%，如图 5-28 所示。

(5) 将当前时间设置为 00:00:11:15，将【反馈】设置为 50.0%、【混合】设置为 30.0%，如图 5-29 所示。

图 5-28 设置参数 (2)

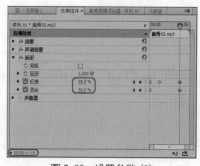

图 5-29 设置参数 (3)

案例精讲 103 屋内混响效果

案例文件：CDROM | 场景 | Cha05 | 屋内混响效果.prproj

视频文件：视频教学 | Cha05 | 屋内混响效果.avi

制作概述

本例将介绍屋内混响效果的设置。为音频素材添加 Reverb 音频效果后，设置其效果参数。

学习目标

学会 Reverb 音频效果的设置。

操作步骤

(1) 运行 Premiere Pro CC，新建项目和序列。导入随书附带光盘中的 CDROM| 素材 |Cha05| 音频 03.mp3 文件。将导入的音频拖曳至【时间轴】面板的 A1 轨道中。

(2) 选择轨道中的音频素材，切换至【效果】面板，在【音频效果】中双击 Reverb 音频效果，如图 5-30 所示。

(3) 激活【效果控件】面板，单击展开的 Reverb 中【自定义设置】右侧的【编辑】按钮。在弹出的【剪辑效果编辑器 –Reverb】对话框中调整出屋内混响的效果，如图 5-31 所示。

图 5-30　双击 Reverb 音频效果

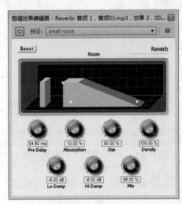

图 5-31　【剪辑效果编辑器 –Reverb】对话框

知识链接

Reverb：Reverb (反射)特效用于模拟在一个宽敞的房间内的听觉。

案例精讲 104　为音频增加伴唱

📝 案例文件：CDROM | 场景 | Cha05 | 为音频增加伴唱.prproj

💿 视频文件：视频教学 | Cha05 | 为音频增加伴唱.avi

制作概述

为音频素材添加【多功能延迟】音频效果，然后设置效果参数。

学习目标

学会【多功能延迟】音频效果的设置。

操作步骤

(1) 运行 Premiere Pro CC，新建项目和序列。导入随书附带光盘中的 CDROM| 素材 |Cha05| 音频 04.mp3 文件。将导入的音频拖曳至【时间轴】面板的 A1 轨道中。

(2) 选择轨道中的音频素材，切换至【效果】面板，在【音频效果】中双击【多功能延迟】

音频效果，如图 5-32 所示。

(3) 激活【效果控件】面板，将【多功能延迟】特效中的【反馈 3】设置为 20.0%、【反馈 4】设置为 40.0%、【混合】设置为 60.0%，如图 5-33 所示。

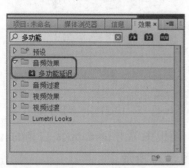

图 5-32　双击【多功能延迟】音频效果

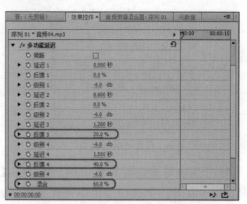

图 5-33　设置【多功能延迟】特效参数

知识链接

　　【多功能延迟】：能够产生延迟，可以用在电子音乐中产生同步和重复的回声效果。

案例精讲 105　高低音的转换

案例文件：CDROM | 场景 | Cha05 | 高低音的转换.prproj

视频文件：视频教学 | Cha05 | 高低音的转换.avi

制作概述

为音频素材添加 Dynamics 音频效果，然后设置其效果关键帧。

学习目标

学会 Dynamics 音频效果的设置。

操作步骤

(1) 运行 Premiere Pro CC，新建项目和序列。导入随书附带光盘中的 CDROM| 素材 |Cha05| 音频 04.mp3 文件。将导入的音频拖曳至【时间轴】面板的 A1 轨道中。

(2) 选择轨道中的音频素材，切换至【效果】面板，在【音频效果】中双击 Dynamics 音频效果，如图 5-34 所示。

(3) 将当前时间设置为 00:00:00:00，激活【效果控件】面板，展开 Dynamics 特效【各个参数】选项组，单击所有选项左侧的【切换动画】按钮，打开所有选项动画关键帧记录，如图 5-35 所示。

图 5-34　双击 Dynamics 音频效果　　　　图 5-35　打开所有选项动画关键帧记录

(4) 将当前时间设置为 00:00:11:08，在【效果控件】面板中单击 Dynamics 右侧的【预设】按钮，在弹出的快捷菜单中选择 autogate 选项，如图 5-36 所示。

(5) 将当前时间设置为 00:00:17:13，在【效果控件】面板中单击 Dynamics 右侧的【预设】按钮，在弹出的快捷菜单中选择 soft clip 选项，如图 5-37 所示。

图 5-36　选择 autogate 选项　　　　图 5-37　选择 soft clip 选项

知识链接

　　Dynamics：编辑器效果即可以使用自定义设置视图的图线控制器。

案例精讲 106　调整音频的音调

　案例文件：CDROM | 场景 | Cha05 | 调整音频的音调.prproj

　视频文件：视频教学 | Cha05 | 调整音频的音调.avi

制作概述

为音频素材添加 PitchShifter 音频效果，然后设置效果关键帧并配合使用【旁路】选项。

学习目标

学会 PitchShifter 音频效果的使用。

操作步骤

(1) 运行 Premiere Pro CC，新建项目和序列。导入随书附带光盘中的 CDROM| 素材 |Cha05|
音频 04.mp3 文件。将导入的音频拖曳至【时间轴】面板的 A1 轨道中。

(2) 选择轨道中的音频素材，切换至【效果】面板，在【音频效果】中双击 PitchShifter 音频效果，
如图 5-38 所示。

(3) 将当前时间设置为 00:00:00:00，激活【效果控件】面板，单击【旁路】左侧的【切换
动画】按钮 ⏺。展开 PitchShifter 特效【各个参数】选项组，单击 Pitch(音调) 左侧的【切换动画】
按钮 ⏺，将其值设置为 –12semitone(半音)，如图 5-39 所示。

图 5-38　双击 PitchShifter 音频效果

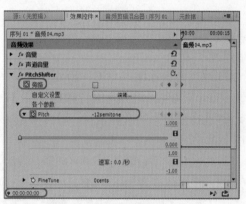

图 5-39　设置参数 (1)

(4) 将当前时间设置为 00:00:06:05，在【效果控件】面板中，选中【旁路】复选框。然后
单击 Pitch(音调) 右侧的【添加 / 移除关键帧】按钮 ⏺，如图 5-40 所示。

(5) 将当前时间设置为 00:00:12:05，在【效果控件】面板中，取消选中【旁路】复选框，如图 5-41
所示。

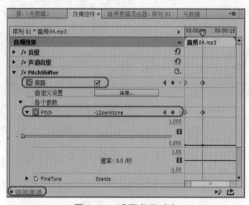

图 5-40　设置参数 (2)

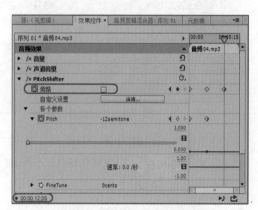

图 5-41　取消选中【旁路】复选框

注意

选中【旁路】复选框可以暂时取消添加的音频效果。

案例精讲 107　超重低音效果

> 案例文件：CDROM | 场景 | Cha05 | 超重低音效果.prproj
>
> 视频文件：视频教学 | Cha05 | 超重低音效果.avi

制作概述

为音频素材添加【低音】音频效果，然后设置其效果关键帧。

学习目标

学会【低音】音频效果的使用。

操作步骤

(1) 运行 Premiere Pro CC，新建项目和序列。导入随书附带光盘中的 CDROM| 素材 |Cha05|
音频 04.mp3 文件。将导入的音频拖曳至【时间轴】面板的 A1 轨道中。

(2) 选择轨道中的音频素材，切换至【效果】面板，在【音频效果】中双击【低音】音频效果，
如图 5-42 所示。

(3) 将当前时间设置为 00:00:00:00，激活【效果控件】面板，单击【提升】左侧的【切换动画】
按钮，将其值设置为 12.0dB，如图 5-43 所示。

图 5-42　双击【低音】音频效果

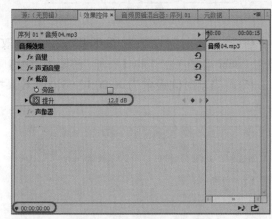

图 5-43　设置【提升】参数

(4) 将当前时间设置为 00:00:09:11，将【提升】的值设置为 8.0dB，如图 5-44 所示。

(5) 将当前时间设置为 00:00:17:13，将【提升】的值设置为 15.0dB，如图 5-45 所示。

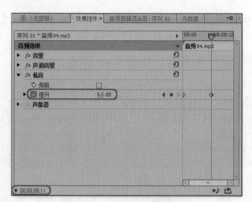

图 5-44 设置【提升】参数

图 5-45 设置【提升】参数

案例精讲 108 设置交响乐效果

案例文件：CDROM | 场景 | Cha05 | 设置交响乐效果.prproj

视频文件：视频教学 | Cha05 | 设置交响乐效果.avi

制作概述

为音频添加【多频段压缩器（旧版）】特效，并设置其关键帧。

学习目标

学会【多频段压缩器（旧版）】特效的使用。

操作步骤

(1) 运行 Premiere Pro CC，新建项目和序列。导入随书附带光盘中的 CDROM| 素材 |Cha05|音频 05.mp3 文件。将导入的音频拖曳至【时间轴】面板的 A1 轨道中。

(2) 选择轨道中的音频素材，切换至【效果】面板，在【音频效果】中双击【多频段压缩器（旧版）】音频效果，如图 5-46 所示。

(3) 将当前时间设置为 00:00:00:00，激活【效果控件】面板，展开 Multiband Compressor 中的【各个参数】选项组，单击 MakeUp 和 LowRatio 左侧的【切换动画】按钮，将 LowRatio 设置为 2，如图 5-47 所示。

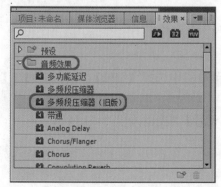

图 5-46 双击【多频段压缩器（旧版）】音频效果

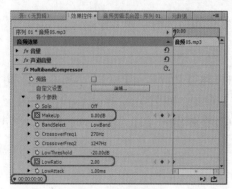

图 5-47 设置参数

(4) 将当前时间设置为 00:00:05:00，将 MakeUp 设置为 5.04dB，单击 LowRatio 右侧的【添加 / 移除关键帧】按钮 ◇ ，如图 5-48 所示。

(5) 将当前时间设置为 00:00:08:03，将 LowRatio 设置为 1.00，如图 5-49 所示。

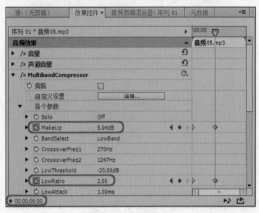

图 5-48　设置参数　　　　　　　图 5-49　设置参数

知识链接

　　【多频段压缩器(旧版)】：多频段压缩器效果，是一个可以分波段控制的三波段压缩器。当需要柔和的声音压缩器时，使用这个效果，而不要使用Dynamics中的压缩器。在自定义设置视力图中的频率面板中会显示3个波段，通过调整增益和频率的手柄来控制每个波段的增益。中心波段的手柄确定波段的交叉频率，拖动手柄可以调整相应的频率。

案例精讲 109　录制音频文件

案例文件：无

视频文件：视频教学 | Cha05 | 录制音频文件.avi

制作概述

首先在【首选项】对话框中设置【麦克风】选项，然后在【音轨混合器】面板中进行录制操作。

学习目标

学会如何录制音频文件。

操作步骤

(1) 运行 Premiere Pro CC，新建项目和序列。在菜单栏中选择【编辑】|【首选项】|【音频硬件】命令，如图 5-50 所示。

(2) 在弹出的【首选项】对话框中，单击【ASIO 设置】按钮，如图 5-51 所示。

图 5-50　选择【音频硬件】命令

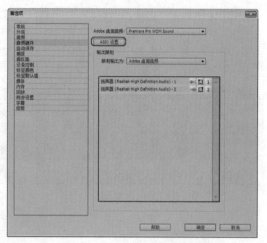

图 5-51　单击【ASIO 设置】按钮

（3）在弹出的【音频硬件设置】对话框中，选中【麦克风】复选框，如图 5-52 所示。然后单击【确定】按钮，返回【首选项】对话框并单击【确定】按钮。

（4）切换至【音轨混合器】面板中，单击【音频 1】轨道中的【启用轨道以进行录制】按钮，然后单击【录制】按钮 ，如图 5-53 所示。

> **注意**　在菜单栏中选择【窗口】|【音轨混合器】命令，能够打开【音轨混合器】面板。

图 5-52　选中【麦克风】复选框

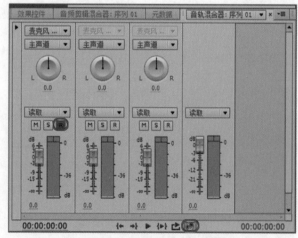

图 5-53　【音轨混合器】面板

（5）在【音轨混合器】面板中单击【播放 – 停止切换】按钮 ▶，进行音频录制，如图 5-54 所示。

（6）单击【播放 – 停止切换】按钮 ■ 停止录制，在【时间轴】面板中的 A1 轨道中将显示录制的音频文件，如图 5-55 所示。

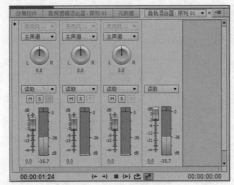

图 5-54 进行音频录制

图 5-55 A1 轨道中将显示录制的音频文件

第6章
影视效果编辑

本章中制作的案例精讲，主要对 Premiere Pro CC 中【视频效果】的使用进行了介绍。视频特效可以对一些实际拍摄中出现的瑕疵进行处理，同时也可以制作一些拍摄不到的特技效果。

案例精讲 110 动态柱状图

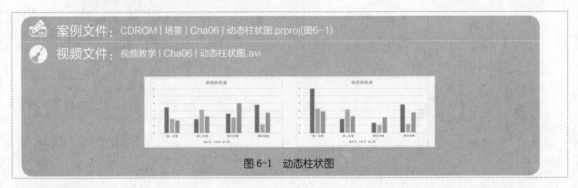

案例文件：CDROM | 场景 | Cha06 | 动态柱状图.prproj(图6-1)

视频文件：视频教学 | Cha06 | 动态柱状图.avi

图 6-1 动态柱状图

制作概述

本例将介绍动态柱状图的制作。本例主要通过在字幕编辑器中绘制矩形对象，然后在【效果控件】面板中设置其参数，使柱状图产生增值的效果。

学习目标

学会如何绘制柱状图。

掌握如何调整锚点。

学会如何使柱状图产生增值效果。

操作步骤

(1) 运行 Premiere Pro CC，新建项目文件，进入操作界面，按 Ctrl+N 组合键打开【新建序列】对话框，在【序列预设】选项卡中【可用预设】区域下选择 DV–24P|【宽屏 48kHz】选项，使用默认名称，单击【确定】按钮，如图 6-2 所示。

(2) 在【项目】窗口【名称】区域下空白处双击，在弹出的对话框中选择随书附带光盘中的 CDROM| 素材 |Cha06| 动态柱状图 .tif 素材文件，单击【打开】按钮。

(3) 将导入的素材拖曳至 V1 轨道中，并将素材的【持续时间】设置为 00:00:05:05，确认选中素材，切换至【效果控件】面板，展开【运动】选项，然后将【缩放】设置为 89，如图 6-3 所示。

图 6-2 新建序列

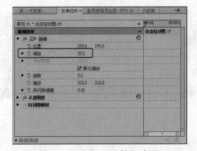

图 6-3 设置【缩放】参数

(4) 按 Ctrl+T 组合键，在弹出的对话框中将【像素长宽比】设置为 D1/DV NTSC(0.9091)，使用默认命名，进入字幕窗口，使用【矩形工具】 ，在字幕设计栏中绘制一个矩形，在【字幕属性】面板中，设置【变换】区域下【宽度】为 26、【高度】为 171.4，在【填充】区域下，将【颜色】的 RGB 值设置为 238、124、48，将【变换】选项下的【X 位置】、【Y 位置】分别设置为 25.9、296.2，如图 6-4 所示。

(5) 设置完成后再次使用【矩形工具】绘制矩形，在【字幕属性】面板中，设置【变换】区域下的【宽度】、【高度】分别为 26、93.5，设置【填充】区域下【颜色】的 RGB 值为 254、192、0，将【X 位置】、【Y 位置】分别设置为 58.6、335.4，如图 6-5 所示。

(6) 设置完成后再次使用【矩形工具】绘制矩形，在【字幕属性】面板中，设置【变换】区域下的【宽度】、【高度】分别为 26、83.1，设置【填充】区域下【颜色】的 RGB 值为 110、173、70，将【X 位置】、【Y 位置】分别设置为 90.8、339.4。

图 6-4　创建矩形并设置参数

图 6-5　创建矩形

(7) 设置完成后，单击【基于当前字幕新建字幕】按钮 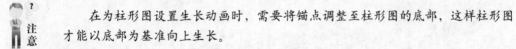，使用默认设置，单击【确定】按钮，并使用相同方法制作其他矩形。

(8) 将矩形制作完成后，将创建的【字幕 01】至【字幕 04】依次拖曳至 V2 ～ V5 轨道中，并选中【字幕 01】，确认当前时间为 00:00:00:00，切换至【效果控件】面板中，取消选中【等比缩放】复选框，单击【缩放高度】右侧的【切换动画】按钮，将【锚点】设置为 67、378，【位置】设置为 141.5、378.3，如图 6-6 所示。

> 在为柱形图设置生长动画时，需要将锚点调整至柱形图的底部，这样柱形图才能以底部为基准向上生长。

(9) 设置当前时间为 00:00:04:18，切换至【效果控件】面板中，将【缩放高度】设置为 175，如图 6-7 所示。

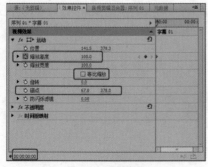
图 6-6　设置参数

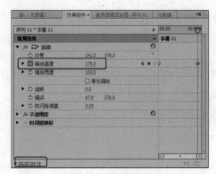
图 6-7　设置缩放

(10) 在 V4 轨道中选中素材，将当前时间设置为 00:00:00:00，切换至【效果控件】面板，取消选中【等比缩放】复选框，单击【缩放高度】右侧的【切换动画】按钮，将【锚点】设置为 464、381，如图 6-8 所示。

(11) 设置当前时间为 00:00:04:18，切换至【效果控件】面板中，将【缩放高度】设置为 52，如图 6-9 所示。

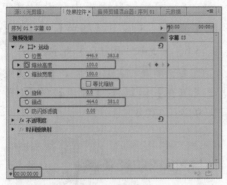

图 6-8 设置参数

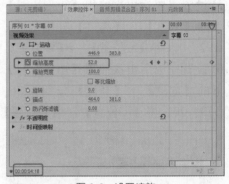

图 6-9 设置缩放

(12) 设置完成后，保存场景，在【节目】面板中单击【播放 - 停止切换】按钮 ▶ ，即可观看效果。

案例精讲 111　动态饼图

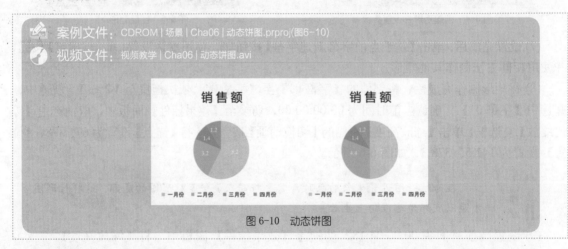

案例文件：CDROM | 场景 | Cha06 | 动态饼图.prproj(图6-10)

视频文件：视频教学 | Cha06 | 动态饼图.avi

图 6-10 动态饼图

制作概述

本例将介绍如何制作动态饼图效果。本例主要通过在字幕编辑器中绘制圆形，然后使用【径向擦除】动画效果使绘制的圆形产生动态效果。

学习目标

巩固圆形的绘制方法。

掌握如何利用【径向擦除】效果的参数产生动态效果。

操作步骤

(1) 运行 Premiere Pro CC，新建项目文件，进入操作界面，按 Ctrl+N 组合键打开【新建序列】对话框，在【序列预设】选项卡中【可用预设】区域下选择 DV–24P|【标准 48kHz】选项，使用默认名称，单击【确定】按钮。

(2) 进入操作界面，在【项目】窗口【名称】区域下空白处右击，在弹出的快捷菜单中选择【新建项目】|【颜色遮罩】命令，在弹出的【新建颜色遮罩】对话框中使用默认设置，单击【确定】按钮，在弹出的【拾色器】对话框中选择白色，单击【确定】按钮，在弹出的【选择名称】对话框中使用默认设置，单击【确定】按钮，即可新建白色遮罩。

(3) 将新建的【颜色遮罩】拖曳至 V1 轨道中，按 Ctrl+T 组合键，在弹出的对话框中使用默认命名，单击【确定】按钮，进入字幕窗口，使用【椭圆工具】 ，在字幕面板中按住 Shift 键绘制一个正圆，在【填充】区域下，将【颜色】的 RGB 值设置为 255、192、0，在【变换】区域下，将【宽度】、【高度】分别设置为 210、210，将【X 位置】、【Y 位置】分别设置为 327.2、259.3，如图 6-11 所示。

> **注意** 在绘制正圆时，如果按住 Ctrl+Shift 组合键绘制，则可以以起始点为角点绘制一个正圆；如果按住 Alt+Shift 组合键绘制，则可以以起点为圆心绘制一个正圆。

(4) 设置完成后单击【基于当前字幕新建字幕】按钮 ，在弹出的对话框中使用默认设置单击【确定】按钮，进入字幕窗口，更改正圆颜色的 RGB 值为 165、165、165，如图 6-12 所示。

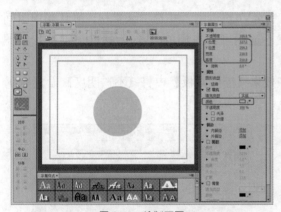

图 6-11　绘制正圆

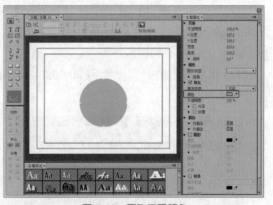

图 6-12　更改正圆颜色

(5) 单击字幕窗口中的【基于当前字幕新建字幕】按钮 ，新建字幕，选中所画的圆，在【填充】区域下，将【颜色】的 RGB 值设置为 237、125、49，然后使用相同的方法新建字幕，更改圆形颜色的 RGB 值为 91、155、231。

(6) 将圆形制作完成后，单击字幕窗口中的【基于当前字幕新建字幕】按钮 ，使用默认设置，单击【确定】按钮，使用【文字工具】 ，在字幕面板中输入文字，选中输入的文字，在【字幕属性】面板中将【字体系列】设置为 Adobe Caslon Pro，将【字体大小】设置为 21，将【填充】下的颜色设置为白色，将【变换】下的【X 位置】、【Y 位置】分别设置为 298.9、189.4，如图 6-13 所示。

(7) 使用相同的方法新建其他字幕，输入文字并设置颜色和位置。新建字幕完成后，关闭该窗口。在【项目】面板中将【字幕01】拖曳至V2轨道中并选中素材，切换至【效果】面板中，打开【视频效果】文件夹，选择【过渡】下的【径向擦除】效果，将其拖曳至V2轨道中的【字幕01】上。

(8) 确认当前时间为00:00:00:00时，切换至【效果控件】面板中，将【径向擦除】选项下的【过渡完成】设为41，【起始角度】设为210，分别单击【过渡完成】与【起始角度】左侧的【切换动画】按钮 🔘，将【擦除中心】设置为359.8、257，如图6-14所示。

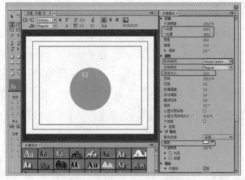

图 6-13　输入文字并设置参数

图 6-14　设置【径向擦除】

(9) 将当前时间设置为00:00:04:00，将【过渡完成】设为50、【起始角度】设为180。

(10) 使用同样的方法，向视频轨道中添加绘有圆形的字幕，并为字幕添加效果，在【效果控件】面板中设置效果参数添加关键帧。

(11) 然后在【项目】面板中将【字幕05】拖曳至V6轨道中，并选中该素材，确认当前时间为00:00:00:00，在【效果控件】面板中单击【不透明度】右侧的【添加/移除关键帧】按钮 🔷，添加关键帧，如图6-15所示。

(12) 然后将当前时间设置为00:00:04:17，在效果【控件面板】中将【不透明度】设置为0，如图 6-16 所示。

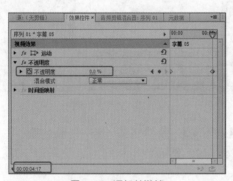

图 6-15　添加关键帧

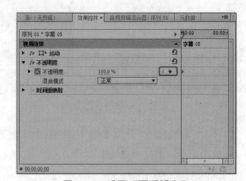

图 6-16　设置【不透明度】

(13) 然后在【项目】面板中将【字幕06】拖曳至V7轨道中，并选中该素材，确认当前时间为00:00:00:00，在效果控件面板中将【不透明度】设置为0，如图6-17所示。

(14) 将当前时间为00:00:04:17，在【效果控件】面板中将【不透明度】设置为100，如图6-18所示。

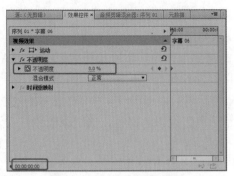

图 6-17　设置【不透明度】

图 6-18　修改【不透明度】

(15) 设置完成后，将【字幕 07】拖曳至 V8 轨道中，在【节目】面板中单击【播放 - 停止切换】按钮 ▶ ，即可观看效果。

案例精讲 112　动态偏移

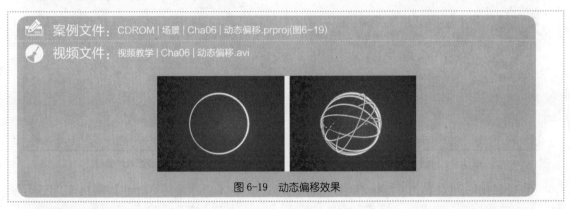

案例文件：CDROM | 场景 | Cha06 | 动态偏移.prproj(图6-19)

视频文件：视频教学 | Cha06 | 动态偏移.avi

图 6-19　动态偏移效果

制作概述

本例将介绍如何制作动态偏移效果。该例主要通过【基本 3D】、【Alpha 发光】、【更改颜色】等效果来制作动态偏移。

学习目标

掌握【基本 3D】效果的使用方法。

掌握【Alpha 发光】效果的使用方法。

掌握【更改颜色】效果的使用方法。

操作步骤

(1) 运行 Premiere Pro CC，新建项目文件，进入操作界面，按 Ctrl+N 组合键打开【新建序列】对话框，在【序列预设】选项卡中【可用预设】区域下选择 DV–24P|【标准 48kHz】选项，使用默认名称，单击【确定】按钮。

(2) 进入操作界面，在【项目】窗口【名称】区域下空白处双击，在弹出的对话框中选择随书附带光盘中的 CDROM| 素材 |Cha08| 动态偏移 01.png、动态偏移 02.jpg 素材文件，单击【打开】按钮。

（3）在【项目】面板中，将【动态偏移 01.png】素材文件，拖曳至 V1 轨道中，并在 V1 轨道中将【动态偏移 01.png】素材选中。

（4）确定【动态偏移 01.png】素材文件处于选中的情况下，为其添加【基本 3D】和【Alpha 发光】效果，确定当前时间为 00:00:00:00，在【效果控件】面板中，将【运动】选项下的【缩放】设置为 42，单击【基本 3D】选项下【旋转】和【倾斜】左侧的【切换动画】按钮 ⏲，在【Alpha 发光】选项中将【发光】设置为 20，【起始颜色】设置为白色，【结束颜色】设置为红色，如图 6-20 所示。

（5）将当前时间设置为 00:00:04:07，设置【基本 3D】区域下的【旋转】为 360，【倾斜】设置为 720，如图 6-21 所示。

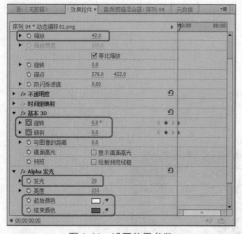

图 6-20　设置效果参数

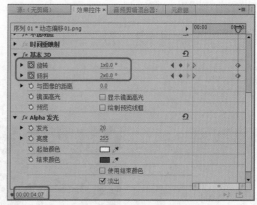

图 6-21　修改效果参数

（6）将当前时间设置为 00:00:00:04，在 V1 轨道中对【动态偏移 01.png】素材文件进行复制粘贴，拖曳至 V2 轨道中，使其开始处与编辑标识线对齐，如图 6-22 所示。

（7）使用同样的方法再对【动态偏移 01.png】文件进行复制粘贴，然后每隔 4 帧在每个轨道中进行排列，如图 6-23 所示。

图 6-22　复制轨道中的素材并调整

图 6-23　完成后的效果

（8）按 Ctrl+N 组合键，新建序列，在【项目】面板中将【动态偏移 02.jpg】素材文件拖曳至 V1 轨道中，确定 V1 轨道中的【动态偏移 02.jpg】素材文件选中的情况下，切换至【效果控件】面板中，将【运动】选项下的【缩放】设置为 23，如图 6-24 所示。

（9）在【项目】面板中将【序列 01】序列拖曳至 V2 轨道中，如图 6-25 所示，拖动【动态偏移 02.jpg】文件的结束处与【序列 01】的结束处对齐。

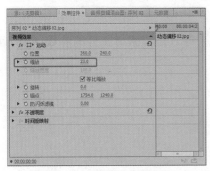

图 6-24 设置【缩放】参数

图 6-25 拖入序列

(10) 在 V2 轨道中选中序列，切换至【效果控件】面板，将【不透明度】选项下的【混合模式】设置为【滤色】，如图 6-26 所示。

(11) 然后切换至【效果】面板，打开【视频效果】文件夹，选择【颜色校正】下的【更改颜色】效果，将该效果拖曳至【效果控件】面板中，将【更改颜色】下的【色相变换】设置为 56，将【亮度变换】设置为 96，将【饱和度变换】设置为 100，将【要更改的颜色】设置为白色，将【匹配容差】设置为 0，将【匹配柔和度】设置为 59，将【匹配颜色】设置为【使用色相】，如图 6-27 所示。

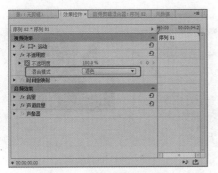

图 6-26 设置【混合模式】

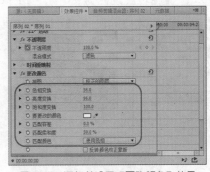

图 6-27 添加并设置【更改颜色】效果

(12) 设置完成后保存场景，在【节目】面板中单击【播放-停止切换】按钮 ▶，即可观看效果。

案例精讲 113 带相框的画面效果

案例文件：CDROM | 场景 | Cha06 | 带相框的画面效果.prproj(图6-28)

视频文件：视频教学 | Cha06 | 带相框的画面效果.avi

图 6-28 带相框的画面效果

制作概述

本案例将介绍如何制作带相框的画面效果。该案例主要通过设置素材文件的参数以及为素材文件添加【亮度键】效果来产生带相框的画面效果。

学习目标

掌握如何使用【亮度键】效果。

了解【滑动带】和【滑动框】的使用方法。

操作步骤

(1) 新建项目文档和 DV–NTSC|【标准 48kHz】序列，导入随书附带光盘中的 CDROM| 素材 |Cha06| 带相框的画面效果 01.avi、带相框的画面效果 02.avi 和带相框的画面效果 03.jpg 素材文件，将【带相框的画面效果 01.avi】素材文件拖曳至【时间线】面板的 V1 轨道中。激活【效果控件】面板，将【位置】设置为 126.8、124.7，【缩放】设置为 30.0，【旋转】设置为 –13.0°，如图 6-29 所示。

(2) 将【带相框的画面效果 02.avi】素材文件拖曳至【时间线】面板的 V2 轨道中，选中 V2 轨道中的素材文件。激活【效果控件】面板，将【位置】设置为 73.4、268.3，【缩放】设置为 30.0，【旋转】设置为 9.0°，如图 6-30 所示。

图 6-29 设置参数

图 6-30 设置参数

(3) 将【带相框的画面效果 03.jpg】素材文件拖曳至【时间线】面板的 V3 轨道中，选中 V3 轨道中的素材文件。激活【效果控件】面板，将【缩放】设置为 23.5，如图 6-31 所示。

(4) 将 V3 轨道中素材文件的【持续时间设】置为 00:00:13:00，如图 6-32 所示。

图 6-31 设置缩放参数

图 6-32 设置持续时间

(5) 为 V3 轨道中的素材文件添加【视频效果】|【键控】|【亮度键】效果，在【效果控件】面板中，将【阈值】设置为 80.0%，【屏蔽度】设置为 30.0%，如图 6-33 所示。

图 6-33 设置【亮度键】效果

(6) 为 V2 轨道中素材文件的首部, 添加【视频过渡】|【滑动】|【滑动带】效果, 在【效果控件】面板中, 将【持续时间】设置为 00:00:03:00, 如图 6-34 所示。

(7) 为 V1 轨道中素材文件的首部, 添加【视频过渡】|【滑动】|【滑动框】效果, 在【效果控件】面板中, 将【持续时间】设置为 00:00:03:00, 【开始】设置为 10.0, 如图 6-35 所示。

图 6-34 设置【滑动带】效果

图 6-35 设置【滑动框】效果

案例精讲 114 多画面电视墙效果

✎ 案例文件: CDROM | 场景 | Cha06 | 多画面电视墙效果.prproj(图6-36)

🖌 视频文件: 视频教学 | Cha06 | 多画面电视墙效果.avi

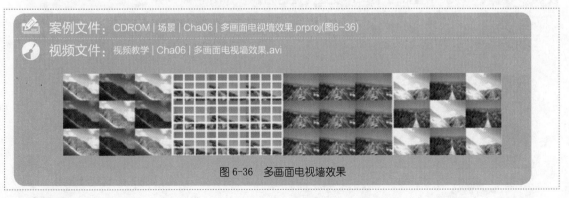

图 6-36 多画面电视墙效果

制作概述

本案例将介绍如何制作多画面电视墙效果。该案例主要通过为素材文件添加【棋盘】效果、【网格】效果使素材文件产生多面效果。

学习目标

掌握如何使用【棋盘】效果。

巩固【网格】效果的使用方法。

了解【剃刀工具】的使用方法。

操作步骤

(1) 新建项目文档和序列，导入随书附带光盘中的 CDROM| 素材 |Cha06| 多画面电视墙效果 1.avi、多画面电视墙效果 2.avi 素材文件，将【多画面电视墙效果 1.avi】文件拖曳至【时间线】面板的 V1 轨道中，并为其添加【复制】特效，并将【计数】设置为 3，如图 6-37 所示。

(2) 然后为其添加【棋盘】特效，将当前时间设置为 00:00:00:00，在【效果控件】面板中将【大小依据】设置为【边角点】，将【锚点】设置为 240、192，将【边角】设置为 480、384，将【混合模式】设置为【叠加】，如图 6-38 所示。

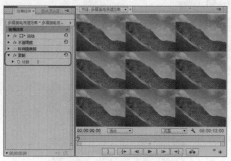

图 6-37 设置【复制】特效

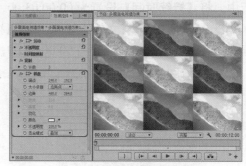

图 6-38 设置【棋盘】特效

(3) 将当前时间设置为 00:00:02:06，将【多画面电视墙效果 2.avi】素材文件拖曳至 V2 轨道中，与时间线对齐，如图 6-39 所示。

(4) 选中轨道中的【多画面电视墙效果 2.avi】，为其添加【复制】和【棋盘】特效，将【计数】设置为 3，将【大小依据】设置为【边角点】，将【锚点】设置为 240、192，将【边角】设置为 479.6、384，将【混合模式】设置为【色相】，如图 6-40 所示。

图 6-39 添加素材文件

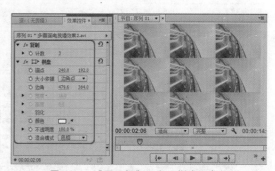

图 6-40 设置【复制】和【棋盘】参数

(5) 为【多画面电视墙效果 02.avi】添加【网格】特效，激活【效果控件】面板，设置【网格】区域下的【边框】为 60，并单击其左侧的【切换动画】按钮，将【混合模式】设置为【正常】，如图 6-41 所示。

(6) 将当期时间设置为 00:00:03:16，单击【棋盘】中【锚点】、【边角】、【混合模式】

左侧的【切换动画】按钮，将【网格】中的【边框】设置为 0.0，如图 6-42 所示。

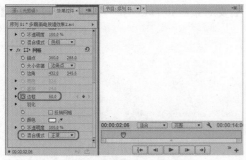

图 6-41　设置【网格】参数

图 6-42　设置关键帧参数

（7）将当期时间设置为 00:00:05:22，将【棋盘】中的【锚点】设置为 479.0、192.0，将【边角】设置为 719.0、384.0，将【混合模式】设置为【模板 Alpha】，如图 6-43 所示。

（8）将当期时间设置为 00:00:12:00，在【工具】面板中选择【剃刀工具】，剪切素材文件。在【多画面电视墙效果 02.avi】文件的时间线处单击，将剪切的素材后半部分删除，如图 6-44 所示。

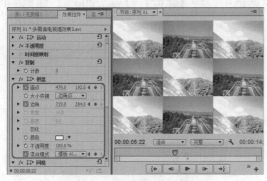

图 6-43　设置【棋盘】参数

图 6-44　将剪切的素材后半部分删除

案例精讲 115　镜头快慢播放效果

案例文件：CDROM | 场景 | Cha06 | 镜头快慢播放效果.prproj(图6-45)

视频文件：视频教学 | Cha06 | 镜头快慢播放效果.avi

图 6-45　镜头快慢播放效果

制作概述

下面将介绍如何实现镜头快慢播放效果。其中主要对素材进行裁剪，然后再通过设置【速度】来表现镜头快慢播放效果。

学习目标

巩固如何取消视音频的链接。

掌握如何设置素材的速度。

了解如何使用【提取】效果。

操作步骤

(1) 新建项目文档和序列，导入随书附带光盘中的 CDROM| 素材 |Cha06| 镜头快慢播放效果 .avi 素材文件，将素材文件拖曳至【时间线】面板的 V1 轨道中，选中【镜头快慢播放效果 .avi】素材文件并右击，在弹出的快捷菜单中选择【取消链接】命令，将 A1 轨道中的音频文件删除，如图 6-46 所示。

(2) 选中【镜头快慢播放效果.avi】素材文件并右击，在弹出的快捷菜单中选择【速度/持续时间】命令，在弹出的【剪辑速度/持续时间】对话框中，将【速度】设置为200%，如图6-47所示。

图 6-46　删除音频文件

图 6-47　设置速度

注意　　　　在设置【速度】参数时，需要确认速度与持续时间链接在一起。

(3) 然后单击【确定】按钮，将当前时间设置为 00:00:02:24，再次将【镜头快慢播放效果 .avi】素材文件拖曳至 A1 轨道中，与时间线对齐。使用相同的方法，取消视音频链接，将 A1 轨道中的音频文件删除，如图 6-48 所示。

(4) 选中新添加的【镜头快慢播放效果.avi】素材文件并右击，在弹出的快捷菜单中选择【速度/持续时间】命令，在弹出的【剪辑速度/持续时间】对话框中，将【速度】设置为50%，如图6-49所示。

图 6-48 删除音频文件

图 6-49 将【速度】设置为 50%

(5) 然后单击【确定】按钮。为新添加的【镜头快慢播放效果 .avi】素材文件添加【垂直定格】效果，如图 6-50 所示。

(6) 然后为其添加【提取】特效。在【效果控件】面板中，将【提取】中的【输入黑色阶】设置为 60、【输入白色阶】设置为 170、【柔和度】设置为 100，如图 6-51 所示。

图 6-50 添加【垂直定格】效果

图 6-51 设置【提取】参数

案例精讲 116 按图像轮廓显示视频

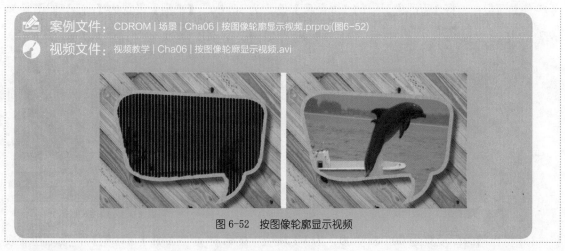

案例文件：CDROM | 场景 | Cha06 | 按图像轮廓显示视频.prproj(图6-52)

视频文件：视频教学 | Cha06 | 按图像轮廓显示视频.avi

图 6-52 按图像轮廓显示视频

制作概述

本例将介绍如何按照图像轮廓显示视频。主要通过为素材文件添加【蓝屏键】效果来使视频按照图像的轮廓显示。除此之外，在本案例中，还为视频文件添加了【百叶窗】效果。

学习目标

掌握【蓝屏键】效果的使用方法。

了解如何为视频文件添加【百叶窗】效果。

操作步骤

(1) 新建项目文档和序列，导入随书附带光盘中的 CDROM| 素材 |Cha06| 按图像轮廓显示视频 .avi 和按图像轮廓显示视频 .jpg 素材文件，将【按图像轮廓显示视频 .avi】素材文件拖曳至【时间线】面板的 V1 轨道中，选中 V1 素材文件，激活【效果控件】面板，将【运动】中的【缩放】设置为 70.0，如图 6-53 所示。

(2) 将【按图像轮廓显示视频 .jpg】素材文件拖曳至【时间线】面板的 V2 轨道中，选中 V2 轨道中的素材文件，在【效果控件】面板中，将【运动】中的【缩放】设置为 18.0，如图 6-54 所示。

 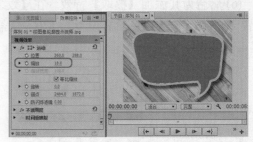

图 6-53　设置【缩放】为 70.0　　　　　图 6-54　设置【缩放】为 18.0

(3) 右击 V2 轨道中的【按图像轮廓显示视频.jpg】素材文件，在弹出的快捷菜单中选择【速度/持续时间】命令，在弹出的【剪辑速度/持续时间】对话框中，将【持续时间】设置为 00:00:06:03，如图 6-55 所示。

(4) 单击【确定】按钮。为【按图像轮廓显示视频 .jpg】素材文件添加【蓝屏键】特效，在【效果控件】面板中，将【蓝屏键】中的【屏蔽度】设置为 30.0%、【平滑】设置为【高】，如图 6-56 所示。

 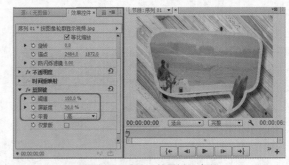

图 6-55　设置持续时间　　　　　图 6-56　设置【蓝屏键】参数

(5) 将当前时间设置为 00:00:00:00，为 V1 轨道中的素材文件添加【百叶窗】特效。在【效果控件】面板中，将【百叶窗】中的【过渡完成】设置为 100.0%，单击其左侧的【切换动画】按钮，如图 6-57 所示。

(6) 将当前时间设置为 00:00:01:02，将【百叶窗】中的【过渡完成】设置为 0.0%，如图 6-58 所示。

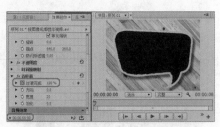

图 6-57　将【过渡完成】设置为100%

图 6-58　将【过渡完成】设置为0%

案例精讲 117　立体电影效果

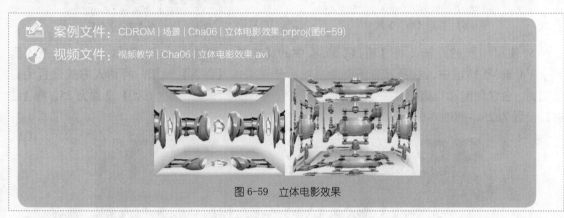

案例文件：CDROM | 场景 | Cha06 | 立体电影效果.prproj(图6-59)

视频文件：视频教学 | Cha06 | 立体电影效果.avi

图 6-59　立体电影效果

制作概述

本案例将介绍如何制作立体电影效果。通过设置【视频过渡】中的【摆入】效果，可以将视频呈现为立体电影效果。

学习目标

巩固视音频的链接。

掌握【摆入】效果的使用方法。

操作步骤

(1) 新建项目文档和序列，导入随书附带光盘中的 CDROM| 素材 |Cha06| 立体电影效果 .avi 素材文件，将【立体电影效果 .avi】素材文件拖曳至【时间线】面板的 V1 轨道中，选中 V1 轨道中的素材文件，激活【效果控件】面板，将【运动】中的【缩放】设置为 53.0，如图 6-60 所示。

(2) 在【项目】面板中选择【立体电影效果 .avi】素材文件，按住鼠标将其拖曳至 V2 轨道中，解除其视音频的链接，将 A2 轨道中的音频删除，如图 6-61 所示。

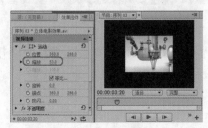

图 6-60　设置【缩放】为 53.0

图 6-61　删除音频

(3) 切换至【效果】面板中，选择【视频过渡】|【3D 运动】|【摆入】效果，将其拖曳至 V2 轨道中视频素材的首部，如图 6-62 所示。

(4) 选中添加的【摆入】效果，在【效果控件】面板中将【持续时间】设置为 00:00:19:23，将【开始】设置为 25，将【结束】设置为 25，如图 6-63 所示。

图 6-62　添加【摆入】效果

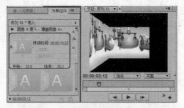

图 6-63　设置【摆入】参数

(5) 使用相同的方法，将【项目】面板中的【立体电影效果 .avi】素材文件分别拖入到 V3、V4 和 V5 轨道中，并将其音频删除。然后分别添加【摆入】效果，将切入方式设置为自东向西、自北向南和自南向北，【持续时间】设置为 00:00:19:23，将【开始】设置为 25，将【结束】设置为 25，如图 6-64 所示。

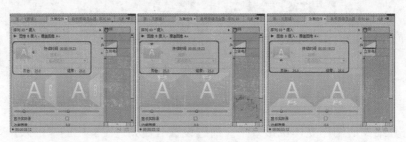

图 6-64　设置【摆入】参数

案例精讲 118　视频油画效果

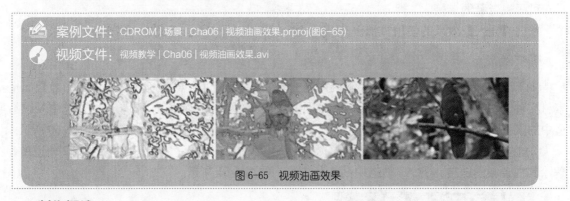

案例文件：CDROM | 场景 | Cha06 | 视频油画效果.prproj(图6-65)

视频文件：视频教学 | Cha06 | 视频油画效果.avi

图 6-65　视频油画效果

制作概述

本案例将介绍如何制作视频油画效果。主要通过为视频文件添加【查找边缘】效果并设置其参数来使视频产生油画效果。

学习目标

学会如何添加【查找边缘】效果。

操作步骤

(1) 新建项目文档和 DV–PAL|【宽屏 48kHz】序列，导入随书附带光盘中的 CDROM| 素材 |Cha06| 视频油画效果 .avi 素材文件，将【视频油画效果 .avi】素材文件拖曳至【时间线】面板 V1 轨道中，选中 V1 素材文件，激活【效果控件】面板，将【运动】中的【缩放】设置为 83.0%，如图 6-66 所示。

(2) 切换至【效果】面板，为素材文件添加【视频效果】|【风格化】|【查找边缘】效果，如图 6-67 所示。

图 6-66　设置【缩放】为 83.0%　　　　　　图 6-67　添加【查找边缘】效果

(3) 将当前时间设置为 00:00:00:00，在【效果控件】面板中，将【查找边缘】中的【与原始图像混合】设置 0%，然后单击其左侧的【切换动画】按钮 🕐，如图 6-68 所示。

(4) 将当前时间设置为 00:00:04:06，在【效果控件】面板中，将【查找边缘】中的【与原始图像混合】设置 100%，如图 6-69 所示。

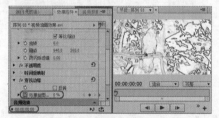

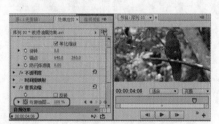

图 6-68　设置【与原始图像混合】为 0%　　　图 6-69　设置【与原始图像混合】为 100%

案例精讲 119　动态残影效果

案例文件：CDROM | 场景 | Cha06 | 动态残影效果.prproj(图6-70)

视频文件：视频教学 | Cha06 | 动态残影效果.avi

图 6-70　动态残影效果

制作概述

本案例将介绍如何制作动态残影效果。主要通过为素材文件添加【残影】效果来体现残影效果。

学习目标

掌握【残影】效果的使用方法。

操作步骤

(1) 新建项目文档和 DV–NTSC|【宽屏 48kHz】序列，导入随书附带光盘中的 CDROM| 素材 |Cha06| 动态残影效果 .avi 素材文件，将【动态残影效果 .avi】素材文件拖曳至【时间线】面板的 V1 轨道中，选中 V1 素材文件，激活【效果控件】面板，将【运动】中的【缩放】设置为 128.0%，如图 6-71 所示。

(2) 切换至【效果】面板，为素材添加【视频效果】|【时间】|【残影】效果，将【残影数量】设置为 3，【残影运算符】设置为最大值，如图 6-72 所示。

图 6-71 设置【缩放】为 128.0%

图 6-72 添加【残影】效果

案例精讲 120 歌词效果

案例文件：CDROM | 场景 | Cha06 | 歌词效果.prproj(图6-73)

视频文件：视频教学 | Cha06 | 歌词效果.avi

图 6-73 歌词效果

制作概述

本例将介绍如何制作歌词效果。主要通过为字幕文件添加【裁剪】效果，并设置【裁剪】参数来达到歌词效果。

学习目标

巩固字幕的创建。

掌握【裁剪】效果的使用方法。

操作步骤

(1) 新建项目文档和 DV–NTSC|【标准 48kHz】序列，导入随书附带光盘中的 CDROM| 素材 |Cha06| 歌词效果 .avi 和生日歌 .mp3 素材文件，将【生日歌 .mp3】素材文件拖曳至【时间线】面板的 A1 轨道中。将【歌词效果 .avi】素材文件拖曳至【时间线】面板的 V1 轨道中，选中 V1 素材文件，激活【效果控件】面板，将【运动】中的【缩放】设置为 165.0%，如图 6-74 所示。

(2) 在【项目】面板中右击，在弹出的快捷菜单中选择【新建项目】|【字幕】命令，在弹出的【新建字幕】对话框中，将【名称】设置为【原句 01】，如图 6-75 所示。

图 6-74　设置【缩放】参数

图 6-75　【新建字幕】对话框

(3) 在弹出的字幕面板的适当位置，输入文字 Happy Birthday to You，将【字体系列】设置为【华文新魏】，【字体大小】设置为 38.0，如图 6-76 所示。

(4) 在【填充】区域中，将【颜色】的 RGB 值设置为 5、95、172；在【描边】区域中，添加【外描边】，将【大小】设置为 40.0，【颜色】设置为白色；选中【阴影】复选框，将【不透明度】设置为 54%，【距离】设置为 4.0，【扩展】设置为 19.0，如图 6-77 所示。

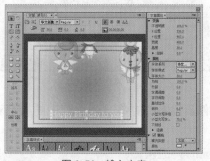

图 6-76　输入文字

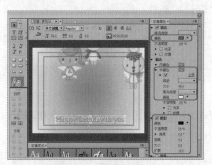

图 6-77　设置字体样式

(5) 单击【基于当前字幕新建字幕】按钮，在弹出的【新建字幕】对话框中，将【名称】设置为【原句 01 副本】，如图 6-78 所示。

(6) 在字幕面板中，选中文字，将其【填充】中的【颜色】RGB 值更改为 255、210、0，如图 6-79 所示。

图 6-78　【新建字幕】对话框

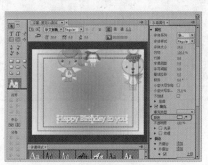

图 6-79　更改【颜色】RGB 值

(7) 使用相同的方法新建【原句 02】和【原句 02 副本】字幕，如图 6-80 和图 6-81 所示。

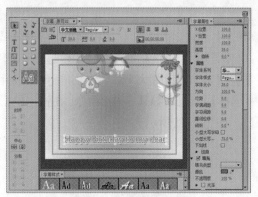

图 6-80　【原句 02】字幕

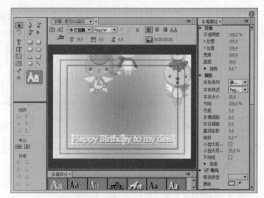

图 6-81　【原句 02 副本】字幕

(8) 分别将【原句 01】和【原句 01 副本】字幕拖曳至 V3 和 V2 轨道中，并将其【持续时间】都设置为 00:00:03:20，如图 6-82 所示。

(9) 为 V3 轨道中的【原句 01】字幕添加【裁剪】效果。将当前时间设置为 00:00:00:03，在【效果控件】面板中，将【裁剪】中的【左对齐】设置为 23.0%，然后单击其左侧的【切换动画】按钮，如图 6-83 所示。

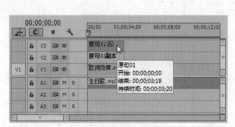

图 6-82　添加字幕

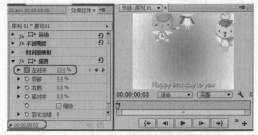

图 6-83　添加【裁剪】效果

(10) 将当前时间设置为 00:00:00:13，在【效果控件】面板中，将【裁剪】中的【左对齐】设置为 32.0%，如图 6-84 所示。

(11) 使用相同的方法，为【左对齐】继续添加相应的关键帧。

(12) 在 V2 和 V3 轨道中分别添加【原句 01 副本】和【原句 01】字幕，并将其【持续时间】都设置为 00:00:04:08，如图 6-85 所示。

图 6-84　设置左对齐

图 6-85　添加字幕

(13) 使用相同的方法，为新添加的【原句 01】字幕添加【裁剪】效果并设置【左对齐】的关键帧。

(14) 将当前时间设置为 00:00:08:17，参照前面的操作步骤添加【原句 02】和【原句 02 副本】字幕到 V3 和 V2 轨道中，与时间线对齐，将其【持续时间】设置为 00:00:04:02，如图 6-86 所示。

(15) 使用相同的方法，为新添加的【原句 02】字幕添加【裁剪】效果并设置【左对齐】的关键帧。

(16) 将当前时间设置为 00:00:13:01，参照前面的操作步骤添加【原句 01】和【原句 01 副本】字幕到 V3 和 V2 轨道中，与时间线对齐，将其【持续时间】设置为 00:00:04:08，如图 6-87 所示。

(17) 使用相同的方法，为新添加的【原句 01】字幕添加【裁剪】效果并设置【左对齐】的关键帧。

图 6-86　添加字幕

图 6-87　添加字幕

案例精讲 121　旋转时间指针

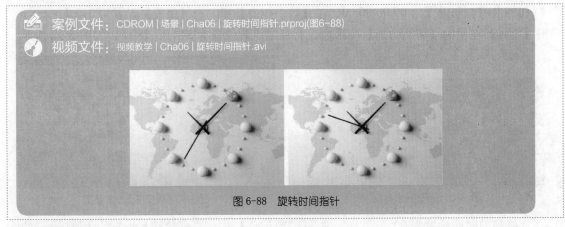

案例文件：CDROM | 场景 | Cha06 | 旋转时间指针.prproj(图6-88)

视频文件：视频教学 | Cha06 | 旋转时间指针.avi

图 6-88　旋转时间指针

制作概述

本案例将通过前面所讲解的知识来制作旋转时间指针的动画。旋转时间指针动画效果主要通过设置【旋转】参数以及【球面化】效果来制作的。

学习目标

学会通过【旋转】参数设置对象旋转。

掌握【球面化】效果的使用方法。

操作步骤

(1) 新建项目文档和 DV-PAL|【标准 48kHz】序列，导入随书附带光盘中的 CDROM| 素

材 |Cha06| 旋转时间指针 .jpg 素材文件，将【旋转时间指针 .jpg】素材文件拖曳至【时间线】面板的 V1 轨道中，然后将其持续时间设置为 00:00:30:00。激活【效果控件】面板，将【运动】中的【缩放】设置为 18.0%，如图 6-89 所示。

（2）按 Ctrl+T 组合键，新建【字幕 01】，打开字幕面板。使用【矩形工具】□绘制一个矩形。将【宽度】设置为 4.7，【高度】设置为 222.4，【X 位置】设置为 376.9，【Y 位置】设置为 359.3，【颜色】设置为黑色，如图 6-90 所示。

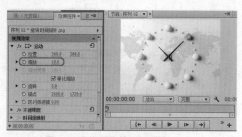

图 6-89　将【缩放】设置为 18.0%

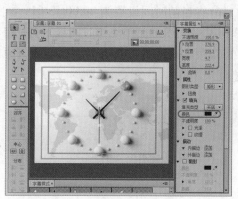

图 6-90　新建【字幕 01】

（3）关闭字幕面板。将【字幕 01】拖曳至 V2 轨道中，然后将其持续时间设置为 00:00:30:00，如图 6-91 所示。

（4）将当前时间设置为 00:00:00:00，在【效果控件】中，将【位置】设置为 343.1、288.0，单击【旋转】左侧的【切换动画】按钮，将【锚点】设置为 344.0、288.0，如图 6-92 所示。

图 6-91　设置持续时间

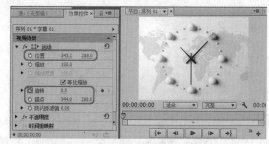

图 6-92　设置【运动】参数

（5）将当前时间设置为 00:00:29:24，在【效果控件】中，将【旋转】设置为 180.0°，如图 6-93 所示。

（6）将当前时间设置为 00:00:00:00，为 V1 轨道中的素材文件添加【球面化】效果，在【效果控件】面板中，将【半径】设置为 160.0，单击【球面中心】左侧的【切换动画】按钮，将其设置为 2507.4、2938.8，如图 6-94 所示。

注意　　为 V1 轨道中的素材文件添加【球面化】效果是为了在指针经过时小球突出显示。

图 6-93 将【旋转】设置为 180.0°

图 6-94 设置【球面化】效果

(7) 使用相同的方法，为【球面中心】添加关键帧，如图 6-95 所示。

图 6-95 为【球面中心】添加关键帧

案例精讲 122 边界朦胧效果

案例文件：CDROM | 场景 | Cha06 | 边界朦胧效果.prproj(图6-96)

视频文件：视频教学 | Cha06 | 边界朦胧效果.avi

图 6-96 边界朦胧效果

制作概述

本案例将介绍边界朦胧效果的制作。该案例主要通过【羽化边缘】效果来达到所需的效果。除此之外，在本案例中还介绍了【亮度与对比度】的使用。

学习目标

掌握【羽化边缘】效果的使用。

掌握【亮度与对比度】效果的使用。

操作步骤

(1) 新建一个 DV-PAL|【标准 48kHz】序列文件，使用默认的序列名称即可，在【项目】面板的【名称】区域下双击，弹出【导入】对话框，选择随书附带光盘中的 CDROM| 素材 |Cha06|001.jpg、002.avi 文件，如图 6-97 所示。

(2) 单击【打开】按钮，即可将选择的素材文件导入到【项目】面板中，如图 6-98 所示。

图 6-97　选择素材文件

图 6-98　导入素材文件后的效果

(3) 在【项目】面板中选择 001.jpg，按住鼠标将其拖曳至 V1 轨道中，选中该对象，在【效果控件】面板中将【缩放】设置为 21.5，如图 6-99 所示。

(4) 确认该对象处于选中状态，右击，在弹出的快捷菜单中选择【速度/持续时间】命令，如图 6-100 所示。

图 6-99　设置【缩放】参数

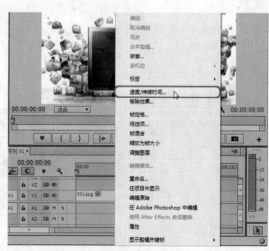

图 6-100　选择【速度/持续时间】命令

(5) 在弹出的对话框中将【持续时间】设置为 00:00:02:03，如图 6-101 所示。

(6) 设置完成后，单击【确定】按钮，即可改变选中对象的持续时间，在【项目】面板中选择 002.avi，按住鼠标将其拖曳至 V2 轨道中，如图 6-102 所示。

图 6-101　设置持续时间

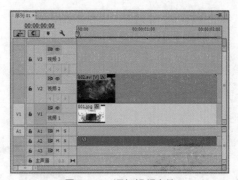

图 6-102　添加视频文件

（7）选中该对象，在【效果控件】面板中将【位置】设置为 350.6、390.9，在【缩放】设置为 28，如图 6-103 所示。

（8）切换至【效果】面板，选择【视频效果】|【变换】|【羽化边缘】效果，如图 6-104 所示。

图 6-103　设置【位置】和【缩放】参数

图 6-104　选择【羽化边缘】效果

（9）双击该效果，为选中的对象添加该效果，在【效果控件】中将【数量】设置为 30，如图 6-105 所示。

（10）再切换至【效果】面板，选择【视频效果】|【颜色校正】|【亮度与对比度】效果，双击该效果，为选中的对象添加该效果，在【效果控件】中将【亮度】设置为 36，将【对比度】设置为 45，如图 6-106 所示，设置完成后，对完成后的场景进行保存，并输出影片。

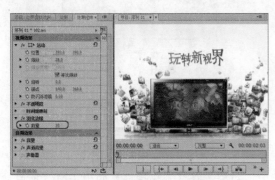

图 6-105　设置羽化边缘的数量

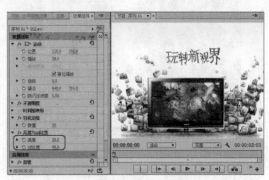

图 6-106　设置【亮度】与【对比度】参数

案例精讲 123 电视播放效果

案例文件：CDROM | 场景 | Cha06 | 电视播放效果.prproj(图6-107)

视频文件：视频教学 | Cha06 | 电视播放效果.avi

图 6-107 电视播放效果

制作概述

本案例将介绍如何制作电视播放效果。该案例主要通过为视频文件添加【羽化边缘】、【杂色】效果以及设置素材的参数等操作来制作电视播放效果。

学习目标

巩固【羽化边缘】效果的使用。

掌握【杂色】效果的使用。

操作步骤

(1) 新建一个DV-24P|【标准 48kHz】序列文件，使用默认的序列名称即可，导入 003.jpg、004.avi、005.png素材文件，在【项目】面板中选择003.jpg，按住鼠标将其拖曳至V1轨道中，选中该对象并右击，在弹出的快捷菜单中选择【速度/持续时间】命令，如图6-108所示。

(2) 在弹出的对话框中将【持续时间】设置为 00:00:05:07，如图 6-109 所示。

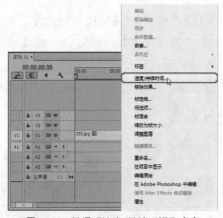

图6-108 选择【速度/持续时间】命令

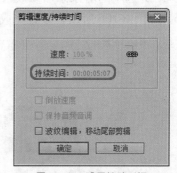

图 6-109 设置持续时间

(3) 设置完成后，单击【确定】按钮，继续选中该对象，在【效果控件】面板中将【缩放】设置为 75，如图 6-110 所示。

(4) 在【项目】面板中选择 004.avi，按住鼠标将其拖曳至 V2 轨道中，在【效果控件】面板中将【位置】设置为 319.7、284.5，取消选中【等比缩放】复选框，将【缩放高度】和【缩放宽度】分别设置为 51、41.8，将【旋转】设置为 7，如图 6-111 所示。

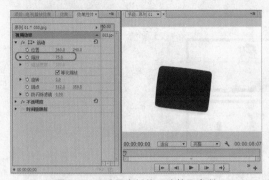

图 6-110 设置素材的【缩放】参数

图 6-111 设置素材的参数

(5) 切换至【效果】面板中，选择【视频效果】|【变换】|【羽化边缘】特效，双击该效果，在【效果控件】面板中将【数量】设置为 58，如图 6-112 所示。

(6) 切换至【效果】面板中，选择【视频效果】|【杂色与颗粒】|【杂色】特效，双击该效果，在【效果控件】面板中将【杂色数量】设置为 17.6，如图 6-113 所示。

图 6-112 设置羽化参数

图 6-113 设置【杂色】参数

(7) 在【项目】面板中选择 005.png，按住鼠标将其拖曳至 V3 轨道中，选中该对象，在【效果控件】面板中将【缩放】设置为 71，如图 6-114 所示。

(8) 将该素材的【持续时间】设置为 00:00:05:07，如图 6-115 所示，设置完成后，对完成后的文件进行输出。

图 6-114 设置【缩放】参数

图 6-115 设置持续时间

案例精讲 124 宽荧屏电影效果

📄 案例文件：CDROM | 场景 | Cha06 | 宽荧屏电影效果.prproj(图6-116)

💿 视频文件：视频教学 | Cha06 | 宽荧屏电影效果.avi

图 6-116 宽荧屏电影效果

制作概述

本案例将介绍如何制作宽荧屏电影效果。该案例主要通过添加素材文件来实现宽荧屏电影效果。

学习目标

巩固素材文件的摆放。

操作步骤

(1) 新建一个DV-24P|【标准 48kHz】序列文件，使用默认的序列名称即可，导入 006.jpg、007.avi素材文件，在【项目】面板中选择006.jpg文件，按住鼠标将其拖曳至V1轨道中，选中该对象并右击，在弹出的快捷菜单中选择【速度/持续时间】命令，如图6-117所示。

(2) 在弹出的对话框中将【持续时间】设置为 00:00:19:20，如图 6-118 所示。

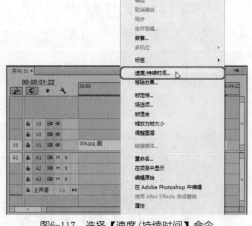

图6-117 选择【速度/持续时间】命令

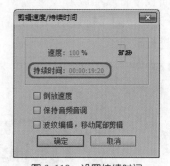

图 6-118 设置持续时间

(3) 设置完成后，单击【确定】按钮，继续选中该对象，在【效果控件】面板中将【缩放】设置为 33，如图 6-119 所示。

(4) 在【项目】面板中选择007.avi，按住鼠标将其拖曳至V2轨道中，选中该对象，在【效果控件】面板中将【位置】设置为358、219，将【缩放】分别设置为85.5，如图6-120所示，对完成后的文档进行输出即可。

图6-119　设置【缩放】参数

图6-120　添加素材并进行设置

案例精讲 125　信号不稳定效果

案例文件：CDROM | 场景 | Cha06 | 信号不稳定效果.prproj(图6-121)

视频文件：视频教学 | Cha06 | 信号不稳定效果.avi

图6-121　信号不稳定效果

制作概述

本案例将介绍信号不稳定效果的制作。该案例主要通过为视频添加【8点无用信号遮罩】效果，使素材文件以不同的形状显示，然后为视频文件添加【羽化边缘】、【黑白】、【杂色】、【垂直定格】等效果，在本案例中还介绍了如何粘贴属性、修剪视频等。

学习目标

掌握如何为视频添加【8点无用信号遮罩】效果。

巩固【羽化边缘】效果的使用。

巩固如何修剪视频。

了解【黑白】效果的使用。

掌握【垂直定格】效果的使用。

学会如何粘贴素材属性。

操作步骤

(1) 新建一个序列文件，导入素材文件，在【项目】面板中选择 008.jpg，按住鼠标将其拖曳至 V1 轨道中，将【持续时间】设置为 00:00:13:06，如图 6-122 所示。

(2) 设置完成后，单击【确定】按钮，继续选中该对象，在【效果控件】面板中将【位置】设置为 358.4、240.2，将【缩放】设置为 64.5，如图 6-123 所示。

图 6-122　设置持续时间

图 6-123　设置【位置】及【缩放】参数

(3) 继续选中 008.jpg，为选中的对象添加【杂色】效果，将当前时间设置为 00:00:00:00，将【杂色数量】设置为 28，并单击其左侧的【切换动画】按钮，将当前时间设置为 00:00:02:12，将【杂色数量】设置为 100，如图 6-124 所示。

(4) 将当前时间设置为 00:00:02:16，将【杂色数量】设置为 28，将当前时间设置为 00:00:04:19，将【杂色数量】设置为 100，如图 6-125 所示。

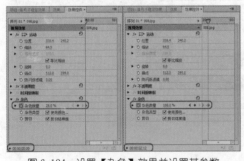

图 6-124　设置【杂色】效果并设置其参数

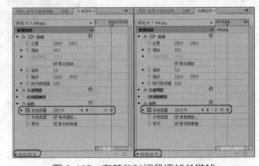

图 6-125　在其他时间段添加关键帧

(5) 在【项目】面板中选择 009.avi，按住鼠标将其拖曳至 V2 轨道中，选中该对象，在【效果控件】面板中将【位置】设置为 300.9、230.4，取消选中【等比缩放】复选框，将【缩放高度】设置为 84，将【缩放宽度】设置为 64，如图 6-126 所示。

(6) 继续选中该视频文件，为其添加【8 点无用信号遮罩】效果，并在【效果控件】面板中设置其参数，效果如图 6-127 所示。

此处添加【8 点无用信号遮罩】效果是为了使添加的视频以电视屏幕形式显示，这样可以更好地表现电视信号不稳定效果。

图 6-126　设置视频文件的位置及大小

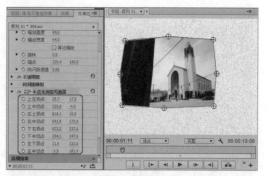

图 6-127　设置【8 点无用信号遮罩】参数

(7) 再为选中的视频文件添加【羽化边缘】效果，并将【数量】设置为 40，如图 6-128 所示。

(8) 设置完成后，为选中的对象添加【黑白】效果，效果如图 6-129 所示。

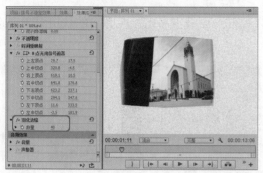

图 6-128　设置羽化边缘的数量

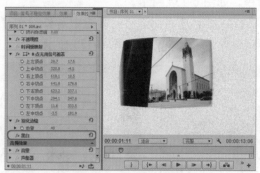

图 6-129　添加【黑白】效果

(9) 将当前时间设置为 00:00:02:13，使用【剃刀工具】对视频进行切割，效果如图 6-130 所示。

(10) 再将当前时间设置为 00:00:05:16，使用【剃刀工具】再对该对象进行切割，如图 6-131 所示。

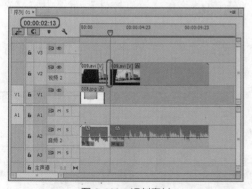

图 6-130　切割素材

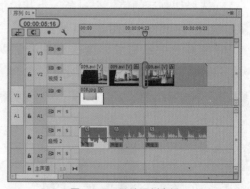

图 6-131　继续切割素材

(11) 再将当前时间设置为 00:00:08:10，使用【剃刀工具】再对该对象进行切割，如图 6-132 所示。

(12) 使用【选择工具】，选中切割后的第一个对象，为其添加【杂色】效果，在【效果控件】面板中将【杂色数量】设置为 65，效果如图 6-133 所示。

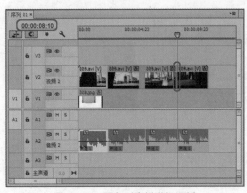

图 6-132 再次对素材进行切割

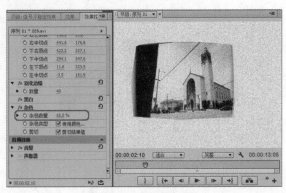

图 6-133 设置杂色数量

(13) 在【效果控件】面板中选择【杂色】效果并右击，在弹出的快捷菜单中选择【复制】命令，如图 6-134 所示。

(14) 然后选择切割后的第三个对象，在【效果控件】面板中右击，在弹出的快捷菜单中选择【粘贴】命令，效果如图 6-135 所示。

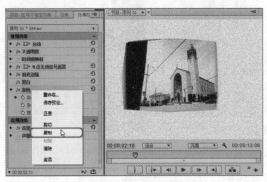

图 6-134 选择【复制】命令

图 6-135 选择【粘贴】命令

(15) 选择切割后的第二个对象，为其添加【杂色】效果，在【效果控件】面板中将【杂色数量】设置为 100%，如图 6-136 所示。

(16) 继续选中该对象，再次为其添加两个【杂色】效果，分别将【杂色数量】设置为 100%、30%，效果如图 6-137 所示。

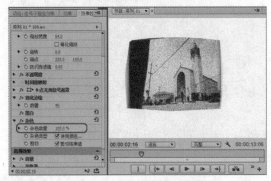

图 6-136 添加【杂色】效果

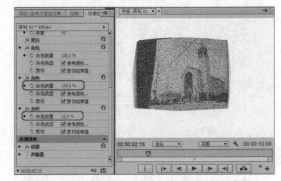

图 6-137 添加两次【杂色】效果并设置其参数

(17) 设置完成后，为选中的对象添加【垂直定格】效果，效果如图 6-138 所示。

(18) 在【效果控件】面板中按住 Ctrl 键选择 3 个【杂色】效果和【垂直定格】效果，右击鼠标，在弹出的快捷菜单中选择【复制】命令，如图 6-139 所示。

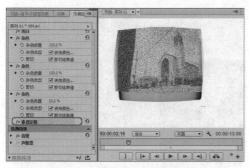

图 6-138　添加【垂直定格】效果

图 6-139　选择【复制】命令

(19) 选择切割后的第四个对象，在【效果控件】面板中右击，在弹出的快捷菜单中选择【粘贴】命令，如图 6-140 所示。

(20) 在【项目】面板中选择 010.png 素材文件，按住鼠标将其拖曳至 V3 轨道中，在该对象上右击，在弹出的快捷菜单中选择【速度 / 持续时间】命令，效果如图 6-141 所示。

图 6-140　选择【粘贴】命令

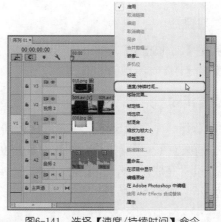

图6-141　选择【速度/持续时间】命令

(21) 在弹出的对话框中将【持续时间】设置为 00:00:13:06，如图 6-142 所示。

(22) 设置完成后，单击【确定】按钮，在【效果控件】面板中将【缩放】设置为 64，如图 6-143 所示。

图 6-142　设置持续时间

图 6-143　设置【缩放】参数

案例课堂 ▶ ·····

案例精讲 126　电视彩条信号效果

案例文件：CDROM | 场景 | Cha06 | 电视彩条信号效果.prproj(图6-144)

视频文件：视频教学 | Cha06 | 电视彩条信号效果.avi

图 6-144　电视彩条信号效果

制作概述

本案例将介绍如何制作电视彩条信号效果。该案例主要通过在【项目】面板中新建【HD彩条】来实现彩条信号效果。

学习目标

巩固【羽化边缘】效果的使用。

掌握【HD 彩条】的创建。

操作步骤

(1) 新建一个序列文件，导入素材文件，在【项目】面板中选择 012.png，按住鼠标将其拖曳至 V2 轨道中，将【持续时间】设置为 00:00:09:06，如图 6-145 所示。

(2) 设置完成后，单击【确定】按钮，继续选中该对象，在【效果控件】面板中将【缩放】设置为 76，如图 6-146 所示。

图 6-145　设置持续时间

图 6-146　设置【缩放】参数

(3) 选择 011.avi，将其拖曳至 V1 轨道中，并选中该对象，在【效果控件】面板中将【位置】设置为 343.4、158.5，取消选中【等比缩放】复选框，将【缩放高度】和【缩放宽度】分别设置为 55、41，如图 6-147 所示。

(4) 继续选中该对象，为其添加【羽化边缘】效果，在【效果控件】面板中将【数量】设置为 52，如图 6-148 所示。

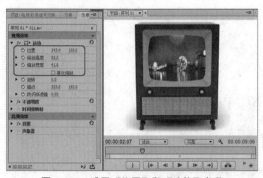

图 6-147　设置【位置】和【缩放】参数

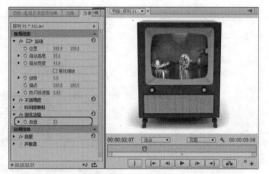

图 6-148　添加【羽化边缘】效果并设置其参数

(5) 在【项目】面板中右击，在弹出的快捷菜单中选择【新建项目】|【HD 彩条】命令，如图 6-149 所示。

(6) 在弹出的对话框中使用其默认设置即可，如图 6-150 所示。

图 6-149　选择【HD 彩条】命令

图 6-150　【新建 HD 彩条】对话框

(7) 设置完成后，单击【确定】按钮，按住鼠标将其拖曳至 V1 轨道中，并与 011.avi 的结尾处对齐，在【效果控件】面板中将【位置】设置为 345.1、160，取消选中【等比缩放】复选框，将【缩放高度】和【缩放宽度】分别设置为 41、40，如图 6-151 所示。

(8) 确认该对象处于选中状态，为其添加【边缘羽化】效果，在【效果控件】面板中将【数量】设置为 45，如图 6-152 所示，然后对完成后的文件进行输出即可。

图 6-151　设置位置和大小

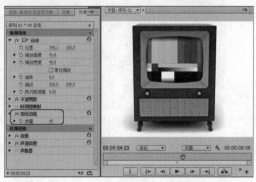

图 6-152　添加【羽化边缘】效果并设置其参数

案例精讲 127　倒计时效果

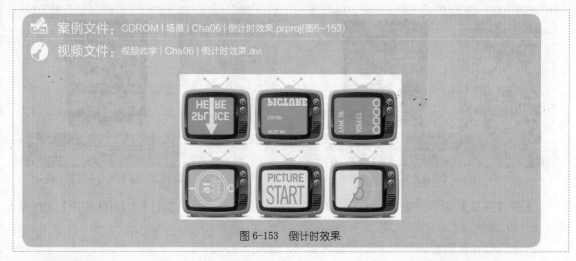

案例文件：CDROM | 场景 | Cha06 | 倒计时效果.prproj(图6-153)

视频文件：视频教学 | Cha06 | 倒计时效果.avi

图 6-153　倒计时效果

制作概述

本案例将介绍如何制作倒计时效果。该案例主要通过在【项目】面板中新建【通用倒计时片头】，然后在弹出的对话框中设置倒计时片头的参数来实现倒计时效果。

学习目标

学会如何新建【通用倒计时片头】。

掌握如何设置【通用倒计时片头】参数。

操作步骤

(1) 新建一个序列文件，导入素材文件，在【项目】面板中选择 013.png，按住鼠标将其拖曳至 V2 轨道中，将【持续时间】设置为 00:00:11:00，如图 6-154 所示。

(2) 设置完成后，单击【确定】按钮，继续选中该对象，在【效果控件】面板中将【缩放】设置为 65，如图 6-155 所示。

图 6-154　设置持续时间

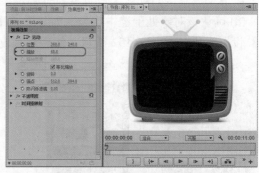

图 6-155　设置【缩放】参数

(3) 在【项目】面板中右击，在弹出的快捷菜单中选择【新建项目】|【通用倒计时片头】命令，如图 6-156 所示。

(4) 在弹出的对话框中使用其默认设置，如图 6-157 所示。

图 6-156 选择【通用倒计时片头】命令

图 6-157 【新建通用倒计时片头】对话框

(5) 单击【确定】按钮，在弹出的对话框中单击【擦除颜色】右侧的色块，在弹出的对话框中将 RGB 值设置为 252、190、0，如图 6-158 所示。

(6) 单击【确定】按钮，然后再单击【背景色】右侧的色块，在弹出的对话框中将 RGB 值设置为 240、237、8，如图 6-159 所示。

图 6-158 设置【擦除颜色】的 RGB 值

图 6-159 设置【背景色】的 RGB 值

(7) 设置完成后，单击【确定】按钮，使用同样的方法将【线条颜色】的 RGB 值设置为255、255、255，将【数字颜色】的 RGB 值设置为 108、154、42，选中【每秒开始时提示音】复选框，如图 6-160 所示。

(8) 设置完成后，单击【确定】按钮，将该对象拖曳至 V1 轨道中，在【效果控件】面板中将【位置】设置为 321.8、262.6，取消选中【等比缩放】复选框，将【缩放高度】和【缩放宽度】分别设置为 53、48，如图 6-161 所示。

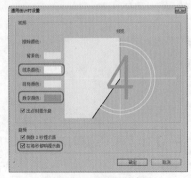

图 6-160 设置其他参数

图 6-161 设置位置及缩放参数

(9) 在【效果】面板中选择【视频效果】|【变换】|【羽化边缘】效果，如图6-162所示。

(10) 双击该效果，为选中的对象添加该效果，在【效果控件】面板中将【数量】设置为23，如图6-163所示，对完成后的文件进行输出即可。

图 6-162　选择【羽化边缘】效果

图 6-163　设置【羽化边缘】参数

案例精讲 128　望远镜效果

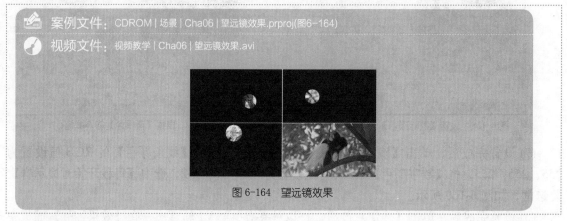

案例文件：CDROM | 场景 | Cha06 | 望远镜效果.prproj(图6-164)

视频文件：视频教学 | Cha06 | 望远镜效果.avi

图 6-164　望远镜效果

制作概述

本案例将介绍如何制作望远镜效果。该案例主要利用【亮度键】效果对素材文件进行抠像，然后在【效果控件】面板中设置位置参数来体现望远镜效果。

学习目标

学会【亮度键】效果的使用。

掌握【位置】参数的设置。

操作步骤

(1) 新建一个项目，按Ctrl+N组合键，在打开的【新建序列】对话框中选择DV–NTSC下的【标准48kHz】，使用默认的序列名称即可，如图6-165所示。

(2) 在该对话框中选择【设置】选项卡，将【编辑模式】设置为【自定义】，将【帧大小】和【水平】分别设置为 1920、1080，将【像素长宽比】设置为【方形像素 (1.0)】，将【场】设置为【无场 (逐行扫描)】，将【采样率】设置为 32000Hz，如图 6-166 所示。

图 6-165　序列预设

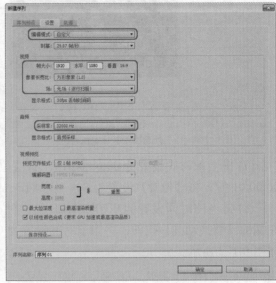

图 6-166　设置参数

(3) 设置完成后，单击【确定】按钮，导入素材文件 014.avi、015.jpg，选中 014.avi，按住鼠标将其拖曳至 V1 轨道中，并在【节目】面板中查看效果，效果如图 6-167 所示。

(4) 在【项目】面板中选择 015.png 文件，按住鼠标将其拖曳至 V2 轨道中，并将其【持续时间】设置为 00:00:11:03，如图 6-168 所示。

图 6-167　查看素材效果

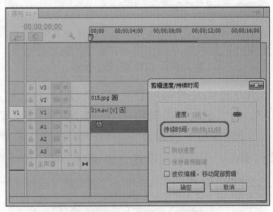

图 6-168　设置持续时间

(5) 继续选中该对象，为其添加【亮度键】效果，在【效果控件】面板中将【阈值】设置为 0%，将【屏蔽度】设置为 100%，如图 6-169 所示。

(6) 将当前时间设置为 00:00:00:00，将【位置】设置为 1262.4、732.2，并单击其左侧的【切换动画】按钮，将【缩放】设置为 160，如图 6-170 所示。

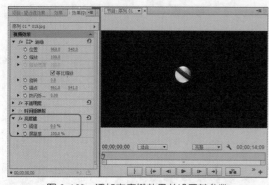

图 6-169　添加亮度键效果并设置其参数

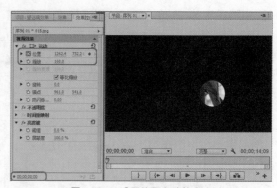

图 6-170　设置位置和缩放大小

(7) 将当前时间设置为 00:00:00:19，将【位置】设置为 628.8、629.8，将当前时间设置为 00:00:01:07，将【位置】设置为 809.9、384.3，如图 6-171 所示。

(8) 将当前时间设置为 00:00:01:12，将【位置】设置为 815.2、377.5，然后单击【缩放】左侧的【切换动画】按钮，将当前时间设置为 00:00:01:15，将【位置】设置为 817.6、381.4，如图 6-172 所示。

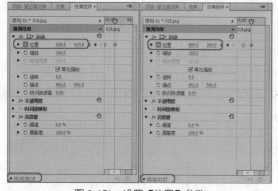

图 6-171　设置【位置】参数

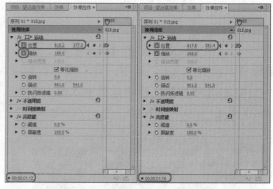

图 6-172　添加位置和缩放关键帧

(9) 将当前时间设置为 00:00:01:16，将【位置】设置为 839.4、407.3，将【缩放】设置为 185，将当前时间设置为 00:00:01:26，将【位置】设置为 971、642.5，如图 6-173 所示。

(10) 将当前时间设置为 00:00:03:12，将【位置】设置为 1138.5、982.3，将【缩放】设置为 185，将当前时间设置为 00:00:05:08，将【位置】设置为 1393.4、755.1，如图 6-174 所示。

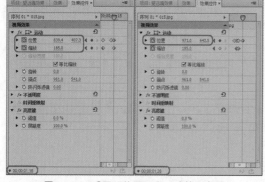

图 6-173　设置【位置】和【缩放】参数

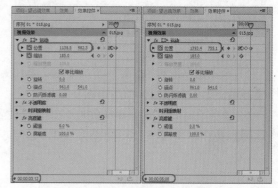

图 6-174　设置【位置】参数

(11) 使用同样的方法设置其他位置和缩放参数，设置后的效果如图 6-175 所示。

(12) 将当前时间设置为00:00:09:10，在【效果控件】面板中单击【不透明度】右侧的【添加/移除关键帧】按钮，添加一个关键帧，将当前时间设置为00:00:11:02，将【不透明度】设置为0，如图6-176所示。

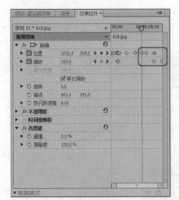
图 6-175 设置其他【位置】和【缩放】参数

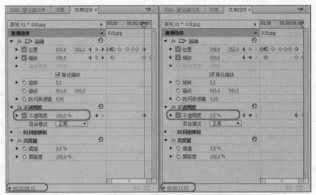
图 6-176 设置【不透明度】参数

(13) 在【项目】面板中右击，在弹出的快捷菜单中选择【新建项目】|【字幕】命令，在弹出的对话框中将【宽度】和【高度】分别设置为 720、480，将【时基】设置为 23.976fps，将【像素长宽比】设置为 D1/DV NTSC(0.9091)，如图 6-177 所示。

(14) 设置完成后，单击【确定】按钮，在弹出的字幕编辑器中单击【椭圆形工具】，按住鼠标在【字幕】面板中绘制一个圆形，选中绘制的对象，在【字幕属性】面板中将【变换】选项组中的【宽度】和【高度】都设置为 32.4，将 【X 位置】、【Y 位置】分别设置为 328.2、241，将【属性】选项组中的【图形类型】设置为【闭合贝塞尔曲线】，如图 6-178 所示。

图 6-177 【新建字幕】对话框

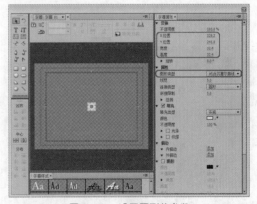
图 6-178 设置圆形的参数

(15) 单击【椭圆形工具】，按住鼠标在【字幕】面板中绘制一个圆形，选中绘制的对象，在【字幕属性】面板中将【变换】选项组中的【宽度】和【高度】都设置为 94.8，将【X 位置】、【Y 位置】分别设置为 328.2、241，将【属性】选项组中的【图形类型】设置为【闭合贝塞尔曲线】，如图 6-179 所示。

(16) 再按住鼠标在【字幕】面板中绘制一个圆形，选中绘制的对象，在【字幕属性】面板中将【变换】选项组中的【宽度】和【高度】都设置为143.9，将【X位置】、【Y位置】分别设置为328.2、241，将【属性】选项组中的【图形类型】设置为【闭合贝塞尔曲线】，如图6-180所示。

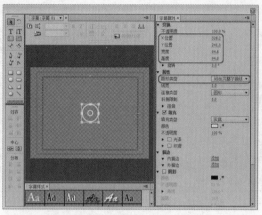

图 6-179　绘制圆形并设置其参数

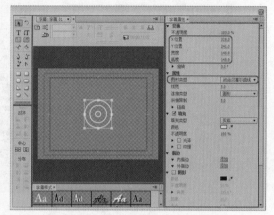

图 6-180　绘制第三个圆形并设置其参数

(17) 单击【直线工具】，在【字幕】面板中按住鼠标进行拖动，绘制一条直线，在【字幕属性】面板中将【变换】选项组中的【宽度】和【高度】分别设置为3、240，将【X位置】、【Y位置】分别设置为329、241，在【属性】选项组中将【线宽】设置为3，如图6-181所示。

(18) 再使用【直线工具】在【字幕】面板中绘制一条直线，在【字幕属性】面板中将【变换】选项组中的【宽度】和【高度】分别设置为282、3，将【X位置】、【Y位置】分别设置为328、240，在【属性】选项组中将【线宽】设置为3，如图6-182所示。

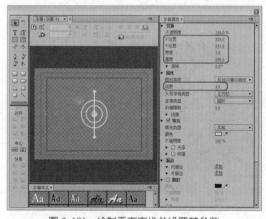

图 6-181　绘制垂直直线并设置其参数

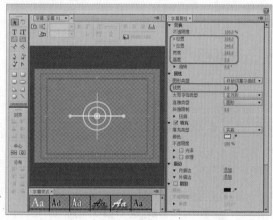

图 6-182　绘制水平直线并设置其参数

(19) 绘制完成后，关闭字幕编辑器，将【字幕01】拖曳至V3轨道中，并将其持续时间设置为00:00:11:03，将当前时间设置为00:00:00:00，继续选中该对象，在【效果控件】面板中单击【位置】左侧的【切换动画】按钮，将【位置】设置为1242.9、654.5，如图6-183所示。

(20) 将当前时间设置为00:00:00:19，将【位置】设置为608.4、553.1，将当前时间设置为00:00:01:07，将【位置】设置为788.3、310.9，如图6-184所示。

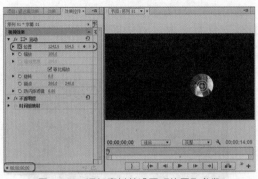
图 6-183　添加素材并设置【位置】参数

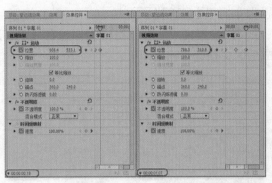
图 6-184　设置【位置】参数

(21) 将当前时间设置为 00:00:01:11，将【位置】设置为 798.1、278.2，然后单击【缩放】左侧的【切换动画】按钮，将当前时间设置为 00:00:01:15，将【位置】设置为 796.7、287.8，将【缩放】设置为 124，如图 6-185 所示。

(22) 将当前时间设置为 00:00:01:26，将【位置】设置为 948.1、546.9，将【缩放】设置为 185，将当前时间设置为 00:00:03:12，将【位置】设置为 1115.4、888.7，如图 6-186 所示。

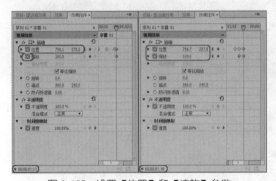
图 6-185　设置【位置】和【缩放】参数

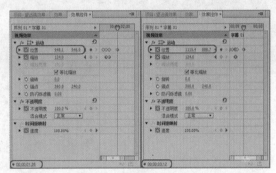
图 6-186　设置【位置】参数

(23) 将当前时间设置为 00:00:05:08，将【位置】设置为 1374.3、653.6，将当前时间设置为 00:00:06:17，将【位置】设置为 1609.3、279，如图 6-187 所示。

(24) 使用同样的方法设置其他位置参数，效果如图 6-188 所示。

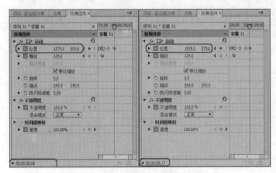
图 6-187　设置【位置】参数

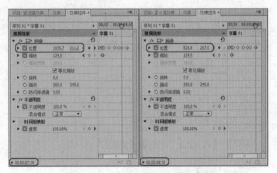
图 6-188　设置其他【位置】参数

(25) 将当前时间设置为 00:00:09:10，在【效果控件】面板中单击【不透明度】右侧的【添加/移除关键帧】按钮，添加一个关键帧，将当前时间设置为 00:00:11:02，将【不透明度】设置为 0，如图 6-189 所示。

(26) 设置完成后，按空格键即可在【节目】面板中查看效果，效果如图 6-190 所示，对完成后的文档进行输出即可。

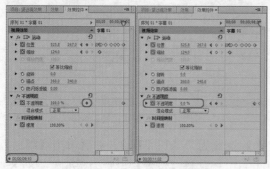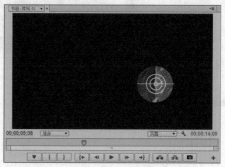

图 6-189　设置【不透明度】参数　　　　　　　图 6-190　查看效果

案例精讲 129　画中画效果

案例文件：CDROM | 场景 | Cha06 | 画中画效果.prproj (图6-191)

视频文件：视频教学 | Cha06 | 画中画效果.avi

图 6-191　画中画效果

制作概述

本案例将介绍如何制作画中画效果。该案例主要通过素材的排放、素材大小的设置以及【Alpha 发光】效果等操作来实现画中画效果。

学习目标

巩固素材文件的排放。

巩固素材大小的设置。

巩固【Alpha 发光】效果的添加。

操作步骤

(1) 新建文件，将素材文件导入至【项目】面板中，将 016.avi 素材文件拖曳至 V1 轨道中，在弹出的对话框中单击【保持现有设置】按钮并右击，在弹出的快捷菜单中选择【取消链接】命令，如图 6-192 所示。

(2) 取消链接后，选中 A1 轨道中的音频，按 Delete 键将其删除，效果如图 6-193 所示。

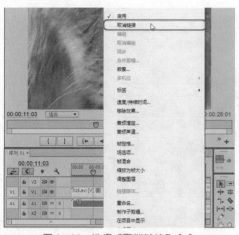

图 6-192　选择【取消链接】命令　　　　　　　　图 6-193　删除音频后的效果

(3) 选中 V1 轨道中的对象，在【效果控件】面板中将【缩放】设置为 45，如图 6-194 所示。

(4) 设置完成后，将 017.avi 素材文件拖曳至 V2 轨道中，在【效果控件】面板中将【位置】设置为 558.3、392.6，将【缩放】设置为 20，如图 6-195 所示。

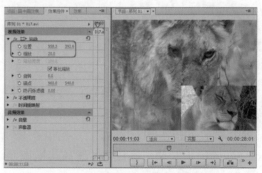

图 6-194　设置【缩放】参数　　　　　　　　　图 6-195　设置【位置】和【缩放】参数

(5) 继续选中该对象，为其添加【裁剪】效果，在【效果控件】面板中将【左对齐】、【顶部】、【右侧】、【底对齐】分别设置为 14、9、14、12，效果如图 6-196 所示。

(6) 继续选中该对象，为其添加【Alpha 发光】效果，在【效果控件】面板中将【起始颜色】和【结束颜色】都设置为黑色，如图 6-197 所示。

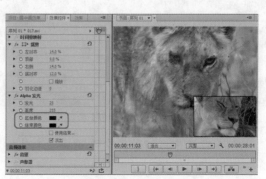

图 6-196　设置【裁剪】参数　　　　　　　　　图 6-197　设置发光颜色

案例精讲 130　倒放效果

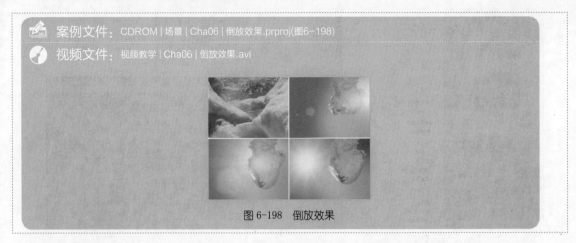

案例文件：CDROM | 场景 | Cha06 | 倒放效果.prproj(图6-198)

视频文件：视频教学 | Cha06 | 倒放效果.avi

图 6-198　倒放效果

制作概述

本案例将介绍如何制作倒放效果。该案例主要通过在【剪辑速度/持续时间】对话框中选中【倒放速度】复选框来实现倒放效果。

学习目标

掌握如何设置倒放效果。

操作步骤

(1) 新建文件，将素材文件导入至【项目】面板中，将 018.avi 素材文件拖曳至 V1 轨道中，在弹出的对话框中单击【保持现有设置】按钮，选中该对象，在【效果控件】面板中将【缩放】设置为 45，如图 6-199 所示。

(2) 选中该对象，按住 Alt 键将其拖曳至该对象的结尾处，释放鼠标，完成复制，效果如图 6-200 所示。

图 6-199　设置【缩放】参数

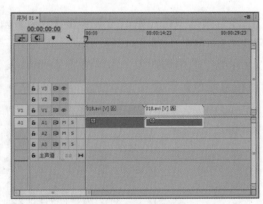

图 6-200　复制对象

(3)继续选中该对象，在该对象上右击，在弹出的快捷菜单中选择【速度/持续时间】命令，如图6-201所示。

(4) 在弹出的对话框中选中【倒放速度】复选框，如图 6-202 所示，然后单击【确定】按钮，对完成后的文件进行输出即可。

图6-201　选择【速度/持续时间】命令

图 6-202　选中【倒放速度】复选框

案例精讲 131　视频重影效果

案例文件：CDROM | 场景 | Cha06 | 视频重影效果.prproj(图6-203)

视频文件：视频教学 | Cha06 | 视频重影效果.avi

图 6-203　视频重影效果

制作概述

本案例将介绍如何制作视频重影效果。该案例主要通过【重影】效果来体现。

学习目标

掌握【重影】效果的使用。

操作步骤

(1) 新建文件，将素材文件导入至【项目】面板中，将 019.avi 素材文件拖曳至 V1 轨道中，选中该对象，在【效果控件】中将【缩放】设置为 45，如图 6-204 所示。

(2) 为选中的对象添加【重影】效果，并在【节目】面板中查看其效果，如图 6-205 所示。

图 6-204　设置【缩放】参数

图 6-205　添加重影后的效果

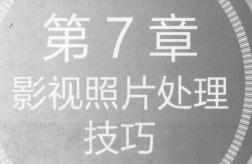

第 7 章
影视照片处理技巧

本章重点

◆ 效果图展览
◆ 底片效果
◆ 怀旧照片效果
◆ 个性电子相册
◆ 三维立体照片效果
◆ DV 相册

在前面的学习中，相信读者对 Premiere Pro CC 已经有了简单的了解，本章将通过对照片、图片的处理来进行深入的讲解。通过本章的学习，相信读者在制作后面的案例时更得心应手。

案例精讲 132　效果图展览

案例文件：CDROM | 场景 | Cha07 | 效果图展览.prproj(图7-1)

视频文件：视频教学 | Cha07 | 效果图展览.avi

图 7-1　效果图展览

制作概述

本例将制作效果图展览。首先创建需要的字幕，创建完成后选择需要展览的效果图片素材，通过在【效果控件】面板中设置【缩放】和【不透明度】作为主预览区域，而对于图片滚动区域通过对素材图片添加【位置】和【不透明度】关键帧而得到。

学习目标

了解【交叉溶解】特效的设置。

通过制作效果图展览掌握【缩放】、【位置】和【不透明度】关键帧的设置。

操作步骤

(1) 运行软件后,在欢迎界面单击【新建项目】按钮,弹出【新建项目】对话框,设置正确的【名称】和【位置】, 然后单击【确定】按钮,如图 7-2 所示。

(2) 新建项目文件后, 按 Ctrl+N 组合键,弹出【新建序列】对话框,选择 DV-24P|【标准 48kHz】选项,序列名称保持默认,单击【确定】按钮,如图 7-3 所示。

图 7-2　【新建项目】对话框

图 7-3　【新建序列】对话框

(3) 打开【项目】面板，双击导入随书附带光盘 CDROM| 素材 |Cha07 文件夹中的【效果图展览】文件，并单击【导入文件夹】按钮，如图 7-4 所示。

(4) 按 Ctrl+T 组合键，弹出【新建字幕】对话框，在该对话框中保持默认值，单击【确定】按钮，如图 7-5 所示。

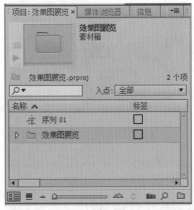

图 7-4　导入文件夹

图 7-5　【新建字幕】对话框

(5) 进入【字幕编辑器】，选择【椭圆工具】绘制椭圆，在【字幕属性】组中将【填充】下的【填充类型】设为【线性渐变】，将第一个色标的颜色设为 #C1A961，将第二个色标的颜色设为 #F5E19EE，在【变换】组中将【宽度】设为 5，将【高度】设为 340，将【X 位置】设为 510，将【Y 位置】设为 172.5，如图 7-6 所示。

(6) 单击【基于当前字幕新建字幕】按钮，弹出【新建字幕】对话框并保持默认值，单击【确定】按钮，选择绘制的椭圆，在【字幕属性】下的【变换】组中将【X 位置】设为 144，将【Y位置】设为 300，如图 7-7 所示。

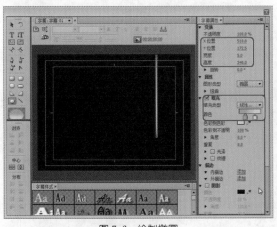

图 7-6　绘制椭圆

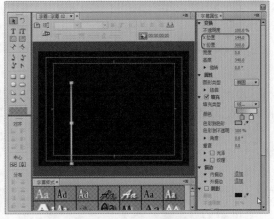

图 7-7　新建【字幕 02】

(7) 单击【基于当前字幕新建字幕】按钮，弹出【新建字幕】对话框并保持默认值，单击【确定】按钮，选择绘制的椭圆，并将其删除，选择【垂直文字工具】，在舞台中输入【帝豪装饰】，在【字幕样式】组中选择 Caslon Red 84 样式，如图 7-8 所示。

(8) 确认输入的文字处于选择状态，将【字体系列】修改为【华文隶书】，将【字体大小】设为 90，将【填充类型】设为【线性渐变】，将第一个色标的颜色设为 #C1A961，将第二个色标的颜色设为 #F5E19EE，在【变换】组中将【X 位置】设为 73，将【Y 位置】设为 181，如图 7-9 所示。

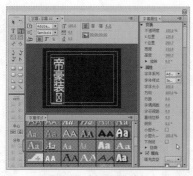
图 7-8 应用字幕样式

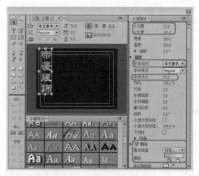
图 7-9 修改字幕样式

(9) 将【字幕编辑器】关闭，选择 01.jpg 文件将其拖曳至 V1 轨道中，将当前时间设为 00:00:00:14，将 01.jpg 文件的结束处与标识线对齐，如图 7-10 所示。

(10) 选择添加的 01.jpg 文件，将当前时间设为 00:00:00:05，在【效果控件】面板中将【缩放】设为 39，将【不透明度】设为 0%，将当前时间设为 00:00:00:08，将【不透明度】设为 100%，如图 7-11 所示。

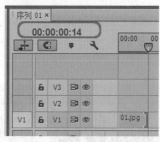
图 7-10 添加素材到 V1 轨道中

图 7-11 设置素材

(11) 将当前时间设为 00:00:00:20，将 02.jpg 文件拖曳至 V1 轨道中，将其开始与 01.jpg 文件结束处对齐，结束处与标识线对齐，如图 7-12 所示。

(12) 选择 02.jpg 文件，在【效果控件】面板中将【缩放】设为 18.2，如图 7-13 所示。

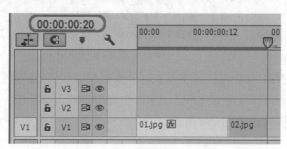
图 7-12 添加 02.jpg 文件

图 7-13 设置【缩放】参数

(13) 依次将 03.jpg ~ 08.jpg 素材文件拖曳至 V1 轨道中，并将其【素材持续时间】都设为 00:00:00:06，并根据图片的大小设置相应的【缩放】，如图 7-14 所示。

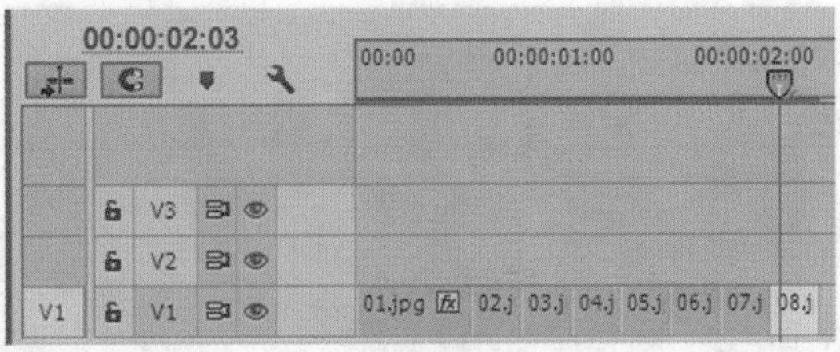

图 7-14　添加其他素材到 V1 轨道中

(14) 将当前时间设为 00:00:03:03，将素材 09.jpg 文件拖曳至 V1 轨道中，将其开始处与 08.jpg 素材文件对齐，将其结束处与标识线对齐，如图 7-15 所示。

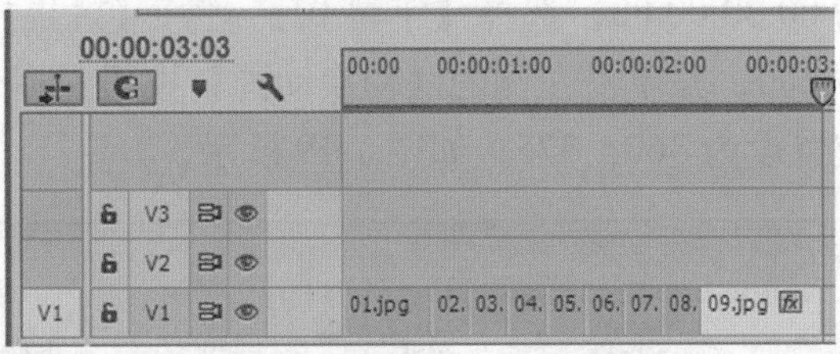

图 7-15　添加 09.jpg 素材文件

(15) 打开【效果】面板，选择【抖动溶解】特效，分别将其添加到两个素材之间，并将其【持续时间】设为 00:00:00:03，如图 7-16 所示。

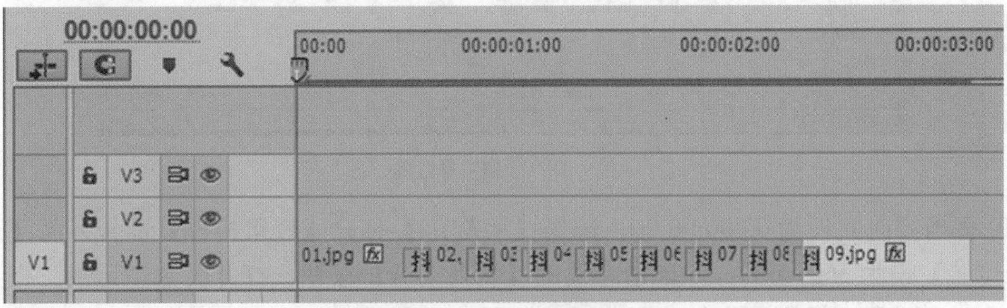

图 7-16　添加【抖动溶解】特效

(16) 选择【字幕 03】并拖曳至 V2 轨道中，将其结束处与 09.jpg 素材文件对齐，如图 7-17 所示。

图 7-17　添加【字幕 03】

(17) 将【字幕 01】和【字幕 02】拖曳至 V3 和 V4 轨道中，并与【字幕 03】对齐，如图 7-18 所示。

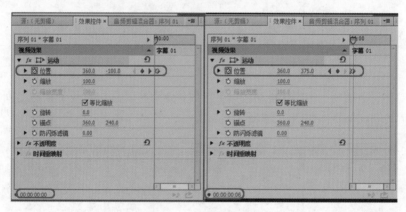

图 7-18　添加其他字幕

(18) 将当前时间设为 00:00:00:00，选择【字幕 01】打开【效果控件】面板，将【运动】下的【位置】设为 360、−100，并单击左侧的【切换动画】按钮，打开关键帧记录，将当前时间设为 00:00:00:06，将位置设为 360、375，如图 7-19 所示。

图 7-19　设置字幕位置

(19) 将当前时间设为 00:00:00:00，选择【字幕 02】打开【效果控件】面板，将【运动】下的【位置】设为 360、600，并单击左侧的【切换动画】按钮，打开关键帧记录，将当前时间设为 00:00:00:06，将位置设为 360、112，如图 7-20 所示。

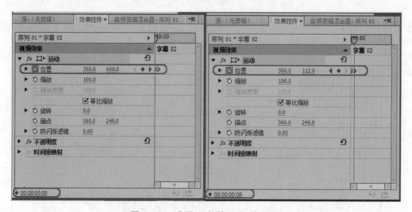

图 7-20　设置【字幕 02】的位置

(20) 确认当前时间为 00:00:00:00，将素材 02.jpg 文件拖曳至 V5 轨道中，将其开始处与标识线对齐，将其结束处与 V4 轨道中的【字幕 02】结束处对齐，如图 7-21 所示。

(21) 确认当前时间为 00:00:00:08，选择素材 02jpg 文件，在【效果控件】面板中将【位置】设为 640、500，并单击其左侧的【切换动画】按钮，打开关键帧记录，设置【缩放】为 7，如图 7-22 所示。

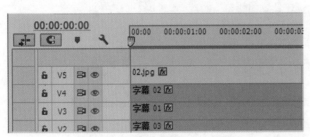

图 7-21　添加 02.jpg 素材文件

图 7-22　设置【位置】和【缩放】参数

(22) 将当前时间为 00:00:01:05，在特效控制台添加【不透明度】关键帧，将当前时间设为 00:00:01:10，设置【位置】为 640、100，将【不透明度】设为 0%，如图 7-23 所示。

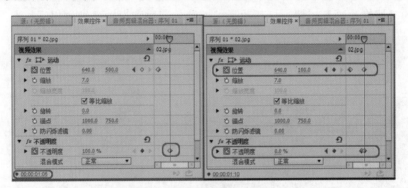

图 7-23　设置【位置】关键帧

(23) 将当前时间为 00:00:00:14，将 03.jpg 文件拖曳至 V6 轨道中，将其开始处与标识线对齐，将其结束处与 02.jpg 文件结束处对齐，如图 7-24 所示。

(24) 选择 03.jpg 素材文件，打开【效果控件】面板，将位置设为 640、525，并单击其左侧的【切换动画】按钮，打开关键帧记录，并将【缩放】设为 17，如图 7-25 所示。

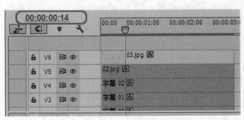

图 7-24　添加 03.jpg 文件

图 7-25　设置关键帧

(25) 将当前时间设为 00:00:01:11，在【效果控件】面板中添加【不透明度】关键帧，将当前时间设为 00:00:01:16，设置【位置】为 640、100，将【不透明度】设为 0%，如图 7-26 所示。

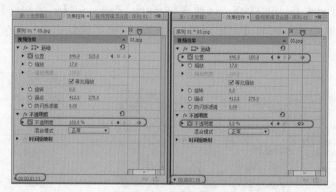

图 7-26 添加关键帧

(26) 设置当前时间为 00:00:00:20，将 04.jpg 文件拖曳至【序列】面板的 V7 轨道中，将其开始处与编辑标识线对齐，拖动其结束处与 03.jpg 文件的结束处对齐，如图 7-27 所示。

(27) 确定 04.jpg 文件选中的情况下，激活【效果控件】面板，设置【位置】为 640、544，单击其左侧的【切换动画】按钮，打开动画关键帧的记录，设置【缩放比例】为 18，如图 7-28 所示。

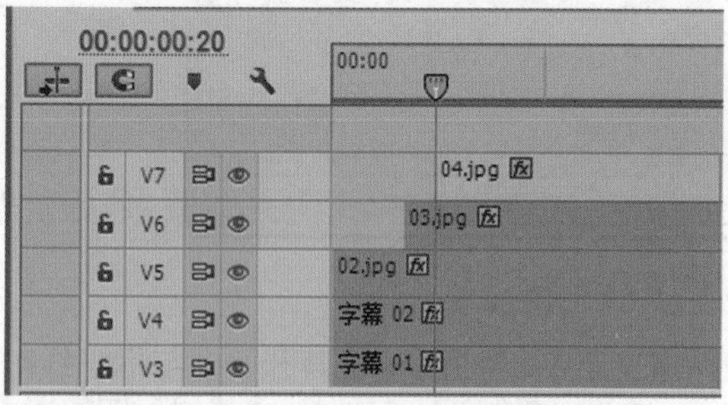

图 7-28 设置【位置】关键帧

图 7-27 将 04. jpg 文件添加到 V7 轨道中

(28) 设置当前时间为 00:00:01:17，添加一处【不透明度】关键帧。修改当前时间为 00:00:01:22，设置【运动】区域下的【位置】为 640、100，设置【透明度】为 0%，如图 7-29 所示。

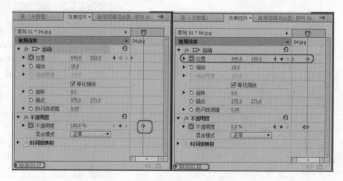

图 7-29 设置【位置】和【不透明度】

(29) 设置当前时间为 00:00:01:02,将 05.jpg 文件拖曳至【序列】面板的 V8 轨道中,将其开始处与编辑标识线对齐,拖动其结束处与 04.jpg 文件的结束处对齐,如图 7-30 所示。

(30) 确定 05.jpg 文件选中的情况下,激活【效果】面板,设置【运动】区域下的【位置】为 640、546,单击其左侧【切换动画】按钮,打开动画关键帧的记录,并将【缩放】值设为 6.5,如图 7-31 所示。

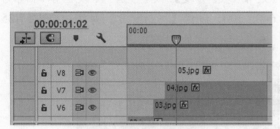

图 7-30　添加素材到 V8 轨道中

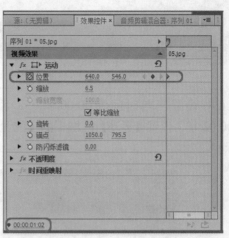

图 7-31　设置【位置】和【缩放】参数

(31) 设置当前时间为 00:00:01:23,添加一处【不透明度】关键帧。修改当前时间为 00:00:02:04,设置【运动】区域下的【位置】为 640、100,设置【不透明度】为 0%,如图 7-32 所示。

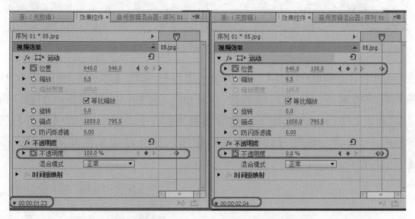

图 7-32　设置【位置】和【不透明度】参数

(32) 设置当前时间为 00:00:01:08,将 06.jpg 文件拖曳至【序列】面板的 V9 轨道中,将其开始处与编辑标识线对齐,拖动其结束处与 05.jpg 文件的结束处对齐,如图 7-33 所示。

(33) 确定 06.jpg 文件选中的情况下,激活【效果控件】面板,设置【运动】区域下的【位置】为 640、558,单击其左侧的【切换动画】按钮,打开动画关键帧的记录,设置【缩放比例】为 17,如图 7-34 所示。

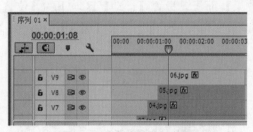

图 7-33　添加素材到 V9 轨道

图 7-34　添加关键帧

(34) 设置当前时间为 00:00:02:05，添加一处【不透明度】关键帧。修改当前时间为 00:00:02:10，设置【运动】区域下的【位置】为 640、100，设置【不透明度】为 0%，如图 7-35 所示。

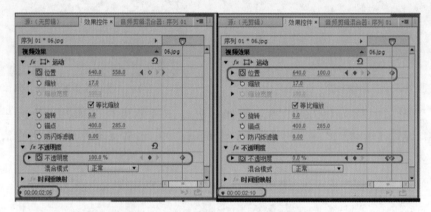

图 7-35　设置【位置】和【不透明度】参数

(35) 设置当前时间为 00:00:01:14，将 07.jpg 文件拖曳至【序列】面板的 V10 轨道中，将其开始处与编辑标识线对齐，拖动其结束处与 06.jpg 文件的结束处对齐，如图 7-36 所示。

(36) 确定 07.jpg 文件选中的情况下，激活【效果控件】面板，设置【运动】区域下的【位置】为 640、570，单击其左侧的【切换动画】按钮，打开动画关键帧的记录，设置【缩放】为 13.5，如图 7-37 所示。

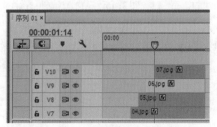

图 7-36　添加素材到 V10 轨道中

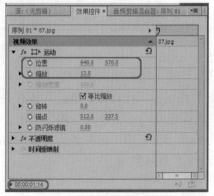

图 7-37　设置【位置】和【缩放】参数

(37) 设置当前时间为 00:00:02:11, 添加一处【不透明度】关键帧。修改当前时间为 00:00:02:16, 设置【运动】区域下的【位置】为 640、100, 设置【不透明度】设置为 0%, 如图 7-38 所示。

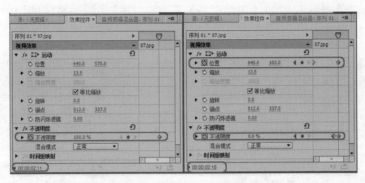

图 7-38 设置【位置】和【不透明度】参数

(38) 设置当前时间为 00:00:01:20, 将 08.jpg 文件拖曳至【序列】面板的 V11 轨道中, 将 其开始处与编辑标识线对齐, 拖动其结束处与 07.jpg 文件的结束处对齐, 如图 7-39 所示。

(39) 确定 08.jpg 文件选中的情况下, 激活【效果控件】面板, 设置【运动】区域下的【位置】 为 640、582, 单击其左侧的【切换动画】按钮, 打开动画关键帧的记录, 设置【缩放】为 4, 如图 7-40 所示。

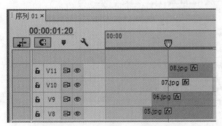

图 7-39 添加 08.jpg 素材文件

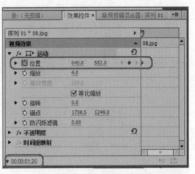

图 7-40 设置【位置】和【缩放】参数

(40) 设置当前时间为 00:00:02:17, 添加一处【不透明度】关键帧。修改当前时间为 00:00:02:22, 设置【运动】区域下的【位置】为 640、100, 设置【不透明度】为 0%, 如图 7-41 所示。

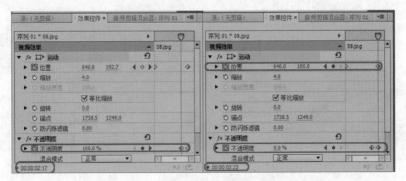

图 7-41 设置【位置】和【不透明度】参数

(41) 设置当前时间为 00:00:02:02，将 09.jpg 文件拖曳至【序列】面板的 V12 轨道中，将其开始处与编辑标识线对齐，拖动其结束处与 08.jpg 文件的结束处对齐，如图 7-42 所示。

(42) 确定 09.jpg 文件选中的情况下，激活【效果控件】面板，设置【运动】区域下的【位置】为 640、594，单击其左侧的【切换动画】按钮，打开动画关键帧的记录，设置【缩放】为 21.5，如图 7-43 所示。

图 7-42　添加 09. jpg 素材文件

图 7-43　设置【位置】和【缩放】参数

(43) 设置当前时间为 00:00:02:22，添加一处【不透明度】关键帧。修改当前时间为 00:00:03:03，设置【运动】区域下的【位置】为 640、100，设置【不透明度】为 0%，如图 7-44 所示。

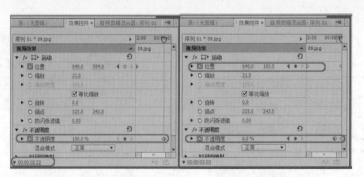

图 7-44　设置【位置】和【不透明度】参数

案例精讲 133　底片效果

✏ 案例文件：CDROM | 场景 | Cha07 | 底片效果.prproj（图7-45）

💿 视频文件：视频教学 | Cha07 | 底片效果.avi

图 7-45　底片效果

制作概述

底片效果的制作主要应用了【反转】特效和【随机反转】特效，通过添加这两个特效使其素材图片呈现底片效果。

学习目标

掌握如何利用【反转】特效和【随机反转】特效制作底片效果。

操作步骤

(1) 启动软件后新建项目文件和 DV-24P|【标准 48kHz】序列，导入随书附带光盘 CDROM|素材 |Cha07 文件夹中的【底片效果】文件，并单击【导入文件夹】按钮，如图 7-46 所示。

(2) 选择 g01.jpg 素材文件，将其拖曳至 V1 视频轨道中，选择该素材并右击，在弹出的快捷菜单中选择【速度/持续时间】命令，在弹出的对话框中将【持续时间】设为 00:00:02:00，单击【确定】按钮，如图 7-47 所示。

图 7-46 导入素材

图 7-47 设置持续时间

(3) 确认 g01.jpg 文件处于选择状态，在【效果控件】面板中将【缩放】设为 64，如图 7-48 所示。

(4) 继续选择 g01.jpg 文件并将其添加到 V1 轨道中，将其开始处与前一个素材文件的结束处对齐，如图 7-49 所示。

图 7-48 设置【缩放】参数

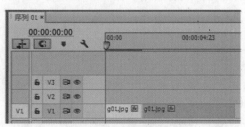

图 7-49 添加素材文件

(5) 使用前面的方法将其【持续时间】设为00:00:01:00, 将其【缩放】设为64%, 如图7-50所示。

(6) 打开【效果】面板, 选择【视频效果】|【通道】|【反转】特效, 将其添加到第二个g01.jpg素材文件上, 然后选择【视频过渡】|【溶解】|【随机反转】特效, 并将其添加到两个素材之间, 如图7-51所示。

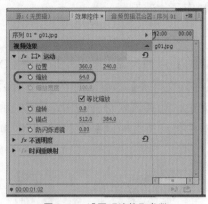

图 7-50 设置【缩放】参数

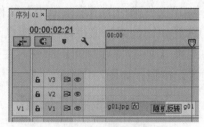

图 7-51 添加特效

(7) 打开【项目】面板, 选择g02.jpg文件并将其拖曳至V1轨道中, 使其开始处与前一个素材文件的结束处对齐, 如图7-52所示。

(8) 选择导入的素材并将其【持续时间】设为00:00:02:00, 将【缩放】设为64%, 如图7-53所示。

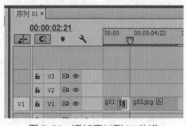

图 7-52 添加素材到 V1 轨道

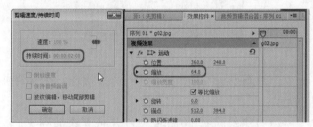

图 7-53 设置【持续时间】和【缩放】参数

(9) 使用前面的方法再次添加g02.jpg素材到V1轨道中如图7-54所示, 并将其【持续时间】设为00:00:01:00, 将【缩放】设为64%。

(10) 选择【反转】特效并将其添加到上一步的素材文件上, 选择【随机反转】特效并将其添加到两个素材之间, 如图7-55所示。

图 7-54 添加素材

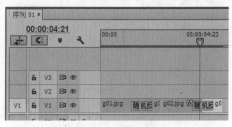

图 7-55 添加特效

案例精讲 134　怀旧照片效果

案例文件：CDROM | 场景 | Cha07 | 怀旧照片效果.prproj(图7-56)

视频文件：视频教学 | Cha07 | 怀旧照片效果.avi

图 7-56　怀旧照片效果

制作概述

怀旧照片效果的制作，主要应用了【灰度系数校正】、【黑白】、【RGB 曲线特效】和【杂色 HLS 自动】特效，通过对其特效的调整和设置使照片呈现出一种怀旧的感觉。

学习目标

掌握如何利用【灰度系数校正】、【黑白】、【RGB 曲线特效】和【杂色 HLS 自动】特效制作怀旧照片效果。

操作步骤

(1) 启动软件后新建项目文件和DV-24P|【标准48kHz】序列，导入随书附带光盘CDROM|素材|Cha07文件夹中的【怀旧老照片.jpg】文件，并单击【打开】按钮，如图7-57所示。

(2) 选择【怀旧老照片.jpg】素材文件，将其拖曳至V1视频轨道中，如图7-58所示。

图 7-57　导入素材文件

图 7-58　将素材添加到 V1 轨道中

(3) 在 V1 轨道中选择添加的素材文件，打开【效果控件】面板，将【缩放】设为 64，如图 7-59 所示。

(4) 打开【效果】面板，搜索【灰度系数校正】特效，并对素材添加该特效，打开【效果控件】面板，将【灰度系数校正】下的【灰度系数】设为 7，如图 7-60 所示。

图 7-59　设置素材的【缩放】参数

图 7-60　调整灰度系数

(5) 打开【效果】面板，搜索【黑白】特效，并对素材添加该特效，如图 7-61 所示。

(6) 打开【效果】面板，搜索【RGB 曲线】特效，并为素材添加该特效，打开【效果控件】面板对【主要】、【红色】、【绿色】和【蓝色】进行调整，如图 7-62 所示。

图 7-61　添加【黑白】特效

图 7-62　设置 RGB 曲线

(7) 打开【效果】面板，搜索【杂色 HLS 自动】特效，并为其添加该特效，打开【效果控件】面板，设置【杂色 HLS 自动】区域下的【色相】为 12%，【亮度】设置为 0%，【饱和度】设置为 23%，【杂波动画速度】设置为 24，如图 7-63 所示。

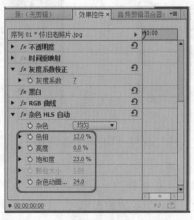

图 7-63　设置【杂色 HLS 自动】参数

案例精讲 135 个性电子相册

案例文件：CDROM | 场景 | Cha07 | 个性电子相册.prproj(图7-64)

视频文件：视频教学 | Cha07 | 个性电子相册.avi

图7-64 个性电子相册

制作概述

本例将介绍如何制作个性电子相册。首先设置素材图片的【位置】和【缩放】，通过在两个素材之间添加【抖动溶解】和【门】特效，使其呈现过渡效果。

学习目标

掌握如何利用【抖动溶解】和【门】特效制作个性电子相册。

操作步骤

(1) 启动软件后，新建项目文件和DV-24P|【标准48kHz】序列，导入随书附带光盘CDROM|素材|Cha07文件夹中的【个性电子相册】文件夹，并单击【导入文件夹】按钮，弹出【导入分层文件】对话框，将【导入为】设为【各个图层】，单击【确定】按钮，这样就可以将素材文件导入到【项目】面板中，如图7-65所示。

(2) 选择 g01.jpg 素材文件，将其拖曳至 V1 视频轨道中，选择该素材文件，打开【效果控件】面板，将【位置】设为 169、124，将【缩放】设为 27，如图 7-66 所示。

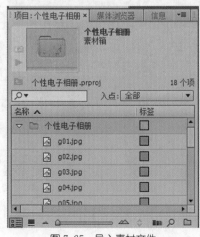

图 7-65 导入素材文件

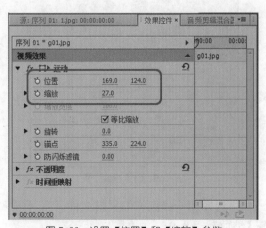

图 7-66 设置【位置】和【缩放】参数

（3）继续选择 g01.jpg 文件，将其拖曳至 V2 轨道中，在【效果控件】面板中，将【位置】设为 588、223，【缩放】设为 27，如图 7-67 所示。

（4）使用同样的方法将 g01.jpg 文件拖曳至 V3 ~ V7 轨道中，分别在【效果控件】面板中将 V3 轨道中的素材位置设为 354、407，【缩放】设为 27，将 V4 轨道中的素材位置设为 389、134，【缩放】设为 30，将 V5 轨道中的素材位置设为 163.4、269，【缩放】设为 27，将 V6 轨道中的素材位置设为 583.8、381.7，【缩放】设为 32，将 V7 轨道中的素材位置设为 574.9、82.4，【缩放】设为 34，如图 7-68 所示。

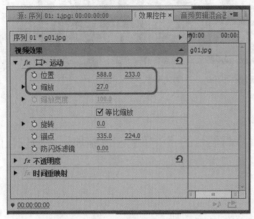

图 7-67　设置【位置】和【缩放】参数

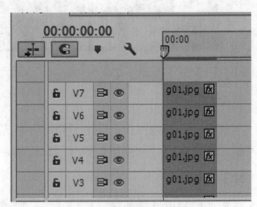

图 7-68　添加素材到视频轨道中

（5）在【序列】面板中选择添加的所有素材，单击鼠标右键，在弹出的快捷菜单中选择【速度/持续时间】，随即弹出【剪辑速度/持续时间】对话框，在该对话框中将【持续时间】设为 00:00:03:00，并单击【确定】按钮，如图 7-69 所示。

（6）在【项目】面板中选择 g02.jpg 素材文件，将其拖曳至 V1 轨道中，使其开始处与 g01.jpg 素材文件的结束处对齐，如图 7-70 所示。

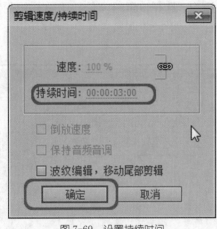

图 7-69　设置持续时间

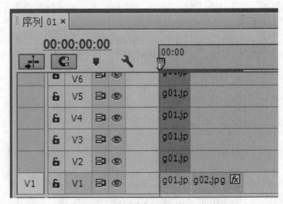

图 7-70　添加素材文件到 V1 轨道

（7）选择上一步添加的素材文件，打开【效果控件】面板，将【位置】设为 159.2、115.7，将【缩放】设为 25，如图 7-71 所示。

（8）使用同样的方法分别将 g03.jpg ~ g08.jpg 文件分别添加到 V2 ~ V7 轨道中，并依次将 V2 轨道中的素材位置设为 522.7、221.5，【缩放】设为 24，将 V3 轨道中的素材位置设为 349、398.8，【缩放】设为 26，将 V4 轨道中的素材位置设为 355.9、123.7，【缩放】设为 20，将 V5 轨道中的素材位置设为 158.3、270.1，【缩放】设为 27，将 V6 轨道中的素材位置设为 550.4、395.6，【缩放】设为 24，将 V7 轨道中的素材位置设为 538.2、66.7，【缩放】设为 27，完成后的效果如图 7-72 所示。

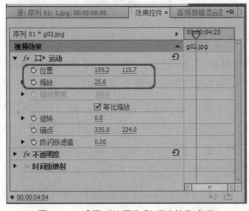

图 7-71　设置【位置】和【缩放】参数

图 7-72　完成后的效果

(9) 选择上一步添加的所有的素材文件，右击，在弹出的快捷菜单中选择【速度/持续时间】命令，随即弹出【剪辑速度/持续时间】对话框，在该对话框中将【持续时间】设为 00:00:03:00，并单击【确定】按钮，如图7-73所示。

(10) 打开【效果】面板，搜索【抖动溶解】特效，将其添加到 V1 轨道中的两个素材之间，选择添加的特效，在【效果控件】面板中将【持续时间】设为 00:00:02:00，如图 7-74 所示。

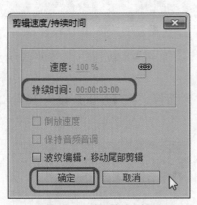

图 7-73　设置持续时间

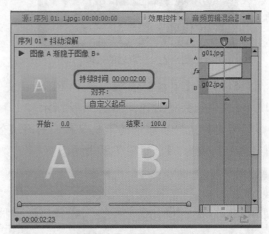

图 7-74　设置特效的持续时间

(11) 使用同样的方法在其他素材之间添加【抖动溶解】特效，并设置相同的持续时间，如图 7-75 所示。

(12) 将 g09.jpg ～ g15.jpg 文件拖曳至 V1 ～ V7 轨道中，并设置它们的持续时间为 00:00:03:00，如图 7-76 所示。

第 7 章　影视照片处理技巧

237

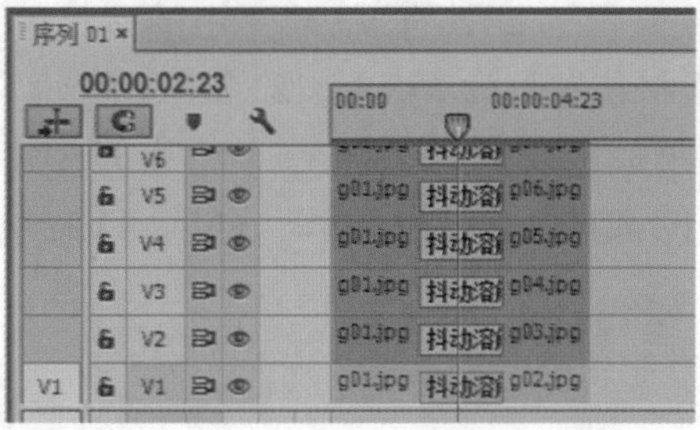

图 7-75 添加特效

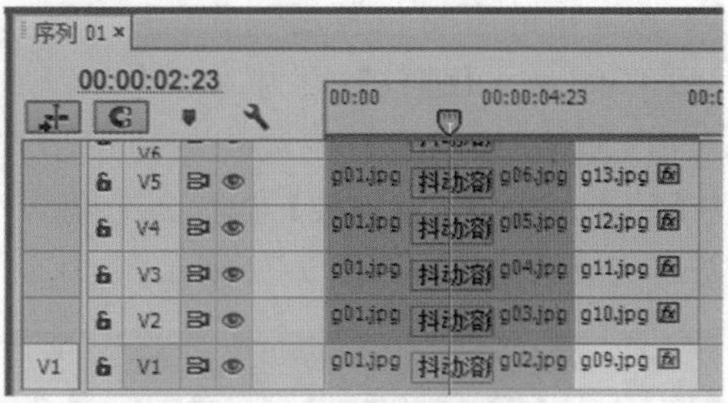

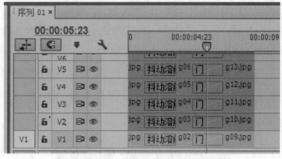

图 7-76 添加其他素材

(13) 分别选择 g09.jpg ~ g15.jpg 文件，打开【效果控件】面板，并依次将 V1 轨道中的素材位置设为 162.3、115.6，【缩放】设为 25，将 V2 轨道中的素材位置设为 555.3、222.2，【缩放】设为 26，将 V3 轨道中的素材位置设为 355.1、402.2，【缩放】设为 26，将 V4 轨道中的素材位置设为 362.4、113.3，【缩放】设为 22，将 V5 轨道中的素材位置设为 147、266.7，【缩放】设为 27，将 V6 轨道中的素材位置设为 556.5、382.2，【缩放】设为 34，将 V7 轨道中的素材位置设为 547.9、71.1，【缩放】设为 25，完成后的效果如图 7-77 所示。

(14) 打开【效果】面板，选择【视频过渡】|【3D 运动】|【门】特效，分别添加到两个素材之间，并设置【持续时间】设为 00:00:03:00，如图 7-78 所示。

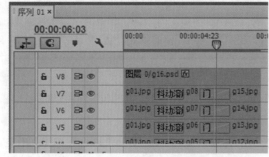

图 7-77 完成后的效果

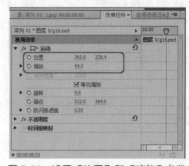

图 7-78 添加【门】特效

(15) 打开【项目】面板，选择 g16.psd 文件，将其添加到 V8 轨道中，并使其结束处与 g15.jpg 文件结束处对齐，如图 7-79 所示。

(16) 选择上一步添加的素材文件，打开【效果控件】面板，将【位置】设为 360、238.4，将【缩放】设为 64，如图 7-80 所示。

图 7-79 添加素材文件到 V8 轨道中

图 7-80 设置【位置】和【缩放】参数

案例精讲 136　三维立体照片效果

案例文件：CDROM | 场景 | Cha07 | 三维立体照片效果.prproj(图7-81)

视频文件：视频教学 | Cha07 | 三维立体照片效果.avi

图 7-81　三维立体照片效果

制作概述

三维立体照片的制作，主要利用了【斜角边】特效，通过添加【边缘厚度】和【光照角度】关键帧，使照片呈现出三维立体照片的效果。

学习目标

掌握如何利用【斜角边】特效制作三维立体照片效果。

操作步骤

(1) 启动软件后，新建项目文件和 DV-24P|【标准 48kHz】序列，导入随书附带光盘 CDROM| 素材 |Cha07 文件夹中的【三维立体照片】文件，单击【打开】按钮，将其导入到【项目】面板中，如图 7-82 所示。

(2) 选择添加的素材文件，将其拖曳至 V1 轨道中，如图 7-83 所示。

图 7-82　导入素材文件

图 7-83　添加素材到 V1 轨道

(3) 确认素材文件处于选择状态，打开【效果控件】面板，将【缩放】值设为 82，如图 7-84 所示。

(4) 打开【效果】面板，搜索【斜角边】特效，并将其添加到素材文件中，确认当前时间为 00:00:00:00，打开【效果控件】面板，选择【斜角边】，将【边缘厚度】设为 0.5，并单击左侧的【切换动画】按钮，打开关键帧记录，将【光照角度】设为 77，如图 7-85 所示。

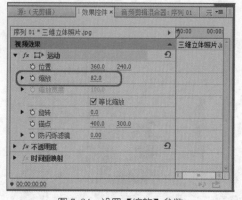

图 7-84　设置【缩放】参数

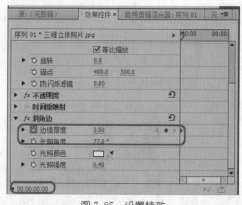

图 7-85　设置特效

(5) 将确认当前时间为 00:00:04:15，打开【效果控件】面板，选择【斜角边】，将【边缘厚度】设为 0.1，如图 7-86 所示。

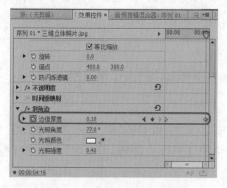

图 7-86　设置【边缘厚度】参数

案例精讲 137　DV 相册

案例文件：CDROM | 场景 | Cha07 | DV相册.prproj(图7-87)

视频文件：视频教学 | Cha07 | DV相册.avi

图 7-87　DV 相册

制作概述

本例将制作 DV 相册，首先制作 DV 相册需要的字幕，设置【位置】关键帧，得到相册的片头。对于主体部分，则通过对素材图片和字幕添加【位置】和【缩放】关键帧得到。

学习目标

掌握如何利用特效及关键帧制作 DV 相册。

操作步骤

(1) 启动软件后新建项目文件和 DV-24P|【标准 48kHz】序列，导入随书附带光盘 CDROM|素材 |Cha07 文件夹中的【DV 相册】文件夹，单击【导入文件夹】按钮，将其导入到【项目】面板中，如图 7-88 所示。

(2) 按 Ctrl+T 组合键，弹出【新建字幕】对话框，将【名称】设为【直线】，并单击【确定】按钮，如图 7-89 所示。

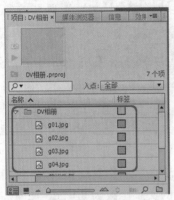

图 7-88　导入素材

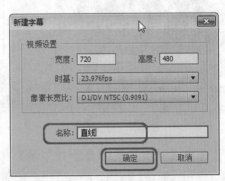

图 7-89　【新建字幕】对话框

(3) 进入【字幕编辑器】，选择椭圆工具，在舞台中绘制椭圆，在【字幕属性】组中，将【宽】和【高】分别设为 456.5、7，将【填充类型】设为【线性渐变】，将第一个色标的颜色设为 #C1A961，将第二个色标的颜色设为 #F5E19E，将【X 位置】和【Y 位置】分别设为 384.8，176.9，如图 7-90 所示。

(4) 单击【基于当前字幕新建字幕】按钮，弹出【新建字幕】对话框，将【名称】设为 D，单击【确定】按钮，进入【字幕编辑器】，将椭圆删除，选择【文字工具】在舞台中输入 D，在【字幕样式表】中选择 Hobostd Slant Gold，确认【字体大小】为 100，将【X 位置】和【Y 位置】分别设为 193、237.7，如图 7-91 所示。

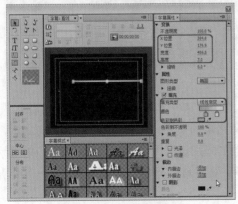

图 7-90　设置椭圆属性

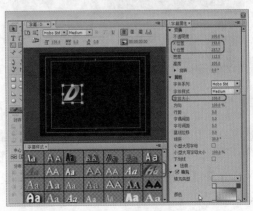

图 7-91　设置文字样式

(5) 单击【基于当前字幕新建字幕】按钮，弹出【新建字幕】对话框，将【名称】设为 V，单击【确定】按钮，进入【字幕编辑器】，将原来的文字修改为 V，如图 7-92 所示。

(6) 单击【基于当前字幕新建字幕】按钮，弹出【新建字幕】对话框，将【名称】设为 Love，单击【确定】按钮，进入【字幕编辑器】，将原来的文字修改为 Love，并对其应用 Caslon Red 84 样式，并将【字体大小】设为 85，将【X 位置】和【Y 位置】分别设为 225.1、230.2，如图 7-93 所示。

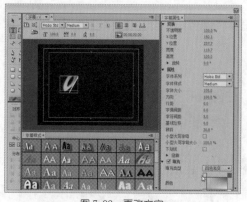
图 7-92　更改文字

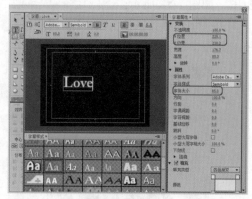
图 7-93　设置样式

(7) 单击【基于当前字幕新建字幕】按钮，弹出【新建字幕】对话框，将【名称】设为 Friend，单击【确定】按钮，进入【字幕编辑器】，将原来的文字修改为 Friend，如图 7-94 所示。

(8) 单击【基于当前字幕新建字幕】按钮，弹出【新建字幕】对话框，将【名称】设为 Laugh，单击【确定】按钮，进入【字幕编辑器】，将原来的文字删除，选择【路径文字工具】，在舞台绘制斜线，并输入文字，将【X 位置】和【Y 位置】分别设为 496、119.5，如图 7-95 所示。

图 7-94　更改文字

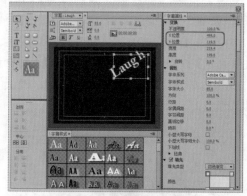
图 7-95　绘制倾斜文字

(9) 单击【基于当前字幕新建字幕】按钮，弹出【新建字幕】对话框，将【名称】设为 Happy，单击【确定】按钮，进入【字幕编辑器】，将原来的文字修改为 Happy，在【字幕属性】组中，将【旋转】设为 67.2，将【X 位置】和【Y 位置】分别设为 537.1、414.9，如图 7-96 所示。

(10) 将【字幕编辑器】关闭，选择【直线】、D、V 字幕，分别将其拖曳至 V1 ～ V4 轨道中，如图 7-97 所示。

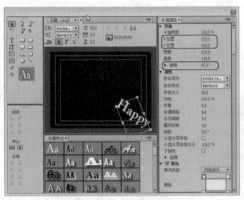

图 7-96　更改文字

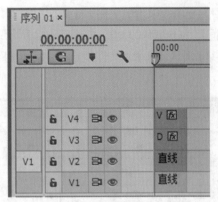

图 7-97　添加字幕到【序列】面板

（11）选择上一步添加的字幕，将其【持续时间】设为 00:00:01:00，如图 7-98 所示。

（12）将当前时间设为 00:00:00:00，选择 V1 轨道中的字幕，打开【效果控件】面板，将【位置】设为 923、240，并单击其左侧的【切换动画】按钮，如图 7-99 所示。

图 7-98　设置持续时间

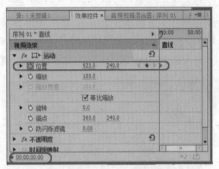

图 7-99　设置【位置】参数

（13）确认当前时间设为 00:00:00:00，分别对其他字幕添加关键帧，将 V2 轨道中的字幕位置设为 –312.3、401，将 D 字幕位置设为 68、261，将 V 字幕的位置设为 920、261，如图 7-100 所示。

（14）确认当前时间设为 00:00:00:23，分别将 V1 ～ V4 轨道中的字幕位置设为 (405，240)、(180.7，401)、(434，261)、(585，261)，完成后的效果如图 7-101 所示。

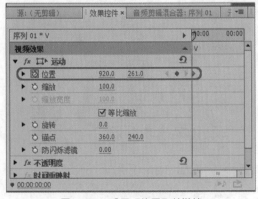

图 7-100　设置【位置】关键帧

图 7-101　完成后的效果

(15) 选择 g01.jpg 文件，将其拖曳至 V1 轨道中，使其开始处与【直线】字幕对齐，并设置【持续时间】为 00:00:03:00，如图 7-102 所示。

(16) 确认 g01.jpg 文件处选择状态，打开【效果控件】面板，将【缩放】设为 64，如图 7-103 所示。

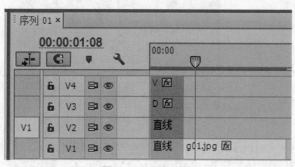

图 7-102　添加文件

图 7-103　设置【缩放】参数

(17) 打开【效果】面板，选择【抖动溶解】效果，将其添加到 V1 轨道两个素材之间，如图 7-104 所示。

(18) 将当前时间设为 00:00:01:15，将 Love 字幕拖曳至 V2 轨道中，使其开始处与标识线对齐，结束处与 V1 轨道中的 01.jpg 文件对齐，如图 7-105 所示。

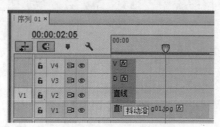

图 7-104　添加【抖动溶解】特效

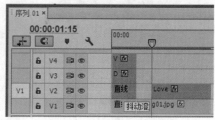

图 7-105　添加字幕

(19) 确认当前时间设为 00:00:01:15，选择添加的 Love 字幕，打开【效果控件】面板，将【位置】设为 -21、411，并单击其左侧的【切换动画】按钮，如图 7-106 所示。

(20) 将当前时间设为 00:00:03:23，打开【效果控件】面板，将【位置】设为 928、411，如图 7-107 所示。

图 7-106　设置【位置】关键帧

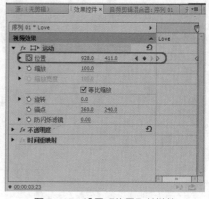

图 7-107　设置【位置】关键帧

(21) 选择 g02.jpg 文件，将其添加到 V1 轨道中，将其开始处与 g01.jpg 文件结束处对齐，并将其【持续时间】设为 00:00:03:00，如图 7-108 所示。

(22) 将当前时间设为 00:00:04:00，选择添加的 g02.jpg 文件，打开【效果控件】面板，将【位置】设为 566、379，并单击其左侧的【切换动画】按钮，打开关键帧记录，如图 7-109 所示。

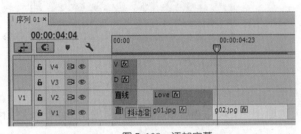

图 7-108　添加字幕

图 7-109　设置【位置】关键帧

(23) 分别在时间 00:00:05:12 处设置【位置】为 162、379，在时间 00:00:06:23 处设置【位置】为 282、379，如图 7-110 所示。

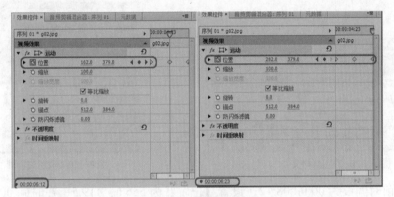

图 7-110　添加关键帧

(24) 打开【效果】面板，选择【渐隐为白色】效果，添加到两个素材之间，如图 7-111 所示。

(25) 将当前时间设为 00:00:05:12，将 Friend 字幕添加到 V2 轨道中，使其开始处与标识线对齐，将其结束处与 g02.jpg 文件结束处对齐，如图 7-112 所示。

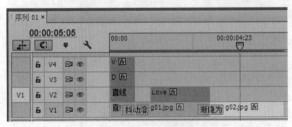

图 7-111　添加效果

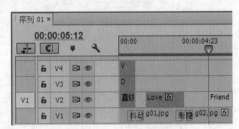

图 7-112　添加字幕

(26) 选择添加的字幕，打开【效果控件】面板，将【位置】设为 933.7、82，并单击其左侧的【切换动画】按钮，如图 7-113 所示。

(27) 将当前时间设为 00:00:06:23，将【位置】设为 –57.3、82，如图 7-114 所示。

图 7-113　设置关键帧

图 7-114　设置关键帧

(28) 选择 g03.jpg 文件，将其拖曳至到 V1 轨道中，使其与 g02.jpg 文件结束处对齐，并设置【持续时间】为 00:00:03:00，如图 7-115 所示。

(29) 将当前时间设为 00:00:07:00，选择上一步添加的素材文件，打开【效果控件】面板，将【位置】设为 189.9、376.5，并单击左侧的【切换动画】按钮，打开关键帧记录，如图 7-116 所示。

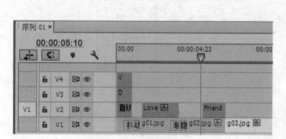

图 7-115　添加素材文件

图 7-116　添加关键帧

(30) 将当前时间设为 00:00:08:12，设置【位置】为 556.6、119.5，在时间 00:00:09:23 处设置【位置】为 364.4、254.1，如图 7-117 所示。

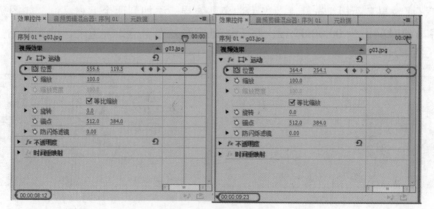

图 7-117　设置关键帧

(31) 打开【效果】面板，选择【菱形划像】特效，将其添加到 g02.jpg 文件和 g03.jpg 文件之间，如图 7-118 所示。

(32) 将当前时间设为 00:00:08:12，选择 Laugh 字幕，添加到 V2 轨道中，使其开始处与标识线对齐，结束处与 g03.jpg 文件结束处对齐，如图 7-119 所示。

图 7-118　添加特效

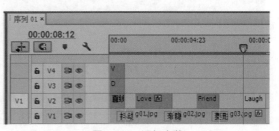

图 7-119　添加字幕

(33) 确认当前时间为 00:00:08:12，选择 Laugh 字幕，打开【效果控件】面板，将【位置】设为 644.8、42.8，并单击左侧的【切换动画】按钮，打开关键帧记录，如图 7-120 所示。

(34) 确认当前时间为 00:00:09:23，将【位置】设为 –292.5、677.2，如图 7-121 所示。

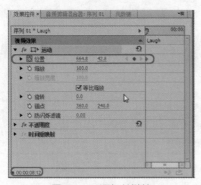

图 7-120　添加关键帧

图 7-121　添加关键帧

(35) 选择 g04.jpg 文件，将其拖曳至 V1 轨道中、使其开始处与 g03.jpg 文件结束处对齐，并设置【持续时间】为 00:00:03:00，如图 7-122 所示。

(36) 选择 g04.jpg 文件，打开【效果控件】面板，将【缩放】设为 64，如图 7-123 所示。

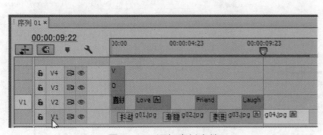

图 7-122　添加素材文件

图 7-123　设置【缩放】参数

(37) 打开【效果】面板，选择【筋斗过渡】特效，将其添加到 g03.jpg 文件和 g04.jpg 文件之间，如图 7-124 所示。

(38) 将当前时间设为 00:00:11:05，选择 Happy 字幕，将其添加到 V2 轨道中，使其开始处与标识线对齐，结束处与 g04.jpg 文件结束处对齐，如图 7-125 所示。

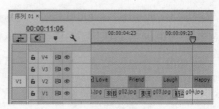

图 7-124　添加【筋斗过渡】特效　　　　　　　　图 7-125　添加字幕

(39) 确认当前时间为 00:00:11:05，选择 Happy 字幕，打开【效果控件】面板，将【位置】设为 585、411.2，并单击其左侧的【切换动画】按钮，如图 7-126 所示。

(40) 将当前时间设为 00:00:12:21，打开【效果控件】面板，将【位置】设为 –347.7、–232.6，如图 7-127 所示。

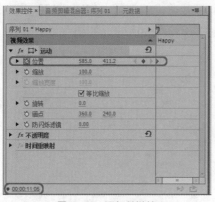

图 7-126　添加关键帧

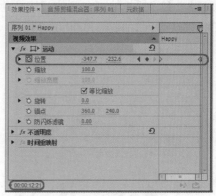

图 7-127　添加关键帧

(41) 将当前时间设为 00:00:00:00，打开【项目】面板，选择【花瓣飞舞 .AVI】文件，将其拖曳至 V5 轨道中，使其开始处与标识线对齐，并设置【持续时间】为 00:00:12:21，如图 7-128 所示。

(42) 选择上一步添加的视频文件，打开【效果控件】面板，将【缩放】设为 212，将【不透明度】下的【混合模式】设为【线性减淡 (添加)】，如图 7-129 所示。

图 7-128　添加视频文件

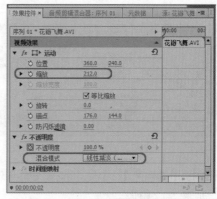

图 7-129　设置【缩放】和【混合模式】参数

第8章
相机广告片头

本章重点
- ◆ 导入相机素材文件
- ◆ 制作广告片头 01
- ◆ 新建字幕、横线
- ◆ 制作广告片头 02
- ◆ 嵌套合成
- ◆ 添加音频文件
- ◆ 输出广告片头

随着时代的飞速发展，各式各样的广告片头随即出现。本章将介绍如何制作相机广告片头，效果如图 8-1 所示。通过本案例的学习，可以使读者简单的了解如何制作广告片头。

图 8-1　相机广告片头

案例精讲 138　导入素材文件

案例文件：CDROM | 场景 | Cha08 | 相机广告片头 .prproj

视频文件：视频教学 | Cha08 | 导入素材文件 .avi

制作概述

在制作相机广告片头动画之前，首先需要将素材文件导入到【项目】面板中，本节将对其进行简单的讲解。

学习目标

学会如何新建素材箱。

巩固素材文件的导入。

操作步骤

(1) 启动 Premiere Pro CC，在欢迎界面中单击【新建项目】按钮，在弹出的对话框中将【名称】设置为【相机广告片头】，并指定其保存路径，如图 8-2 所示。

(2) 设置完成后，单击【确定】按钮，完成新建项目，在【项目】面板中右击，在弹出的快捷菜单中选择【新建素材箱】命令，如图 8-3 所示。

图 8-2 【新建项目】对话框

图 8-3 选择【新建素材箱】命令

(3) 将新建的素材箱命名为【相机】，在素材箱上右击，在弹出的快捷菜单中选择【导入】命令，如图 8-4 所示。

(4) 在弹出的对话框中选择随书附带光盘 CDROM| 素材 |Cha08 文件夹中的素材文件，如图 8-5 所示。

(5) 单击【打开】按钮，即可将选中的素材文件导入至【项目】面板中，如图 8-6 所示。

图 8-4 选择【导入】命令

图 8-5 选择素材文件

图 8-6 导入素材文件

案例精讲 139 制作广告片头 01

案例文件：CDROM | 场景 | Cha08 | 相机广告片头 .prproj

视频文件：视频教学 | Cha08 | 制作广告片头 01.avi

制作概述

导入完素材文件后，接下来将介绍如何制作广告片头 01。该案例主要介绍前面所导入的素材添加并进行设置，从而达到动画效果。

学习目标

巩固序列文件的创建。

了解如何添加视频轨道。

巩固添加素材文件并进行相应的设置。

操作步骤

(1) 按 Ctrl+N 组合键，在弹出的对话框中选择 DV-24P 文件夹中的【标准 48kHz】，将【序列名称】设置为【广告片头 01】，如图 8-7 所示。

(2) 设置完成后，在该对话框中选择【轨道】选项卡，将【视频】设置为 6，如图 8-8 所示。

图 8-7　【新建序列】对话框

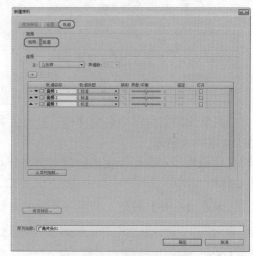
图 8-8　设置视频轨道的数量

(3) 设置完成后，单击【确定】按钮，创建完成后，在【项目】面板中选择【相机05.jpg】文件，将其拖曳至V1轨道中，单击鼠标右键并选择【速度/持续时间】命令，弹出【剪辑速度/持续时间】对话框，设置【持续时间】为00:00:07:08，单击【确定】按钮，如图8-9所示。

(4) 设置当前时间为 00:00:00:05，继续选择 V1 轨道中的【相机 05.jpg】，切换至【效果控件】面板，在【运动】选项下，设置【位置】为 366、228，然后分别单击【位置】和【缩放】左侧的【切换动画】按钮，添加关键帧，如图 8-10 所示。

图 8-9　设置持续时间

图 8-10　添加素材并添加关键帧

(5) 设置当前时间为 00:00:01:04，设置【位置】为 117.8、77.9，设置【缩放】为 21，添加关键帧，如图 8-11 所示。

(6) 设置当前时间为 00:00:01:09，在【项目】面板中选择【相机 06.jpg】素材文件，拖曳至 V2 轨道中，与时间线对齐，并将其结尾处与【相机 05.jpg】文件结尾处对齐，如图 8-12 所示。

图 8-11 设置位置和缩放参数

图 8-12 添加素材文件

(7) 继续选择 V2 轨道中的【相机 06.jpg】文件，切换至【效果控件】面板中，设置【位置】为 360、79.5，设置【缩放】值为 21，如图 8-13 所示。

(8) 设置当前时间为 00:00:02:04，在【项目】面板中选择【相机 07.jpg】文件，拖曳至 V3 轨道中，与时间线对齐，并将其结尾处与【相机 06.jpg】文件结尾处对齐；确认【相机 07.jpg】文件选中的情况下，切换至【效果控件】面板，设置【位置】为 602、77.5，设置【缩放】值为 21，如图 8-14 所示。

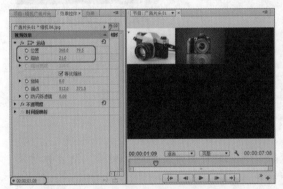

图 8-13 设置【相机 06.jpg】的位置和大小

图 8-14 设置【相机 07.jpg】的位置和大小

(9) 设置当前时间为 00:00:02:08，在【项目】面板中选择【相机 08.jpg】文件，拖至 V4 轨道中，与时间线对齐，并将其结尾处与【相机 07.jpg】文件结尾处对齐；确认【相机 08.jpg】文件选中的情况下，切换至【效果控件】面板，设置【位置】为 602、403，设置【缩放】值为 21，如图 8-15 所示。

(10) 设置当前时间为 00:00:02:12，在【项目】面板中选择【相机 09.jpg】文件，拖至 V5 轨道中，与时间线对齐，并将其结尾处与【相机 08.jpg】文件结尾处对齐；确认【相机 09.jpg】文件选中的情况下，切换至【效果控件】面板，设置【位置】为 360、403，设置【缩放】值为 21，如图 8-16 所示。

图 8-15 设置【相机 08.jpg】的位置和大小

图 8-16 设置相机【09.jpg】的位置和大小

(11) 设置当前时间为 00:00:02:16，在【项目】面板中选择【相机 10.jpg】文件，拖至 V6 轨道中与时间线对齐，并将其结尾处与【相机 09.jpg】文件结尾处对齐，如图 8-17 所示。

(12) 确认【相机 10.jpg】文件选中的情况下，切换至【效果控件】面板，设置【位置】为 117.8、403，设置【缩放】值为 21，如图 8-18 所示。

图 8-17 添加素材文件

图 8-18 设置素材的位置和大小

知识链接

通过罗列实物图片的方式能够直观地展示商品，而控制好图片显示的关键帧，则能够增强广告片头的节奏感，这在广告片头中是一种常用的表现方式。

案例精讲 140 新建字幕、横线

 案例文件：CDROM | 场景 | Cha08 | 相机广告片头 .prproj

 视频文件：视频教学 | Cha08 | 制作广告片头 01.avi

制作概述

在广告片头中，文字是必不可少的一部分。本案例介绍了如何新建字幕文件以及横线图像的创建。

学习目标

巩固如何新建字幕文件并进行设置。

操作步骤

(1) 按 Ctrl+T 组合键，弹出【新建字幕】对话框，设置【名称】为【数码】，单击【确定】按钮，如图 8-19 所示。

(2) 弹出字幕编辑器，使用【文字工具】T 输入文字【数码】，在【字幕属性】面板中，在【属性】选项组下，设置字体为【经典粗黑简】，【字体大小】为 85，【字符间距】为 10；在【填充】选项组中，设置【填充类型】为【四色渐变】，设置左上角颜色 RGB 值为 227、208、45，右上角颜色 RGB 值为 170、80、0，右下角颜色为白色，左下角颜色 RGB 值为 193、144、2；在【变换】选项组下，设置【X 位置】、【Y 位置】为 182.7、222.5，如图 8-20 所示。

图 8-19　【新建字幕】对话框

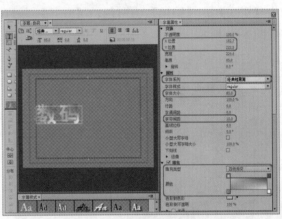

图 8-20　输入文字并设置其属性

(3) 在【描边】选项组中，单击【添加】按钮，添加一个外描边，设置【大小】为 18，【填充类型】为斜面，设置【高光颜色】RGB 值为 249、117、2，【阴影颜色】RGB 值为 246、202、45；选中【阴影】复选框，设置【颜色】RGB 值为 66、35、7，【不透明度】为 100%，【角度】为 –90°，【距离】为 7.2，【扩展】为 33.3，如图 8-21 所示。

(4) 单击【基于当前字幕新建字幕】按钮，新建字幕并命名为【相机】，单击【确定】按钮，使用【文字工具】T 将文字更改为【相机】，在【变换】选项组中，设置【X 位置】、【Y 位置】为 414.8、222.5，如图 8-22 所示。

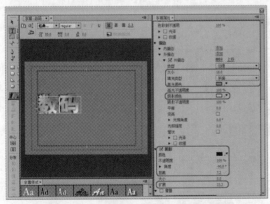

图 8-21　设置【描边】和【阴影】参数

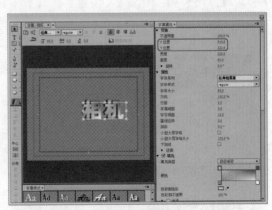

图 8-22　基于当前字幕新建并进行设置

（5）单击【基于当前字幕新建字幕】按钮 ，新建字幕并命名为 SHU MA　XIANG JI，使用【文字工具】 T 更改文字，然后使用【文字工具】 T 输入文字，设置【字体大小】为 28，【字符间距】为 20，【X 位置】、【Y 位置】为 335.8、308，如图 8-23 所示。

> 注意　使用【基于当前字幕新建字幕】按钮创建字幕能够在当前字幕基础上重新创建新的字幕，新字幕将保留字幕以前的所有内容和属性，用户可以根据需要修改字幕。

（6）按 Ctrl+T 组合键，弹出【新建字幕】对话框，新建字幕并命名为【文字 01】，使用【垂直文字工具】 IT 输入文字，设置字体为【方正魏碑简体】，【字体大小】为 43，【填充类型】为【实底】，【颜色】为白色，【方向】为 110%，【X 位置】、【Y 位置】为 43.9、231.6，如图 8-24 所示。

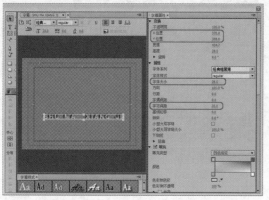

图 8-23　新建字幕并进行设置

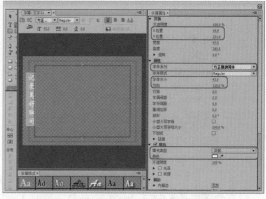

图 8-24　输入文字并设置字体属性

（7）单击【基于当前字幕新建字幕】按钮，新建字幕并命名为【文字 02】，删除字幕面板中的文字，然后使用【文字工具】 T 输入文字，设置【大小】为 40，【方向】为 100，【X 位置】、【Y 位置】为 162.5、420.8，如图 8-25 所示。

（8）单击【基于当前字幕新建字幕】按钮，新建字幕并命名为【文字 03】，删除字幕面板中的文字，使用【垂直文字工具】 IT 输入文字，设置字体为【方正魏碑简体】，【字体大小】为 43，【方向】为 110，【X 位置】、【Y 位置】为 585.1、231.6，如图 8-26 所示。

图 8-25　新建字幕并设置文字属性

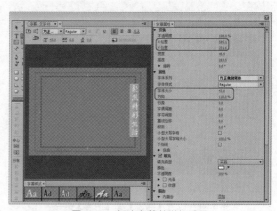

图 8-26　新建字幕并进行设置

(9) 单击【基于当前字幕新建字幕】按钮，新建字幕并命名为【字母 01】，删除字幕面板中的文字，然后使用【文字工具】输入文字，设置字体为 Arial，【字体大小】为 25，【方向】为 100%，【字符间距】为 3，设置【X 位置】、【Y 位置】为 417.3、35.7，如图 8-27 所示。

(10) 单击【基于当前字幕新建字幕】按钮，新建字幕并命名为【字母 02】，然后使用【文字工具】更改文字，【字符间距】为 10，设置【X 位置】、【Y 位置】为 392.4、65，如图 8-28 所示。

(11) 单击【基于当前字幕新建字幕】按钮，新建字幕并命名为【字母 03】，然后使用【文字工具】更改文字，【字符间距】为 3，设置【X 位置】、【Y 位置】为 442.2、444，如图 8-29 所示。

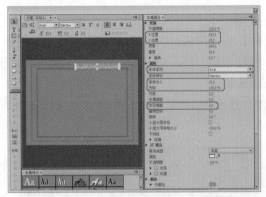
图 8-27　新建字幕并进行设置

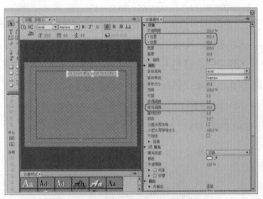
图 8-28　新建字幕并设置位置和方向

(12) 单击【基于当前字幕新建字幕】按钮，新建字幕并命名为【横线】，删除字幕面板中的文字，使用【椭圆形工具】，绘制一个椭圆，然后在【字幕属性】面板的【变换】选项组中，设置【宽度】和【高度】分别为 700、5，【X 位置】、【Y 位置】分别为 327.3、100，如图 8-30 所示。

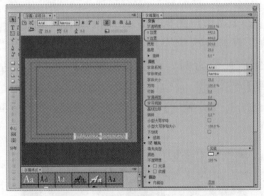
图 8-29　新建字幕并调整其参数

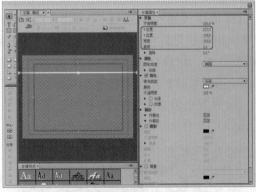
图 8-30　绘制椭圆并设置其参数

案例精讲 141　新建广告片头 02

案例文件：CDROM | 场景 | Cha08 | 相机广告片头 .prproj

视频文件：视频教学 | Cha08 | 制作广告片头 01.avi

制作概述

在本案例中介绍了广告片头 02 的制作方法，其中主要包括将创建完成的字幕文件进行添加并设置其参数，以及将其他素材文件添加至序列文件中，再通过设置其参数达到动画效果。

学习目标

学会设置字幕文件的动画效果。

学会设置素材文件的动画效果。

了解【高斯模糊】效果的使用。

操作步骤

(1) 在菜单栏中选择【文件】|【新建】|【序列】命令。

(2) 弹出【新建序列】对话框，设置【序列名称】为【广告片头 02】，单击【确定】按钮。

(3) 在菜单栏中选择【序列】|【添加轨道】命令，弹出【添加轨道】对话框，添加 2 条视频轨和 0 条音频轨，单击【确定】按钮，如图 8-31 所示。

(4) 在【项目】面板中选择【相机 01.jpg】文件，拖曳至 V1 轨道中，并设置其【持续时间】为 00:00:01:05，如图 8-32 所示。

图 8-31　添加视频轨

图 8-32　设置素材的持续时间

(5) 确认【相机 01.jpg】文件选中的情况下，在【效果】面板中，选择视频效果文件夹下的【模糊和锐化】特效组下的【高斯模糊】特效，双击该特效为其添加，将当前时间设置为 00:00:00:00，切换至【效果控件】面板，设置【缩放】值为 11，设置【模糊度】为 57，然后分别单击【缩放】和【模糊度】左侧的【切换动画】按钮，添加关键帧，如图 8-33 所示。

(6) 设置当前时间为 00:00:00:11，设置【缩放】为 43，【模糊度】为 0，添加关键帧，如图 8-34 所示。

图 8-33　添加【高斯模糊】特效并设置其参数

图 8-34　添加关键帧

(7) 设置当前时间为00:00:00:13，在【项目】面板中选择【横线】字幕素材，拖曳至V2轨道中，与时间线对齐，将其【持续时间】设置为00:00:00:16，如图8-35所示。

(8) 确认当前时间为00:00:00:13和【横线】文件选中的情况下，切换至【效果控件】面板，设置【位置】为1100、206，然后单击其左侧的【切换动画】按钮 ，添加关键帧；设置当前时间为00:00:00:20，设置【位置】为240.7、206，添加关键帧，如图8-36所示。

图 8-35　添加素材并设置持续时间

图 8-36　添加关键帧

(9) 选择V2轨道中的【横线】文件，按住Alt键向上拖曳进行复制，如图8-37所示。

(10) 设置当前时间为00:00:00:13，选择V3轨道中的【横线】文件，切换至【效果控件】面板，设置【位置】为−48、807，【旋转】为90°；确认当前时间为00:00:00:20，设置【位置】为−48、90，如图8-38所示。

图 8-37　复制素材

图 8-38　修改素材参数

(11) 在【项目】面板中选择【文字01】字幕素材，将其拖曳至V4轨道中，将其首尾处和【横线】文件的首尾处对齐，如图8-39所示。

(12) 设置当前时间为00:00:00:13，选择V4轨道中的【文字01】文件，切换至【效果控件】面板中，设置【位置】为360、650，单击【切换动画】按钮 ，添加关键帧；确认当前时间为00:00:01:01，设置【位置】为360、243，添加关键帧，如图8-40所示。

图 8-39　添加素材文件

图 8-40　为【文字01】添加关键帧

(13) 在【项目】面板中选择【字母01】字幕素材，将其拖曳至V5轨道中，将其首尾处和【文字01】文件的首尾处对齐；设置当前时间为00:00:00:13，选择V5轨道中的【字母01】文件，切换至【效果控件】面板中，设置【位置】为800、250，单击【切换动画】按钮，添加关键帧；确认当前时间为00:00:01:01，设置【位置】为180、250，添加关键帧，如图8-41所示。

(14) 在【项目】面板中选择【相机02.jpg】文件，拖曳至V1轨道中，与【相机01.jpg】文件结尾处对齐，并设置其【持续时间】为00:00:01:05，如图8-42所示。

图 8-41　为【字母01】添加关键帧　　　　　　　图 8-42　添加素材并设置持续时间

(15) 继续选择V1轨道中的【相机02.jpg】文件，然后为其添加【高斯模糊】特效，将当前时间设置为00:00:01:05，在【效果控件】面板中，设置【缩放】为41，【模糊度】为30，【模糊尺寸】为【水平】，如图8-43所示。

(16) 将当前时间设置为00:00:01:10，将【模糊度】设置为10，如图8-44所示。

图 8-43　设置【缩放】和模糊参数　　　　　　　图 8-44　设置【模糊度】参数

(17) 为【相机02.jpg】添加【推】切换效果，并将【持续时间】设置为00:00:00:05，将对齐设置为起点切入，如图8-45所示。

(18) 使用相同的方法添加其他素材文件，并进行相应的设置，效果如图8-46所示。

图 8-45　添加切换效果并设置持续时间　　　　　图 8-46　添加其他素材文件后的效果

案例精讲 142 嵌套合成

案例文件：CDROM | 场景 | Cha08 | 相机广告片头 .prproj

视频文件：视频教学 | Cha08 | 制作广告片头 01.avi

制作概述

制作完广告片头 02 后，需要将前面制作的广告片头 01 嵌套至广告片头 02 中。

学习目标

了解如何嵌套序列。

学会【相机模糊】特效的使用。

操作步骤

(1) 在【项目】面板中，选择【广告片头 01】序列，将其拖曳至 V1 轨道中，与【相机 04.jpg】文件结尾处对齐，并将其链接的音频删除，如图 8-47 所示。

(2) 并为其添加【相机模糊】特效，切换至【效果控件】面板，设置当前时间为 00:00:10:05，设置【模糊百分比】为 0，然后添加一处关键帧；设置当前时间为 00:00:11:13，设置【模糊百分比】为 28，然后添加一处关键帧，如图 8-48 所示。

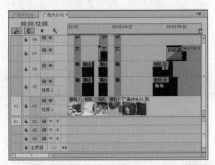

图 8-47 将广告片头 01 添加至广告片头 02 中

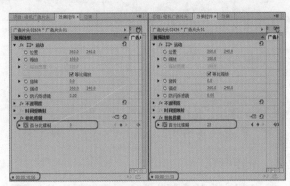

图 8-48 添加特效并设置其参数

注意　可以反复嵌套多个序列，但在处理多级嵌套序列时，则需要大量的处理时间和物理内存。

案例精讲 143 添加音频文件

案例文件：CDROM | 场景 | Cha08 | 相机广告片头 .prproj

视频文件：视频教学 | Cha08 | 制作广告片头 01.avi

制作概述

嵌套完成后，需要为广告片头添加音频文件。

学习目标

学会添加音频文件

操作步骤

(1) 在菜单栏中选择【文件】|【导入】命令，弹出【导入】对话框，选择随书附带光盘中的 CDROM| 素材 |Cha08| 背景音乐 .mp3 文件，如图 8-49 所示。

(2) 单击【打开】按钮，在【项目】面板中，选择导入的【背景音乐 .mp3】文件，将其拖曳至 A1 轨道中，如图 8-50 所示。

图 8-49　选择音频文件

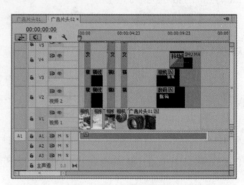

图 8-50　添加音频文件

案例精讲 144　输出广告片头

案例文件：CDROM | 场景 | Cha08 | 相机广告片头 .prproj

视频文件：视频教学 | Cha08 | 制作广告片头 01.avi

制作概述

相机广告片头制作完成后需要对影片进行输出，这是关键的一步，它决定着影片的清晰度和播放质量。

学习目标

掌握如何输出序列文件并进行设置。

操作步骤

(1) 激活【广告片头 02】文件，在菜单栏中选择【文件】|【导出】|【媒体】命令，如图 8-51 所示。

(2) 弹出【导出设置】对话框，设置【格式】为 AVI，【预设】为 NTSC DV 24p，单击【输出名称】右侧的文字，如图 8-52 所示。

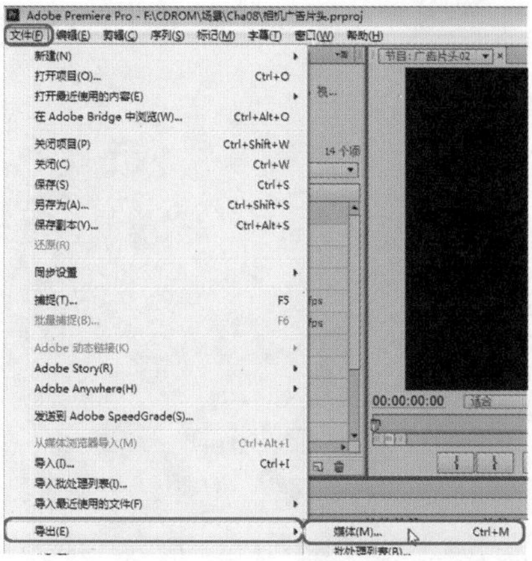

图 8-51 选择【媒体】命令

图 8-52 设置输出参数

(3) 弹出【另存为】对话框，为其设置保存路径及名称，单击【保存】按钮，如图 8-53 所示。

(4) 设置完成后单击【导出】按钮，对影片进行输出，如图 8-54 所示。

图 8-53 设置保存路径及名称

图 8-54 单击【导出】按钮

第9章
环保宣传广告

本章重点

◆ 导入素材文件
◆ 新建字幕
◆ 创建序列
◆ 为环保宣传广告添加背景音乐
◆ 导出环保宣传广告

通过制作环保宣传广告，可以在一定程度上提高人们保护环境的意识，如图 9-1 所示。本章将介绍使用 Premiere Pro CC 制作环保宣传广告的方法。

图 9-1　环保宣传广告

知识链接

　　宣传片从其目的和宣传方式不同的角度来分可以分为企业宣传片、产品宣传片、公益宣传片、电视宣传片、招商宣传片。

案例精讲 145　导入素材文件

　案例文件：CDROM | 场景 | Cha09 | 环保宣传广告 .prproj

　视频文件：视频教学 | Cha09 | 导入素材文件 .avi

制作概述

在制作环保宣传广告之前，首先应收集相应的图像文件及背景音乐，然后将收集的文件及背景音乐导入软件中。

学习目标

巩固素材箱的创建。
巩固素材文件的导入。

操作步骤

(1) 启动 Premiere Pro CC，在欢迎界面中单击【新建项目】按钮，在弹出的对话框中将【名称】设置为【环保宣传广告】，并指定其保存路径，如图 9-2 所示。

(2) 设置完成后，单击【确定】按钮，完成新建项目，在【项目】面板中右击，在弹出的快捷菜单中选择【新建素材箱】命令，如图9-3所示。

图9-2 【新建项目】对话框

图9-3 选择【新建素材箱】命令

(3) 将新建的素材箱命名为【素材】，在素材箱上右击，在弹出的快捷菜单中选择【导入】命令，如图9-4所示。

(4) 在弹出的对话框中选择随书附带光盘中的 **CDROM**| 素材 |Cha09 文件夹中所有的素材文件，如图9-5所示。

(5) 单击【打开】按钮，即可将选中的素材文件导入【项目】面板中，如图9-6所示。

图9-4 选择【导入】命令

图9-5 选择素材文件

图9-6 导入素材文件

案例精讲 146　新建字幕

 案例文件：CDROM | 场景 | Cha09 | 环保宣传广告 .prproj

 视频文件：视频教学 | Cha09 | 新建字幕 .avi

制作概述

在素材文件导入完成后，接下来就要介绍如何制作宣传广告中的字幕文件。

学习目标

巩固新建字幕文件并进行设置。

操作步骤

(1) 按 Ctrl+T 组合键，在弹出的【新建字幕】对话框中将【宽度】和【高度】分别设置为720、576，将【时基】设置为 25.00fps，将【像素长宽比】设置为 D1 /DV PAL(1.0940)，将【名称】设置为【一滴清水】，如图 9-7 所示。

(2) 弹出字幕编辑器，选择【垂直文字工具】 ，在字幕面板中输入文字，在【字幕属性】面板中将字体设为【微软雅黑】，将【字体大小】设为 26，将【字偶间距】设置为 4，将【填充】下的【颜色】的 RGB 值设为 60、61、63，将【X 位置】和【Y 位置】分别设置为684.4、146.3，如图 9-8 所示。

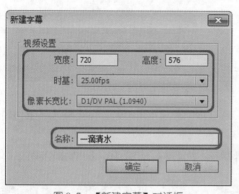

图 9-7 【新建字幕】对话框

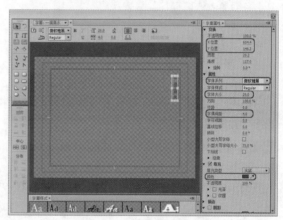

图 9-8 输入文字并进行设置

(3) 单击【基于当前字幕新建字幕】按钮 ，在弹出的对话框中输入【名称】为【一片绿地】，单击【确定】按钮，如图 9-9 所示。

(4) 然后在字幕面板中修改文字，在【字幕属性】面板中将【X 位置】和【Y 位置】分别设为 639.9 和 163.7，如图 9-10 所示。

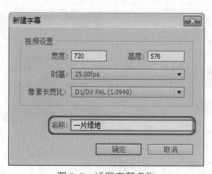

图 9-9 设置字幕名称

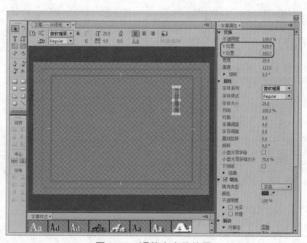

图 9-10 调整文字的位置

(5) 单击【基于当前字幕新建字幕】按钮 ，将名称设置为【一个地球】，在字幕面板中修改文字，在【字幕属性】面板中将【X 位置】和【Y 位置】设为 596.1 和 182.3，如图 9-11 所示。

（6）按 Ctrl+T 组合键，在弹出的【新建字幕】对话框中，输入【名称】为【这是我们赖以生存的家！】，单击【确定】按钮，在字幕面板中，使用【文字工具】□ 输入文字，然后在【字幕属性】面板中将字体设为【方正综艺简体】，将【字体大小】设为 21，在【填充】区域下将【颜色】设为白色，在【变换】区域下将【X 位置】设为 590.3，将【Y 位置】设为 287.8，如图 9-12所示。

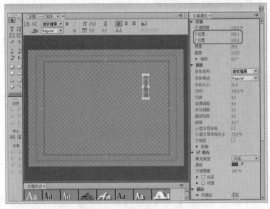

图 9-11　调整文字的位置

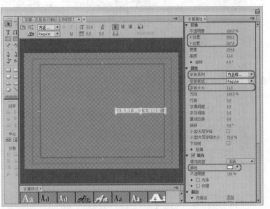

图 9-12　新建字幕

（7）按 Ctrl+T 组合键，在弹出的【新建字幕】对话框中，输入【名称】为【标语】，单击【确定】按钮，在字幕面板中使用【区域文字工具】□ 绘制一个文本框，输入文字，选中输入的文字，将字体设置为【方正新舒体简体】，将【字体大小】设置为 14，将【行距】设置为 17.4，将【字偶间距】设置为–1，将填充颜色设置为黑色，将【宽度】和【高度】分别设置为 201.4、58，将【X位置】和【Y 位置】分别设置为 138.5、261.4，如图 9-13 所示。

（8）选择【文字工具】□，在字幕面板中输入文字，选中输入的文字，将【字体大小】设为 18，将【字偶间距】设置为–3，将【填充】下的【颜色】的 RGB 值设为 164、0、0，将【X位置】和【Y 位置】设为 209 和 269.8，如图 9-14 所示。

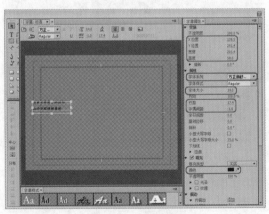

图 9-13　新建字幕

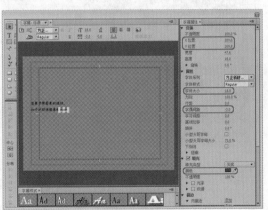

图 9-14　输入文字并进行设置

（9）单击【基于当前字幕新建字幕】按钮□，将其【名称】设置为【标语 1】，将字幕面板中的【恶劣】删除，将其他文字修改为【从这一刻开始行动！】，选择【从这一刻】四个文字，将【字体大小】设置为 20，将【颜色】设置为黑色，将【X 位置】和【Y 位置】分别设置为143.8、261.4，如图9-15所示。

(10) 选中【开始行动！】五个文字符号，将【字体大小】设置为23，将填充颜色的RGB值设置为2、97、33，如图9-16所示。

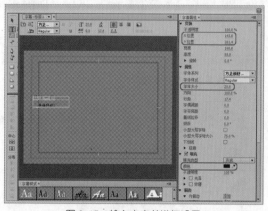
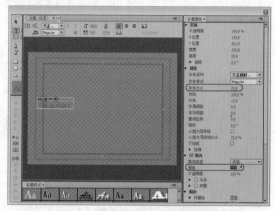

图9-15　输入文字并进行设置　　　　　　　图9-16　设置字体大小和字体颜色

(11) 新建一个【绿色行动】字幕文件，在字幕面板中使用【文字工具】T输入文字，选中输入的文字，然后在【字幕属性】面板中将字体设为【方正行楷简体】，将【字体大小】设为90，在【填充】区域下将【颜色】设为白色，在【描边】区域下添加一处【外描边】，将【大小】设为20，将【颜色】的RGB值设为255、192、0，如图9-17所示。

(12) 选中【阴影】复选框，将【颜色】的RGB值设为255、192、0，将【不透明度】设为50%，将【角度】设为45°，将【距离】设为0，将【大小】设为20，将【扩展】设为80，在【变换】区域下，将【X位置】设为515.7，将【Y位置】设为106.9，如图9-18所示。

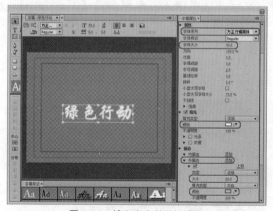
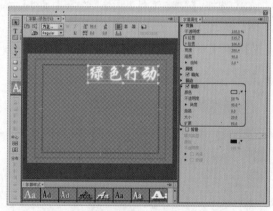

图9-17　输入文字并进行设置　　　　　　图9-18　选中【阴影】复选框并进行设置

(13) 按Ctrl+T组合键，在弹出的【新建字幕】对话框中将【名称】设置为【用心】，单击【确定】按钮，选择【文字工具】T，在字幕面板中输入文字，在【字幕属性】面板中将字体设为【方正粗圆简体】，将【字体大小】设为24，将【填充】下的【颜色】设为白色，将【X位置】和【Y位置】分别设为695、314.4，如图9-19所示。

(14) 单击【基于当前字幕新建字幕】按钮T，将其命名为【装点】，在字幕面板中修改文字，选中修改的文字，将【字体大小】设置为33，将【X位置】和【Y位置】分别设为632.4、

360，如图 9-20 所示。

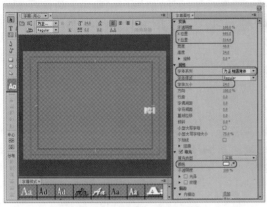

图 9-19　输入文字并进行设置

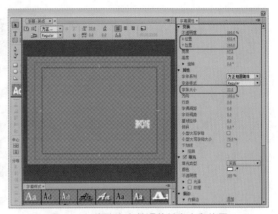

图 9-20　修改文字并调整其大小和位置

(15) 单击【基于当前字幕新建字幕】按钮，将其命名为【我们唯一的家园】，在字幕面板中修改文字，选中修改的文字，将【字体大小】设置为 24，将【X 位置】和【Y 位置】分别设为 660.7、407，如图 9-21 所示。

(16) 单击【基于当前字幕新建字幕】按钮，将其命名为【才更美好】，在字幕面板中修改文字，选中修改的文字，将【字体大小】设置为 35，将【X 位置】和【Y 位置】分别设为 675.7、455.2，如图 9-22 所示。

图 9-21　修改文字并调整其大小和位置

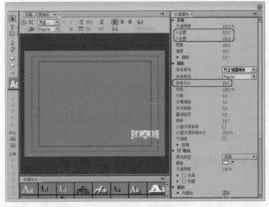

图 9-22　修改文字并调整其大小和位置

(17) 按 Ctrl+T 组合键，在弹出的对话框中将【名称】设置为【线】，如图 9-23 所示。

(18) 设置完成后，单击【确定】按钮，选择【直线工具】，在字幕面板中绘制一条垂直的直线，将【线宽】设置为 2，将填充颜色的 RGB 值设置为 82、94、83，将【高度】设置为 110，将【X 位置】、【Y 位置】分别设置为 664.8、152.7，如图 9-24 所示。

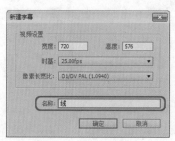

图 9-23　输入字幕名称

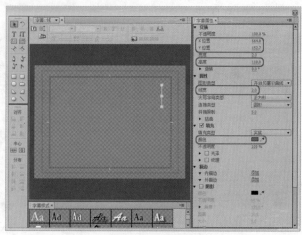

图 9-24　绘制直线

案例精讲 147　创建序列

案例文件：CDROM | 场景 | Cha09 | 环保宣传广告 .prproj

视频文件：视频教学 | Cha09 | 创建序列 .avi

制作概述

本例介绍如何制作环保宣传广告中的序列文件，其中包括添加素材、设置素材的持续时间、为素材文件添加效果等。

学习目标

巩固添加素材文件并设置持续时间。

学会为素材文件添加【裁剪】效果。

学会添加过渡效果。

操作步骤

(1) 按 Ctrl+N 组合键，在弹出的对话框中选择 DV-PAL 文件夹中的【标准 48kHz】，选择【轨道】选项卡，将视频轨设置为 8，将【序列名称】设置为【环保宣传广告】，单击【确定】按钮，如图 9-25 所示。

(2) 然后在【项目】面板中展开【素材】文件夹，将【背景01.jpg】素材文件拖曳至V1轨道中，并在素材文件上右击，在弹出的快捷菜单中选择【速度/持续时间】命令，如图9-26所示。

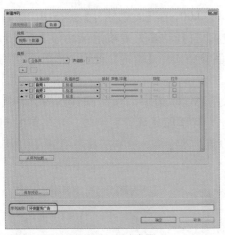

图9-25　新建序列

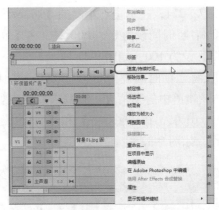

图9-26　选择【速度/持续时间】命令

(3) 弹出【剪辑速度/持续时间】对话框，在该对话框中将【持续时间】设为00:00:06:10，单击【确定】按钮，如图9-27所示。

(4) 确定【背景01.jpg】素材文件处于选中状态，在【效果控件】面板中，将【缩放】设为33，如图9-28所示。

图9-27　设置持续时间

图9-28　设置【缩放】参数

(5) 将字幕【一滴清水】拖至V2轨道中，并在素材文件上右击，在弹出的快捷菜单中选择【速度/持续时间】命令，如图9-29所示。

(6) 弹出【剪辑速度/持续时间】对话框，在该对话框中将【持续时间】设为00:00:05:22，单击【确定】按钮，如图9-30所示。

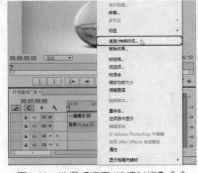

图9-29　选择【速度/持续时间】命令

图9-30　设置持续时间

(7) 选中字幕【一滴清水】，确认当前时间为00:00:00:00，在【效果控件】面板中，将【位置】设为397、221，并单击其左侧的【切换动画】按钮，打开动画关键帧记录，将【不透明度】设为0%；将时间设为00:00:00:24，在【效果控件】面板中，将【位置】设为360、288，将【不透明度】设为100，如图9-31所示。

(8) 将当前时间设为00:00:00:00，将【线】拖曳至V3轨道中，与时间线对齐，将其结束处与V2轨道中的字幕【一滴清水】结束处对齐，并为其添加【裁剪】特效，将当前时间设置为00:00:01:05，将【底对齐】和【羽化边缘】分别设置为84、0，并单击其左侧的【切换动画】按钮，如图9-32所示。

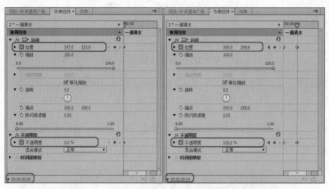

图9-31 设置【位置】和【不透明度】参数　　图9-32 设置【底对齐】和【羽化边缘】参数

(9) 将当前时间设置为00:00:01:17，将【底对齐】和【羽化边缘】分别设置为63、90，效果如图9-33所示。

(10) 将当前时间设为00:00:00:00，将字幕【一片绿地】拖曳至V4轨道中，与时间线对齐，将其结束处与V3轨道中的【线】结束处对齐，将当前时间设置为00:00:01:22，将【不透明度】设置为0%，将当前时间设置为00:00:02:07，将【不透明度】设置为100%，如图9-34所示。

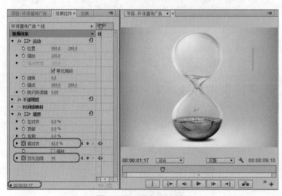
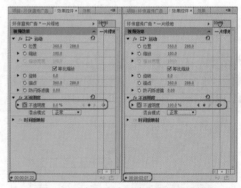

图9-33 添加关键帧　　　　　　图9-34 为【一片绿地】添加关键帧

(11) 将【线】素材拖曳至V5轨道中，将其结尾处与【一片绿地】的结尾处对齐，为其添加【裁剪】特效，将当前时间设置为00:00:02:12，在【效果控件】面板中将【位置】设置为320、310，将【底对齐】、【羽化边缘】分别设置为84、0，然后单击其左侧的【切换动画】按钮，将当前时间设置为00:00:02:24，将【底对齐】、【羽化边缘】分别设置为63、90，如图9-35所示。

(12) 将当前时间设为 00:00:00:00，将字幕【一个地球】拖曳至 V6 轨道中，与时间线对齐，将其结束处与 V5 轨道中的【线】结束处对齐，将当前时间设置为 00:00:03:04，将【不透明度】设置为 0%，将当前时间设置为 00:00:03:14，将【不透明度】设置为 100%，如图 9-36 所示。

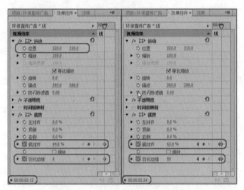
图 9-35　为【线】添加关键帧

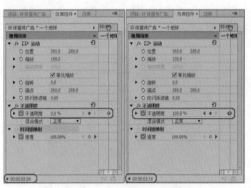
图 9-36　设置【不透明度】参数

(13) 将当前时间设置为 00:00:03:17，将【这是我们赖以生存的家！】字幕文件拖曳至 V7 轨道中，将其开始处与时间标示线对齐，将其结尾处与 V6 轨道中的结尾处对齐，如图 9-37 所示。

(14) 在【效果】面板中，展开【视频过渡】文件夹，选择【滑动】文件夹下的【斜线滑动】过渡效果，将其拖曳至序列面板中【这是我们赖以生存的家！】字幕的开始处，如图 9-38 所示。

图 9-37　添加字幕文件

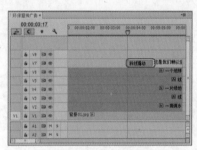
图 9-38　添加过渡效果

(15) 将当前时间设为 00:00:06:10，将【背景 02.jpg】素材文件拖曳至 V1 轨道中，与时间线对齐，并将其持续时间设为 00:00:16:06，效果如图 9-39 所示。

(16) 选中素材文件【背景 02.jpg】，在【效果控件】面板中，将【缩放】设为 26，如图 9-40 所示。

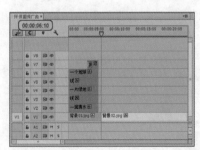
图 9-39　添加素材文件并设置其持续时间

图 9-40　设置【缩放】参数

(17) 在【效果】面板中，展开【视频过渡】文件夹，选择【三维运动】文件夹下的【向上折叠】过渡效果，将其拖曳至【序列】面板中【背景01.jpg】和【背景02.jpg】文件的中间处，如图 9-41 所示。

(18) 将当前时间设为 00:00:06:23，将【吊牌.png】素材文件拖曳至 V2 轨道中，与时间线对齐，如图 9-42 所示。

图 9-41　添加切换特效

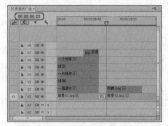
图 9-42　添加素材

(19) 选中素材文件【吊牌.png】，确认当前时间为 00:00:06:23，在【效果控件】面板中，将【位置】设为 125、–181，并单击其左侧的【切换动画】按钮，打开动画关键帧记录；将时间设为 00:00:07:23，在【效果控件】面板中，将【位置】设为 125、170，如图 9-43 所示。

(20) 将时间设为 00:00:08:08，在【效果控件】面板中，将【位置】设为 125、130；将【时间】设为 00:00:08:18，在【效果控件】面板中，将【位置】设为 125、170，如图 9-44 所示。

图 9-43　设置【位置】参数　　　　　　　图 9-44　设置【位置】参数并添加关键帧

(21) 将时间设为 00:00:09:23，在【效果控件】面板中，单击【位置】右侧的◇按钮，添加关键帧；将时间设为 00:00:10:23，在【效果控件】面板中，将【位置】设为 125、–181，如图 9-45 所示。

(22) 将当前时间设置为 00:00:06:23，选中字幕【标语】，按住鼠标将其拖曳至 V3 轨道中，将其与时间线对齐，在【效果控件】面板中将【位置】设为 360、–34，并单击其左侧的【切换动画】按钮，打开动画关键帧记录；将时间设为 00:00:07:23，在【效果控件】面板中，将【位置】设为 360、288，如图 9-46 所示。

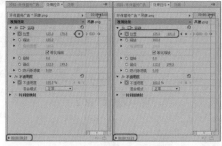

图 9-45　添加关键帧并设置【位置】参数　　　　图 9-46　设置【位置】参数

(23) 将时间设为 00:00:08:08，在【效果控件】面板中，将【位置】设为 360、255；将时间设为 00:00:08:18，在【效果控件】面板中，将【位置】设为 360、288，如图 9-47 所示。

(24) 将时间设为 00:00:09:23，在【效果控件】面板中，单击【位置】右侧的◇按钮，添加关键帧；将时间设为 00:00:10:23，在【效果控件】面板中，将【位置】设为 360、–34，如图 9-48 所示。

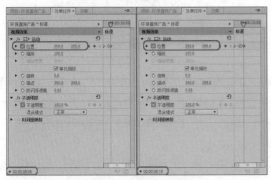
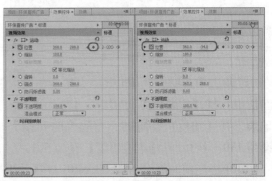

图 9-47　添加关键帧　　　　　　　　　　图 9-48　设置【位置】参数

(25) 将当前时间设置为 00:00:06:10，将【背景 02.jpg】添加至 V4 轨道中，将其与时间线对齐，将其持续时间设置为 00:00:16:06，为其添加【黑白】特效，将当前时间设置为 00:00:10:23，在【效果控件】面板中将【缩放】设置为 26，将【不透明度】设置为 0%，将当前时间设置为 00:00:12:03，将【不透明度】设置为 100%，如图 9-49 所示。

(26) 将当前时间设为 00:00:11:05，将【透明矩形 .png】素材文件拖曳至 V5 轨道中，与时间线对齐，并将其持续时间设为 00:00:06:11，选中【透明矩形 .png】素材文件，在【效果控件】面板中将【位置】设为 361、471，取消选中【等比缩放】复选框，将【缩放高度】和【缩放宽度】分别设置为 28、214，如图 9-50 所示。

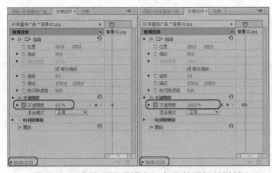

图 9-49　设置【不透明度】参数并添加关键帧　　　　图 9-50　添加素材并设置其参数

(27) 在【效果】面板中选择【滑动带】过渡效果，将其拖至【序列】面板中【透明矩形 .png】素材文件的开始处，选中添加的【滑动带】过渡效果，效果如图 9-51 所示。

(28) 将当前时间设为 00:00:12:15，将【001.jpg】素材文件拖曳至 V6 轨道中，将其开始处与时间线对齐，将其结束处与 V5 轨道中的【透明矩形 .png】文件结束处对齐，如图 9-52 所示。

图 9-51　添加【滑动带】过渡效果

图 9-52　添加素材

(29) 选中素材文件 001.jpg, 为其添加黑白效果, 确定当前时间为 00:00:12:15, 在【效果控件】面板中, 将【位置】设为 -176、473, 并单击其左侧的【切换动画】按钮, 打开动画关键帧记录, 将【缩放】设为 77; 将当前时间设为 00:00:14:00, 在【效果控件】面板中将【位置】设为 130、473, 将【不透明度】设为 50%, 如图 9-53 所示。

(30) 将当前时间设为 00:00:14:01, 在【效果控件】面板中, 将【不透明度】设为 100%, 如图 9-54 所示。

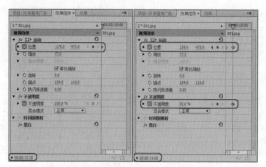

图 9-53　设置图片参数并添加关键帧

图 9-54　设置图片不透明度

(31) 将当前时间设为 00:00:14:00, 将 002.jpg 素材文件拖曳至 V7 轨道中, 将其开始处与时间线对齐, 将其结束处与 V6 轨道中的 001.jpg 文件结束处对齐, 效果如图 9-55 所示。

(32) 选中素材文件 002.jpg, 为其添加黑白特效, 确定当前时间为 00:00:14:06, 在【效果控件】面板中将【位置】设为 130、473, 并单击其左侧的【切换动画】按钮, 打开动画关键帧记录, 将【缩放】设为 77; 将【不透明度】设置为 0, 将当前时间设为 00:00:14:11, 在【效果控件】面板中将【位置】设为 361、473, 将【不透明度】设为 100%, 如图 9-56 所示。

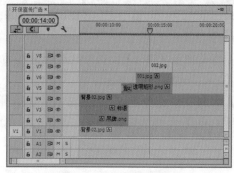

图 9-55　向轨道中添加素材

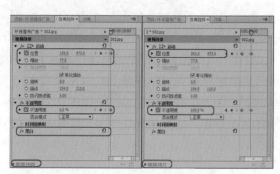

图 9-56　添加特效并设置其参数

(33) 将当前时间设为00:00:15:05，将003.jpg素材文件拖曳至V8轨道中，与时间线对齐，将其结束处与V7轨道中的002.jpg文件结束处对齐，选中素材文件003.jpg，为其添加【黑白】特效，确定当前时间为00:00:15:16，在【效果控件】面板中将【位置】设为361、473，并单击其左侧的【切换动画】按钮，打开动画关键帧记录，将【缩放】设为77，将【不透明度】设置为0%；将当前时间设为00:00:16:16，在【效果控件】面板中，将【位置】设为590、473，将【不透明度】设为100%，如图9-57所示。

(34) 在V3和V2轨道中选择【标语】和【吊牌】素材文件，按住Alt键拖曳至【透明矩形】的结尾处，在【项目】面板中选择【标语1】，选择V6轨道中的【标语】，右击，在弹出的快捷菜单中选择【从剪辑替换】|【从素材箱】命令，执行该操作后，即可替换素材，效果如图9-58所示。

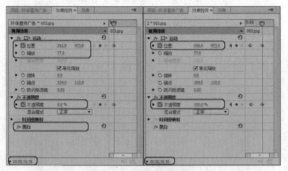

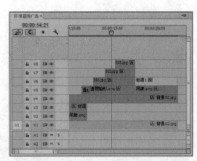

图9-57 设置参数　　　　　　　　　　图9-58 添加并替换素材后的效果

(35) 将当前时间设置为00:00:22:16，将【背景03.jpg】拖曳至V1轨道中，将其与时间线对齐，并将其持续时间设置为00:00:12:18，在【效果控件】面板中将【缩放】设置为32，效果如图9-59所示。

(36) 将当前时间设置为00:00:23:15，选择【树苗气泡.png】素材文件，将其添加至V2轨道中，将其持续时间设置为00:00:09:00，确认当前时间为00:00:23:15，在【效果控件】面板中，将【位置】设为-53、345，并单击其左侧的【切换动画】按钮，打开动画关键帧记录；将时间设为00:00:24:15，在【效果控件】面板中，将【位置】设为149、345，将【缩放】设为40，并单击其左侧的【切换动画】按钮，打开动画关键帧记录，如图9-60所示。

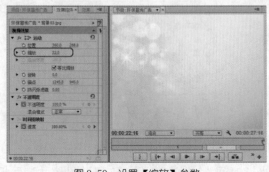

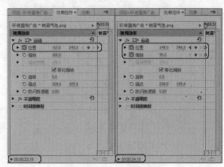

图9-59 设置【缩放】参数　　　　　　　图9-60 添加关键帧

(37) 将时间设为00:00:25:02，在【效果控件】面板中，将【缩放】设为55；将时间设为00:00:25:15，在【效果控件】面板中，将【缩放】设为40，如图9-61所示。

(38) 将时间设为 00:00:26:02，在【效果控件】面板中，将【缩放】设为 55；将时间设为 00:00:26:15，在【效果控件】面板中，将【缩放】设为 40，如图 9-62 所示。

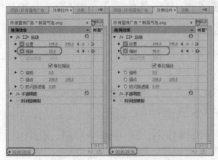
图 9-61　设置【缩放】参数

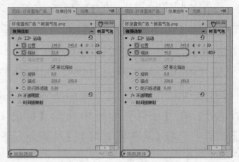
图 9-62　设置【缩放】参数

(39) 使用同样的方法，继续设置【缩放】关键帧，效果如图 9-63 所示。

(40) 将当前时间设为 00:00:29:15，在【效果控件】面板中，单击【位置】右侧的◇按钮，添加关键帧；将时间设为 00:00:30:10，在【效果控件】面板中，将【位置】设为 420、360，将【缩放】设为 0，如图 9-64 所示。

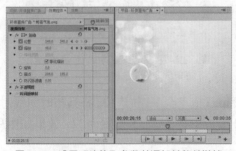
图 9-63　设置【缩放】参数并添加其他关键帧

图 9-64　添加关键帧

(41) 使用相同的方法在 V3 ~ V5 轨道中添加【树苗气泡】，并对其进行相应的设置，效果如图 9-65 所示。

(42) 将时间设为 00:00:30:10，将【心形叶子.png】素材文件拖曳至 V6 轨道中，与时间线对齐，并将其持续时间设为 00:00:04:22，效果如图 9-66 所示。

图 9-65　添加素材并进行相应的设置

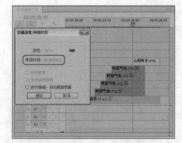
图 9-66　添加素材并设置其持续时间

(43) 选择【心形叶子.png】素材文件，确认当前时间为 00:00:30:10，在【效果控件】面板中将【位置】设为 420、360，将【缩放】设为 0，并单击其左侧的【切换动画】按钮，打开动画关键帧记录；将时间设为 00:00:32:10，在【效果控件】面板中将【缩放】设为 100，如图 9-67 所示。

(44) 将时间设为 00:00:30:10，将【绿色行动】拖曳至 V7 轨道中，将其持续时间设置为 00:00:04:22，如图 9-68 所示。

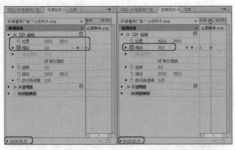

图 9-67　设置素材参数并添加关键帧

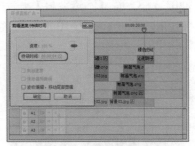

图 9-68　设置持续时间

(45) 选中【绿色行动】，确认当前时间为 00:00:30:10，在【效果控件】面板中，将【位置】设为 780、288，并单击其左侧的【切换动画】按钮，打开动画关键帧记录，将【不透明度】设为 0%；将时间设为 00:00:32:10，在【效果控件】面板中，将【位置】设为 360、288，将【不透明度】设为 100%，如图 9-69 所示。

(46) 将当前时间设为 00:00:35:09，将【背景 04.jpg】素材文件拖曳至 V1 轨道中，与时间线对齐，并将其持续时间设为 00:00:08:04，效果如图 9-70 所示。

图 9-69　添加关键帧

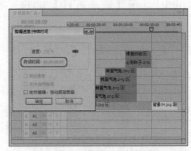

图 9-70　设置素材的持续时间

(47) 选中素材文件【背景 04.jpg】，在【效果控件】面板中将【缩放】设为 77，如图 9-71 所示。

(48) 选中【背景 04.jpg】素材文件，为其添加【网格】特效，将当前时间设置为 00:00:35:09，在【效果控件】面板中将【边框】设置为 51，单击其左侧的【切换动画】按钮，将【混合模式】设置为【正常】，将当前时间设置为 00:00:37:00，将【边框】设置为 0，如图 9-72 所示。

图 9-71　设置【缩放】参数

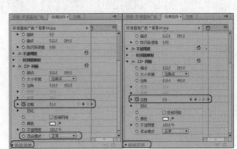

图 9-72　添加特效并设置其参数

(49) 将当前时间设为 00:00:38:01，将【用心】字幕拖曳至 V2 轨道中，与时间线对齐，将其结束处与 V1 轨道中的【背景 04.jpg】文件结束处对齐，如图 9-73 所示。

(50) 选中字幕【用心】，确认当前时间为 00:00:38:01，在【效果控件】面板中将【位置】设置为 280、288，将【不透明度】设为 0%；将当前时间设为 00:00:39:01，在【效果控件】面板中，将【不透明度】设为 100%，如图 9-74 所示。

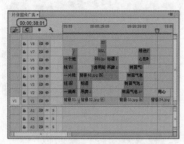

图 9-73　添加字幕文件

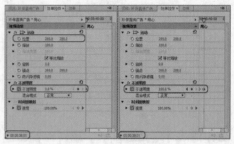

图 9-74　添加关键帧

(51) 确认当前时间为 00:00:39:01，将【装点】字幕拖曳至 V3 轨道中，与时间线对齐，将其结束处与 V2 轨道中的【用心】字幕结束处对齐，如图 9-75 所示。

(52) 选中【装点】字幕，确认当前时间为 00:00:39:01，在【效果控件】面板中将【位置】设为 539、288，并单击其左侧的【切换动画】按钮，打开动画关键帧记录；将当前时间设为 00:00:40:01，在【效果控件】面板中将【位置】设为 313、288，如图 9-76 所示。

图 9-75　添加【装点】字幕

图 9-76　设置【位置】参数并添加关键帧

(53) 确认当前时间为 00:00:40:01，将【我们唯一的家园】字幕拖曳至 V4 轨道中，与时间线对齐，将其结束处与 V3 轨道中的【装点】字幕结束处对齐，确认当前时间为 00:00:40:01，将【位置】设置为 360、472，并单击其左侧的【切换动画】按钮，如图 9-77 所示。

(54) 将当前时间设置为 00:00:41:01，将【位置】设为 315、288，打开动画关键帧记录；将当前时间设为 00:00:42:01，在【效果控件】面板中，将【位置】设为 295、288，如图 9-78 所示。

图 9-77　设置【位置】参数

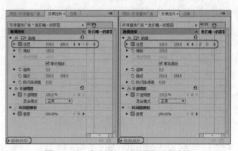

图 9-78　在其他时间添加关键帧

(55) 确认当前时间为 00:00:41:01,将【才更美好】字幕拖曳至 V5 轨道中,与时间线对齐,将其结束处与 V4 轨道中的【我们唯一的家园】字幕结束处对齐,如图 9-79 所示。

(56) 选中字幕【才更美好】,确认当前时间为 00:00:41:01,在【效果控件】面板中将【位置】设为 556、419,将【缩放】设为 0,并单击它们左侧的【切换动画】按钮🎬,打开动画关键帧记录;将当前时间设为 00:00:42:01,在【效果控件】面板中,将【位置】设为 340、288,将【缩放】设为 100,如图 9-80 所示。

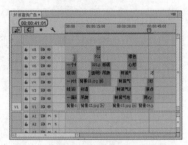
图 9-79 添加【才更美好】字幕文件

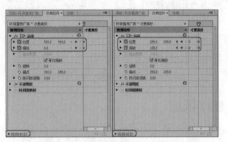
图 9-80 设置【位置】和【缩放】参数

案例精讲 148 为环保宣传广告添加背景音乐

 案例文件:CDROM | 场景 | Cha09 | 环保宣传广告 .prproj

 视频文件:视频教学 | Cha09 | 为环保宣传广告添加背景音乐 .avi

制作概述

嵌套完成后,需要为环保宣传广告添加音频文件。

学习目标

学会添加音频文件。
学会设置音频文件的缓出效果。

操作步骤

(1) 将当前时间设为 00:00:00:00,将【背景音乐 .mp3】拖曳至 A1 轨道中,与时间线对齐,将音频轨放大,将当前时间设置为 00:00:39:18,使用【钢笔工具】添加一个关键帧,如图 9-81 所示。

(2) 将当前时间设置为 00:00:43:16,使用【钢笔工具】在音频文件上单击,添加一个关键帧,并按住该关键帧向下拖动,效果如图 9-82 所示。

图 9-81 添加关键帧

图 9-82 添加关键帧并进行调整

> **知识链接**
>
> 在宣传广告中添加背景音乐能够增强画面感，起到极其重要的作用。音乐的基调必须要与画面的色彩相符合。
>
> 有时在制作过程中，可以根据音乐的节奏来组织宣传广告中的素材并设置动画关键帧。

案例精讲 149 导出环保宣传广告

 案例文件：CDROM | 场景 | Cha09 | 环保宣传广告 .prproj

 视频文件：视频教学 | Cha09 | 导出环保宣传广告 .avi

制作概述

本案例将介绍如何将制作完成后的环保宣传广告进行输出。

学习目标

巩固输出序列文件并进行设置。

操作步骤

(1) 激活【序列】面板，在菜单栏中选择【文件】|【导出】|【媒体】命令，在弹出的【导出设置】对话框中将【格式】设为 AVI，将【预设】设为 PAL DV，单击【输出名称】右侧的名称，如图 9-83 所示。

(2) 弹出【另存为】对话框，在该对话框中设置输出路径及文件名，然后单击【保存】按钮，如图 9-84 所示。返回到【导出设置】对话框中，在该对话框中单击【导出】按钮，即可对影片进行渲染输出。

图 9-83 设置输出参数

图 9-84 【另存为】对话框

第 10 章
儿童电子相册

CG设计案例课堂

孩子的照片会随着时间而变质，将孩子的照片以图、文、声的电子相册方式表现出来，可以永久记录孩子童年的美好时光。本例将介绍儿童电子相册的制作过程，完成后的效果如图 10-1 所示。

图 10-1　儿童电子相册

知识链接

　　制作电子相册首先要获得数字化的图片。使用数码相机拍摄，可以直接得到数码照片。也可以使用普通相机拍摄，然后通过扫描仪得到图片文件。对于一些特殊的图像可以采用屏幕截屏软件获得图片。

　　然后使用专业的软件(如Photoshop)对图片进行加工处理，对图片素材进行美化。

　　最后使用电子相册制作相关软件将处理后的图片制作成电子相册。

案例精讲 150　新建项目序列与导入素材

　　案例文件：CDROM | 场景 | Cha10 | 儿童电子相册.prproj

　　视频文件：视频教学 | Cha10 | 新建项目序列与导入素材.avi

制作概述

　　在【新建项目】对话框中，选择项目的保存路径，对项目名称进行命名。然后新建序列并导入素材文件，最后在【项目】面板中新建【图片】文件夹，将导入的图片素材文件拖曳至该文件夹中。

学习目标

巩固新建项目序列与导入素材。

巩固如何新建素材箱。

操作步骤

(1) 运行 Premiere Pro CC，在欢迎界面中单击【新建项目】按钮，在【新建项目】对话框中，选择项目的保存路径，对项目名称进行命名，单击【确定】按钮，如图 10-2 所示。

(2)进入【新建序列】对话框中，在【序列预置】选项卡中【有效预置】区域下选择 DV-PAL |【标准 48kHz】选项，对【序列名称】进行命名，单击【确定】按钮。

(3) 进入操作界面，在【项目】面板中【名称】区域下的空白处双击，在弹出的对话框中选择随书附带光盘 CDROM| 素材 |Cha10 文件夹中所有文件，单击【打开】按钮，如图 10-3 所示，导入素材。

(4) 导入素材后，单击【项目】面板中的【新建素材箱】按钮，新建【图片】文件夹。将导入的图片素材文件拖曳至该文件夹中，如图 10-4 所示。

图 10-2　新建项目

图 10-3　选择素材文件

图 10-4　移动素材文件

案例精讲 151　设置相册背景

制作概述

导入背景视频素材，设置【缩放】并对其进行复制，使用【剃刀工具】将多余的部分剪切并删除，最后添加背景素材图片并调整其【缩放】和【混合模式】。

学习目标

了解如何使用【剃刀工具】将多余的部分剪切并删除。

掌握【混合模式】的设置。

操作步骤

(1)在【项目】面板中，将【花瓣飞舞 .AVI】文件拖曳至【时间轴】面板的 V1 轨道中。在【效果控件】面板中，将其【缩放】设置为 210.0，如图 10-5 所示。

(2) 然后对 V1 轨道中的【花瓣飞舞 .AVI】文件进行复制，在其后复制 9 个【花瓣飞舞 .AVI】文件，如图 10-6 所示。

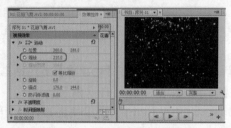

图 10-5　设置【缩放】参数

图 10-6　复制 9 个【花瓣飞舞 .AVI】文件

(3) 将【项目】面板中的【背景 .jpg】素材图片拖曳至 V2 轨道中，与轨道顶端对齐，将其持续时间设置为 00:01:38:16，如图 10-7 所示。

(4) 将当前时间设置为 00:01:38:16，使用【剃刀工具】，对 V1 轨道中最后一个【花瓣飞舞 .AVI】文件，沿着时间线进行剪切，将剪切的后半部分删除，如图 10-8 所示。

图 10-7　设置持续时间

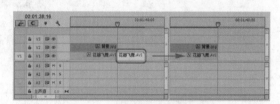

图 10-8　将剪切的后半部分删除

(5) 选中 V2 轨道中的【背景 .jpg】素材图片，在【效果控件】面板中，将其【缩放】设置为 77.0，【混合模式】设置为【滤色】，如图 10-9 所示。

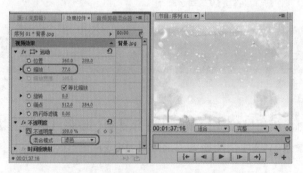

图 10-9　设置【背景 . jpg】素材图片

案例精讲 152　创建字幕和制作【序列 01】

案例文件：CDROM | 场景 | Cha10 | 儿童电子相册.prproj

视频文件：视频教学 | Cha10 | 创建字幕和制作【序列01】.avi

制作概述

本例首先创建制作【序列01】所需要的文字字幕，然后选中【纹理】复选框，通过设置图形纹理来创建图片字幕，在【滚动/游动选项】对话框中设置字幕的运动方式。字幕创建完成后添加【基本3D】、【快速模糊】和【查找边缘】等效果，并设置相应的【位置】、【缩放】和【透明度】动画关键帧参数。

学习目标

学会为字幕添加纹理并设置运动方式。

了解视频效果的设置。

掌握动画关键帧的设置。

操作步骤

(1) 按 Ctrl+T 组合键，在弹出的【新建字幕】对话框中，将【名称】设置为【标题字幕】，如图 10-10 所示。

(2) 在字幕面板中，输入文字【童年的一份记忆】。将文字设置为【字幕样式】中的 CaslonPro Slant Blue 70，然后将【字体系列】设置为【文鼎雕刻体】，【字体大小】设置为 80.0，然将【X 位置】设置为 406.6，【Y 位置】设置为 271.6，如图 10-11 所示。

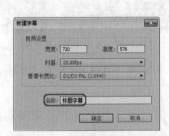

图 10-10　【新建字幕】对话框

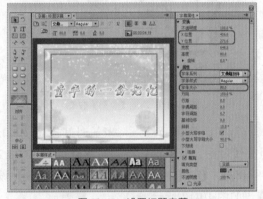

图 10-11　设置标题字幕

　　只有将字体的属性设置完成后再设置【X 位置】和【Y 位置】，才能够确定字幕的最终位置。

(3) 将字幕面板关闭，将新建的【标题字幕】拖曳至 V3 轨道的顶部并将其持续时间设置为 00:00:10:00，如图 10-12 所示。

(4) 为【标题字幕】添加【闪光灯】效果，在【效果控件】面板中，将【与原始图像混合】设置为 60%，如图 10-13 所示。

图 10-12　添加【标题字幕】

图 10-13　设置【闪光灯】效果

(5) 新建【图片 01】字幕，在字幕面板中，使用【矩形工具】绘制一个【宽度】为 428、【高度】为 560 的矩形。在【字幕属性】中，选中【纹理】复选框，单击【纹理】右侧图块，在弹出的【选择纹理图像】对话框中，选择随书附带光盘中的 CDROM | 素材 |Cha10| 01.jpg 文件，单击【打开】按钮。然后单击【垂直居中】按钮和【水平居中】按钮，如图 10-14 所示。

(6) 然后单击【内描边】和【外描边】右侧的【添加】按钮，将【外描边】的【颜色】设置为白色，如图 10-15 所示。

图 10-14　添加【纹理】效果

图 10-15　添加【描边】效果

(7) 关闭字幕面板，将当前时间设置为 00:00:10:00，将【图片 01】添加到 V4 轨道中并与时间线对齐，然后将其持续时间设置为 00:00:20:00，如图 10-16 所示。

(8) 在【效果控件】面板中，将【缩放】设置 370.0，然后单击其左侧的【切换动画】按钮，如图 10-17 所示。

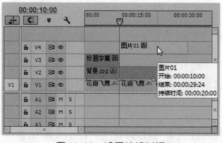

图 10-16　设置持续时间

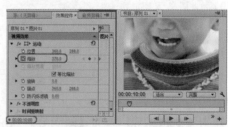

图 10-17　设置【缩放】参数

(9) 将当前时间设置为 00:00:10:19，然后单击【位置】左侧的【切换动画】按钮，将【缩放】设置为 60.0，如图 10-18 所示。

(10) 将当前时间设置为 00:00:11:06，为其添加【视频效果】|【透视】|【基本 3D】效果，将【位置】设置为 360.0、220.0，然后单击【基本 3D】中【旋转】左侧的【切换动画】按钮，如

图 10-19 所示。

图 10-18　设置运动参数

图 10-19　设置效果参数

(11) 将当前时间设置为 00:00:14:00，将【基本 3D】中的【旋转】设置为 1×0.0°，将【与图像的距离】设置为 20.0，选中【显示镜面高光】复选框，如图 10-20 所示。

(12) 新建【英文字幕】，在字幕面板中输入英文 pretty boy。将文字设置为【字幕样式】中的 Tekton Pro Yellow 93，然将【X 位置】设置为 383.8、【Y 位置】设置为 422.2，如图 10-21 所示。

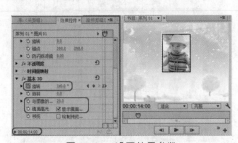

图 10-20　设置效果参数

图 10-21　设置英文字幕

(13) 关闭字幕面板，将当前时间设置为 00:00:12:19，将【英文字幕】拖曳至 V3 轨道中，与时间线对齐，将持续时间设置为 00:00:07:06，如图 10-22 所示。

(14) 将当前时间设置为 00:00:12:19，为其添加【视频效果】|【模糊与锐化】|【快速模糊】效果。在【效果控件】面板中，将【模糊度】设置为 200.0，然后单击其左侧的【切换动画】按钮，如图 10-23 所示。

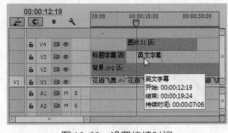

图 10-22　设置持续时间

图 10-23　设置【模糊度】参数

(15) 将当前时间设置为 00:00:15:08，将【模糊度】设置为 0.0，如图 10-24 所示。

(16) 新建【图片 02】字幕，在字幕面板中，使用【矩形工具】，在字幕的底部绘制一个适当大小的矩形，将其【填充】的【颜色】RGB 值设置为 123、225、255，如图 10-25 所示。

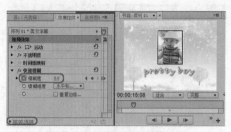

图 10-24　设置【模糊度】参数

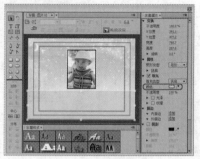

图 10-25　绘制矩形

　　(17) 在空白位置绘制一个矩形，选中【纹理】复选框，单击【纹理】右侧图块，在弹出的【选择纹理图像】对话框中，选择随书附带光盘中的 CDROM| 素材 |Cha10| 02.jpg 文件，单击【打开】按钮。然后为其添加【外描边】，将【颜色】设置为白色。将矩形移动到如图 10-26 所示的位置。

　　(18) 对绘制的小矩形进行复制，并调整复制后矩形的位置，将复制得到的矩形纹理图片分别更改为附带光盘中 CDROM| 素材 |Cha10| 03.jpg 和 04.jpg 文件，如图 10-27 所示。

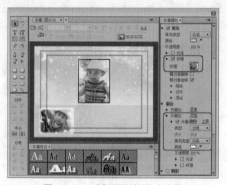

图 10-26　绘制矩形并移动位置

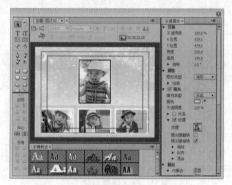

图 10-27　复制矩形并更改【纹理】

　　(19) 单击【滚动/游动选项】按钮，在弹出的【滚动/游动选项】对话框中，将【字幕类型】选择为【向左游动】，然后选中【开始于屏幕外】和【结束于屏幕外】复选框，如图 10-28 所示。

　　(20) 单击【确定】按钮，关闭字幕面板。将【图片 02】字幕拖曳至 V3 轨道中，与【英文字幕】的尾部对齐，将其持续时间设置为 00:00:10:00，如图 10-29 所示。

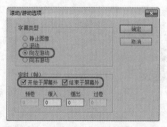

图10-28　【滚动/游动选项】对话框

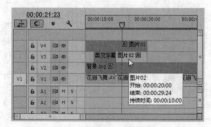

图 10-29　添加字幕并设置持续时间

　　(21) 新建【图片 03】字幕，在字幕面板中，使用【矩形工具】绘制一个【宽度】为 500.0、【高度】为 330.0 的矩形。将【X 位置】设置为 396.2、【Y 位置】设置为 271.1。选中【纹理】复选框，单击【纹理】右侧图块，在弹出的【选择纹理图像】对话框中，选择随书附带光盘中的 CDROM| 素材 |Cha10| 05.jpg 文件，单击【打开】按钮，如图 10-30 所示。

(22) 添加【外描边】，将【填充类型】设置为【线型渐变】，左右颜色色块的 RGB 值分别设置为 238、214、231 和 124、225、254，如图 10-31 所示。

图 10-30　绘制矩形并添加纹理

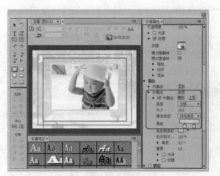
图 10-31　设置【外描边】参数

(23) 单击【基于当前字幕新建字幕】按钮，新建【图片 04】字幕。在字幕面板中，将【X 位置】设置为 399.0、【Y 位置】设置为 287.7。将【纹理】更改为附带光盘中的 CDROM| 素材 |Cha10| 06.jpg 文件，如图 10-32 所示。

(24) 关闭字幕面板。将【图片 03】字幕拖曳至 V3 轨道中与【图片 02】字幕对齐，将【图片 04】字幕拖曳至 V4 轨道中与【图片 01】字幕对齐。然后将其持续时间都设置为 00:00:10:00，如图 10-33 所示。

图 10-32　更改纹理

图 10-33　添加字幕并设置持续时间

(25) 将当前时间设置为 00:00:31:22，选中 V3 轨道中的【图片 03】字幕，在【效果控件】面板中，单击【位置】左侧的【切换动画】按钮，将其值设置为 401.0、288.0；将当前时间设置为 00:00:33:18，将【位置】设置为 491.7、184.6，如图 10-34 所示。

图 10-34　设置【位置】参数

(26) 将当前时间设置为 00:00:31:22，选中 V4 轨道中的【图片 04】字幕，在【效果控件】面板中，单击【位置】左侧的【切换动画】按钮，将其值设置为 360.0、300.0；将当前时间设置为 00:00:33:18，将【位置】设置为 230.0、405.0，如图 10-35 所示。

图 10-35　设置【位置】参数

(27) 将当前时间设置为 00:00:33:19，使用【剃刀工具】，沿着时间线对【图片 03】和【图片 04】字幕进行剪切，然后将剪切后得到的【图片 03】和【图片 04】字幕，进行位置互换，如图 10-36 所示。

(28) 将当前时间设置为 00:00:36:05，选中 V4 轨道中的【图片 03】字幕，在【效果控件】面板中，将【位置】设置为 350.0、300.0，如图 10-37 所示。

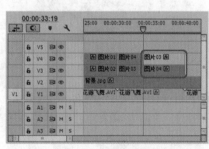

图 10-36　互换字幕位置

图 10-37　设置【位置】参数

(29) 选中 V3 轨道中的【图片 04】字幕，在【效果控件】面板中，将【位置】设置为 380.0、260.0，如图 10-38 所示。

(30) 新建【图片 05】字幕，在字幕面板中使用【矩形工具】，绘制一个宽为 210.0、高为 315.0 的矩形，选中【纹理】复选框，单击【纹理】右侧图块，在弹出的【选择纹理图像】对话框中，选择随书附带光盘中的 CDROM| 素材 |Cha10| 07.jpg 文件，单击【打开】按钮。然后添加【外描边】，将【大小】设置为 5.0，【颜色】设置为白色，如图 10-39 所示。

图 10-38　设置【位置】参数

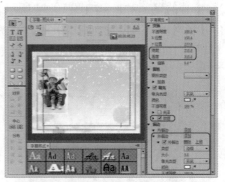

图 10-39　绘制矩形并设置纹理

(31) 对绘制的矩形进行复制，并调整复制后矩形的位置，然后将其【图形类型】分别设置为圆角矩形和弧形，并将其纹理图片分别更改为附带光盘中 CDROM| 素材 |Cha10| 08.jpg 和 09.jpg 文件，如图 10-40 所示。

(32) 单击【滚动 / 游动选项】按钮■，在弹出的【滚动 / 游动选项】对话框中，将【字幕类型】选择为【向左游动】，然后选中【开始于屏幕外】复选框，如图 10-41 所示，单击【确定】按钮。

图 10-40　更改纹理

图 10-41　【滚动/游动选项】对话框

(33) 单击【基于当前字幕新建字幕】按钮■，新建【图片06】。单击【滚动/游动选项】按钮■，在弹出的【滚动/游动选项】对话框中，将【字幕类型】选择为【静止图像】，如图 10-42所示，单击【确定】按钮。

(34) 单击【基于当前字幕新建字幕】按钮■，新建【图片07】。单击【滚动/游动选项】按钮■，在弹出的【滚动/游动选项】对话框中，将【字幕类型】选择为【向左游动】，然后选中【结束于屏幕外】复选框，如图10-43所示。单击【确定】按钮。

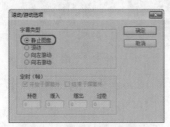

图 10-42　设置【图片 06】

图 10-43　设置【图片 07】

(35) 关闭字幕面板。将【图片05】、【图片06】和【图片07】字幕添加到V4轨道中，与【图片 03】字幕的尾部对齐，如图 10-44 所示。

(36) 将当前时间设置为 00:00:54:24，将 10.jpg 拖曳至 V4 轨道中并与时间线对齐，将其【位置】设置为 180.0、288.0，【缩放】设置为 50.0，如图 10-45 所示。

图 10-44 添加字幕

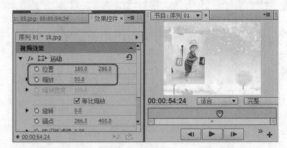

图 10-45 设置【位置】和【缩放】参数

(37) 将 11.jpg 拖曳至 V5 轨道中并与时间线对齐，如图 10-46 所示。

(38) 在【效果控件】面板中，将其【位置】设置为 530.0、288.0，【缩放】设置为 50.0，如图 10-47 所示。

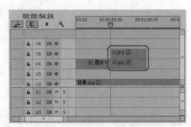

图 10-46 添加素材图片

图 10-47 设置【位置】和【缩放】参数

(39) 将 12.jpg 拖曳至 V4 轨道中与 10.jpg 的尾部对齐。将当前时间设置为 00:01:02:01，将其【缩放】设置为 110.0，单击【不透明度】右侧的【添加 / 移除关键帧】按钮 ◈，如图 10-48 所示。

(40) 将当前时间设置为 00:01:02:24，将【不透明度】设置为 40.0%，如图 10-49 所示。

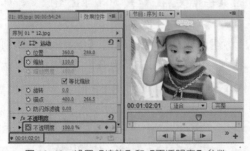

图 10-48 设置【缩放】和【不透明度】参数

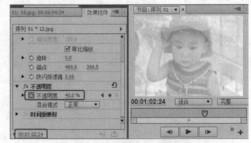

图 10-49 设置【不透明度】参数

(41) 将 12.jpg 的持续时间设置为 00:00:17:06，然后将 16.jpg 图片拖曳至 V4 轨道中，与 12.jpg 的尾部对齐，将其持续时间设置为 00:00:21:11，如图 10-50 所示。

(42) 将当前时间设置为 00:01:20:11，在【效果控件】面板中，将 16.jpg 图片的【缩放】设置为 110.0，然后单击其左侧的【切换动画】按钮 ◉，如图 10-51 所示。

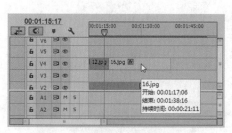

图 10-50　添加图片并设置持续时间

图 10-51　设置【缩放】参数

(43) 将当前时间设置为 00:01:24:03，为其添加【视频效果】|【透视】|【基本 3D】效果，单击【位置】左侧的【切换动画】按钮🔘，将【缩放】设置为 60.0，然后单击【基本 3D】中【旋转】和【倾斜】左侧的【切换动画】按钮🔘，如图 10-52 所示。

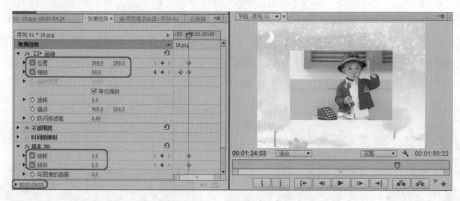

图 10-52　设置关键帧参数

(44) 将当前时间设置为 00:01:24:21，将【缩放】设置为 35.0，将【基本 3D】中的【旋转】设置为 –43.0°、【倾斜】设置为 –60.0°，如图 10-53 所示。

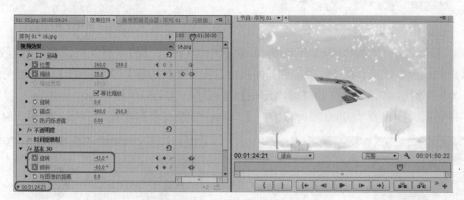

图 10-53　设置关键帧参数

(45) 将当前时间设置为 00:01:25:13，将【位置】设置为 60.0、67.0，【缩放】设置为 0.0，如图 10-54 所示。

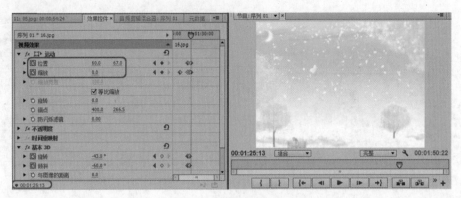

图 10-54　设置关键帧参数

　　(46) 新建【图片 08】字幕，在字幕面板中，使用【椭圆工具】，在适当位置绘制一个椭圆，选中【纹理】复选框，单击【纹理】右侧图块，在弹出的【选择纹理图像】对话框中，选择随书附带光盘中的 CDROM| 素材 |Cha10| 17.jpg 文件，单击【打开】按钮。选中【阴影】复选框，将【颜色】设置为白色，【不透明度】设置为 100%，【角度】设置为 90.0°，【距离】设置为 10.0，【大小】设置为 20.0，如图 10-55 所示。

　　(47) 关闭字幕面板，将当前时间设置为 00:01:25:18，将【图片 08】字幕拖曳至 V5 轨道中，与时间线对齐，然后将其持续时间设置为 00:00:12:23，如图 10-56 所示。

图 10-55　新建【图片 08】字幕

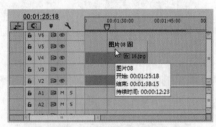

图 10-56　添加字幕并设置持续时间

　　(48) 将当前时间设置为 00:01:27:19，为 V2 轨道中的【背景 .jpg】素材文件添加【视频效果】|【风格化】|【查找边缘】效果，在【效果控件】面板中，将【查找边缘】效果中的【与原始图像混合】设置为 100%，然后单击其左侧的【切换动画】按钮，如图 10-57 所示。

　　(49) 将当前时间设置为 00:01:30:08，将【与原始图像混合】设置为 20%，如图 10-58 所示。

图 10-57　设置【查找边缘】效果参数

图 10-58　设置【与原始图像混合】参数

案例精讲 153　制作【序列 02】

案例文件：CDROM | 场景 | Cha10 | 儿童电子相册.prproj

视频文件：视频教学 | Cha10 | 制作【序列02】.avi

制作概述

本例首先新建【序列 02】，然后添加素材图片并设置【位置】、【缩放】和【旋转】动画关键帧，最后将【序列 02】拖曳至【序列 01】的轨道中。

学习目标

巩固动画关键帧的设置。

操作步骤

(1) 在菜单栏中选择【文件】|【新建】|【序列】命令，在弹出的【新建序列】对话框中，在【序列预置】选项卡中【有效预置】区域下选择 DV-PAL |【标准 48kHz】选项，对【序列名称】进行命名，单击【确定】按钮。

(2) 将【项目】面板中，将 13.jpg 文件拖曳至【时间轴】面板的 V1 轨道中。将其持续时间设置为 00:00:15:00，如图 10-59 所示。

(3) 将当前时间设置为 00:00:09:23，在【效果控件】面板中，将【位置】设置为 555.0、333.0，【缩放】设置为 30.0，然后单击【位置】和【缩放】左侧的【切换动画】按钮，如图 10-60 所示。

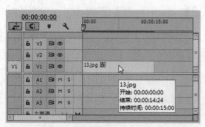

图 10-59　添加图片素材并设置持续时间

图 10-60　设置关键帧

(4) 将当前时间设置为 00:00:12:00，在【效果控件】面板中，将【位置】设置为 350.0、285.0，【缩放】设置为 60.0，如图 10-61 所示。

(5) 将【项目】面板中，将 14.jpg 文件拖曳至【时间轴】面板的 V2 轨道中。将其持续时间设置为 00:00:09:23。将当前时间设置为 00:00:00:00，在【效果控件】面板中，单击【旋转】左侧的【切换动画】按钮。将当前时间设置为 00:00:01:09，在【效果控件】面板中，将【旋转】设置为 10.0°，如图 10-62 所示。

图 10-61　设置关键帧　　　　　　　　　　图 10-62　设置【旋转】关键帧

（6）将当前时间设置为00:00:05:00，在【效果控件】面板中，将【位置】设置为555.0、333.0，【缩放】设置为30.0，然后单击【位置】和【缩放】左侧的【切换动画】按钮🖐，单击【旋转】右侧的【添加/移除关键帧】按钮◇。将当前时间设置为00:00:06:12，将【位置】设置为280.0、288.0，【缩放】设置为60.0，【旋转】设置为0.0°，如图10-63所示。

图 10-63　设置关键帧

（7）将【项目】面板中的 15.jpg 文件拖曳至【时间轴】面板的 V3 轨道中。将当前时间设置为 00:00:00:00，在【效果控件】面板中，单击【旋转】左侧的【切换动画】按钮🖐。将当前时间设置为 00:00:00:24，在【效果控件】面板中，单击【位置】和【缩放】左侧的【切换动画】按钮🖐，将【位置】设置为 555.0、333.0，【缩放】设置为 30.0，【旋转】设置为 20.0°。将当前时间设置为 00:00:02:12，在【效果控件】面板中，将【位置】设置为 280.0、288.0，【缩放】设置为 60.0，【旋转】设置为 0.0°，如图 10-64 所示。

图 10-64　设置【位置】、【缩放】和【旋转】关键帧

（8）切换至【序列 01】，将当前时间设置为 00:01:02:05，将【项目】面板中的【序列 02】

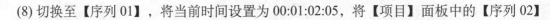

拖曳至 V5 轨道中，与时间线对齐，如图 10-65 所示。

图 10-65　添加【序列 02】

案例精讲 154　设置视频过渡效果

案例文件：CDROM | 场景 | Cha10 | 儿童电子相册.prproj

视频文件：视频教学 | Cha10 | 设置视频过渡效果.avi

制作概述

本例将分别为各个字幕或图片字幕添加【插入】、【旋转离开】、【交叉溶解】、【棋盘擦除】、【滑动带】、【交叉伸展】、【滑动框】和【风车】等视频过渡效果。

学习目标

掌握如何添加并设置视频过渡效果。

操作步骤

(1) 在 V3 轨道【标题字幕】的头部，添加【视频过渡】|【擦出】|【插入】效果，如图 10-66 所示。

(2) 在 V3 轨道【标题字幕】的尾部，添加【视频过渡】|【3D 运动】|【旋转离开】效果，如图 10-67 所示。

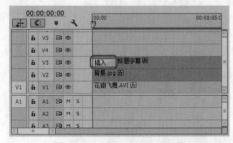

图 10-66　添加【插入】效果

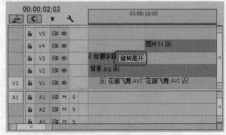

图 10-67　添加【旋转离开】效果

(3) 在 V4 轨道【图片 04】和【图片 03】之间，添加【视频过渡】|【溶解】|【交叉溶解】效果，如图 10-68 所示。

(4) 在 V4 轨道 10.jpg 的头部和 V5 轨道 11.jpg 的头部，添加【视频过渡】|【擦除】|【棋盘擦除】效果，如图 10-69 所示。

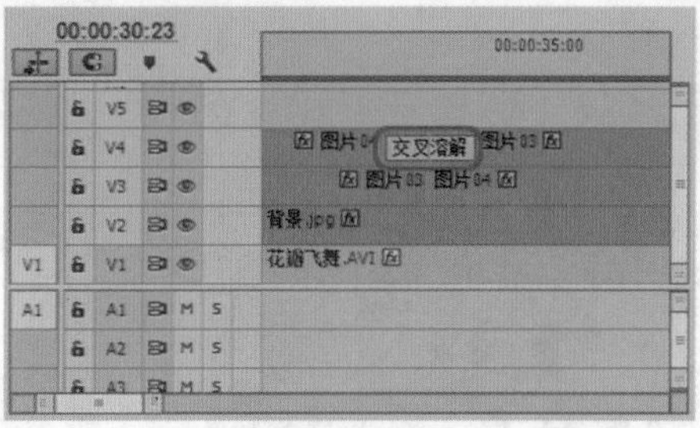

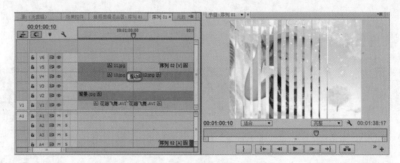

图 10-68　添加【交叉溶解】效果 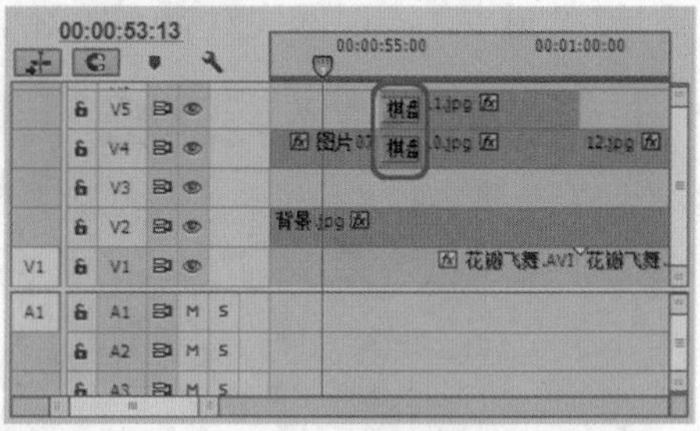　　　　图 10-69　添加【棋盘擦除】效果

(5) 在 V4 轨道 12.jpg 的头部，添加【视频过渡】|【滑动】|【滑动带】效果，如图 10-70 所示。

图 10-70　添加【滑动带】效果

(6) 在 V5 轨道【序列 02】的头部，添加【视频过渡】|【伸缩】|【交叉伸展】效果，如图 10-71 所示。

图 10-71　添加【交叉伸展】效果

(7) 在 V4 轨道 16.jpg 的头部，添加【视频过渡】|【滑动】|【滑动框】效果，如图 10-72 所示。

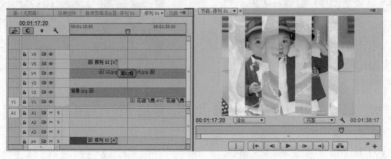

图 10-72　添加【滑动框】效果

(8) 在 V5 轨道【图片 08】的头部，添加【视频过渡】|【擦除】|【风车】效果，如图 10-73 所示。

图 10-73　添加【风车】效果

案例精讲 155　添加背景音乐并输出视频

案例文件：CDROM | 场景 | Cha10 | 儿童电子相册.prproj

视频文件：视频教学 | Cha10 | 添加背景音乐并输出视频.avi

制作概述

使用【剃刀工具】将各个轨道中多余的部分剪切并删除，然后为音频添加【恒定增益】效果和【指数淡化】效果，最后在【导出设置】对话框中设置视频输出参数。

学习目标

巩固添加音频效果的操作方法。

巩固输出视频的操作方法。

操作步骤

(1) 将【项目】面板中的 Flower Dance.mp3 音频素材文件，拖曳至 A1 轨道中。将当前时间设置为 00:01:38:16，使用【剃刀工具】，以时间线为基准，将各个轨道中多余的部分剪切并删除，如图 10-74 所示。

(2) 在 A1 轨道音频素材头部，添加【音频过渡】|【交叉淡化】|【恒定增益】效果，并将持续时间设置为 00:00:02:00，如图 10-75 所示。

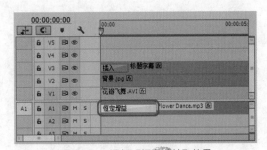

图 10-74　将各个轨道中多余的部分剪切并删除　　　图 10-75　添加【恒定增益】效果

（3）在 A1 轨道音频素材尾部，添加【音频过渡】|【交叉淡化】|【指数淡化】效果，并将持续时间设置为 00:00:04:00，如图 10-76 所示。

（4）在菜单栏中选择【文件】|【导出】|【媒体】命令，在弹出的【导出设置】对话框中，选中【与序列设置匹配】复选框，然后单击【输出名称】右侧的文本，设置输出的位置和名称。最后单击【导出】按钮，如图 10-77 所示。

图 10-76　添加【指数淡化】效果

图 10-77　【导出设置】对话框

第 11 章
电影预告片头

本章重点

- ◆ 新建项目序列与导入素材
- ◆ 设置开场字幕
- ◆ 制作【序列2】
- ◆ 完成【电影片头序列】
- ◆ 添加背景音乐并输出视频

电影预告呈现电影中精彩的片段，给观众以视觉上的冲击，而电影预告片头用以引导出电影预告。本例将介绍电影预告片头的制作过程，完成后的效果如图 11-1 所示。

图 11-1　电影预告片头

案例精讲 156　新建项目序列与导入素材

案例文件：CDROM | 场景 | Cha11 | 电影预告片头.prproj

视频文件：视频教学 | Cha11 | 新建项目序列与导入素材.avi

制作概述

首先新建项目和序列，在【新建序列】对话框中切换至【轨道】选项卡，设置视频轨道数，然后将素材导入后新建【素材箱】文件夹，将导入的素材文件拖至该文件夹中。

学习目标

巩固如何设置视频轨道数。

巩固如何新建【素材箱】文件夹。

操作步骤

(1) 运行 Premiere Pro CC，在欢迎界面中单击【新建项目】按钮，在【新建项目】对话框中，选择项目的保存路径，对项目名称进行命名，单击【确定】按钮，如图 11-2 所示。

(2) 在【项目】面板中右击，在弹出的快捷菜单中选择【新建项目】|【序列】命令，如图 11-3 所示。

图 11-2　新建项目

图 11-3　选择【序列】命令

（3）进入【新建序列】对话框中，在【序列预置】选项卡中【有效预置】区域下选择 DV-PAL |【宽屏 48kHz】选项，对【序列名称】进行命名，单击【确定】按钮，如图 11-4 所示。

（4）在【新建序列】对话框中切换至【轨道】选项卡，将【视频】设置为 5 轨道，然后单击【确定】按钮，如图 11-5 所示。

图 11-4　设置序列

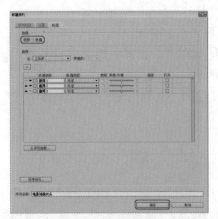
图 11-5　设置【视频】

（5）进入操作界面，在【项目】面板中【名称】区域下的空白处双击，在弹出的对话框中选择随书附带光盘 CDROM| 素材 |Cha11 文件夹中所有文件，单击【打开】按钮，如图 11-6 所示，导入素材。

（6）导入素材后，单击【项目】面板中的【新建素材箱】按钮 ，新建【素材箱】文件夹。将导入的素材文件拖至该文件夹中，如图 11-7 所示。

图 11-6　选择素材文件

图 11-7　将素材文件放入【素材箱】文件夹中

案例精讲 157　设置开场字幕

 案例文件：CDROM | 场景 | Cha11 | 电影预告片头.prproj

 视频文件：视频教学 | Cha11 | 设置开场字幕.avi

制作概述

本例首先添加背景素材并设置其【持续时间】、【缩放】和【混合模式】，然后设置【线性擦除】效果。新建字幕并设置文字，最后为字幕添加【裁剪】效果并设置动画关键帧。

学习目标

巩固字幕的设置。

巩固【裁剪】效果的设置。

操作步骤

(1) 将当前时间设置为 00:00:03:14，将【项目】面板中的【火.avi】文件拖曳至 V1 轨道中，与时间线对齐，在弹出的【剪辑不匹配警告】对话框中，单击【保持现有设置】按钮，如图 11-8 所示。

(2) 选中 V1 轨道中的【火.avi】文件，在【效果控件】面板中，将【缩放】设置为 167.0，如图 11-9 所示。

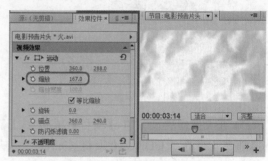

图 11-8　单击【保持现有设置】按钮　　　　　图 11-9　设置【缩放】参数

(3) 将当前时间设置为 00:00:08:05，对 V1 轨道中的【火.avi】文件进行复制，如图 11-10 所示。

(4) 将当前时间设置为 00:00:10:02，使用【剃刀工具】，对 V1 轨道中最后一个【火.avi】文件，沿着时间线进行剪切，将剪切的后半部分删除，如图 11-11 所示。

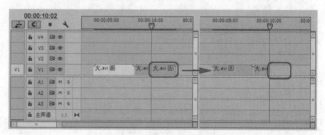

图 11-10　复制素材文件　　　　　　　图 11-11　将剪切的后半部分删除

(5) 将【项目】面板中的【背景 01.jpg】文件拖曳至 V2 轨道的顶部，右击，在弹出的快捷菜单中选择【速度/持续时间】命令。在弹出的【剪辑速度/持续时间】对话框中，将【持续时间】设置为 00:00:10:02，然后单击【确定】按钮，如图 11-12 所示。

(6) 选中 V2 轨道中的【背景 01.jpg】文件，在【效果控件】面板中，将【缩放】设置为 160.0，【混合模式】设置为【滤色】，如图 11-13 所示。

图 11-12　设置持续时间

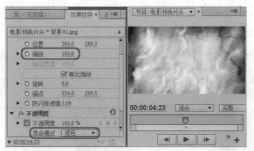

图 11-13　设置【缩放】和【滤色】参数

(7) 为 V2 轨道中的【背景 01.jpg】文件添加【视频效果】|【过渡】|【线性擦除】效果。将当前时间设置为 00:00:00:00，在【效果控件】面板中，单击【过渡完成】左侧的【切换动画】按钮 ，将其设置为 100%，如图 11-14 所示。

(8) 将当前时间设置为 00:00:00:21，在【效果控件】面板中，将【过渡完成】设置为 0%，如图 11-15 所示。

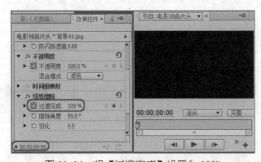

图 11-14　将【过渡完成】设置为 100%

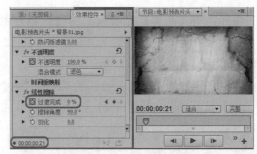

图 11-15　【过渡完成】设置为 0%

(9) 在【效果控件】面板中，将【擦除角度】设置为 50.0°，【羽化】设置为 10.0，如图 11-16 所示。

(10) 新建字幕，按 Ctrl+T 组合键，在弹出的【新建字幕】对话框中，将【名称】设置为【开场字幕】，如图 11-17 所示。

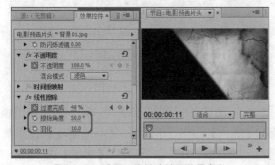

图 11-16　设置【线性擦除】效果参数

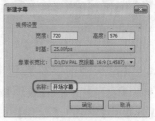

图 11-17　【新建字幕】对话框

(11) 在弹出的字幕面板中，输入英文 World Of War，将【字体系列】设置为 Adobe Caslon Pro，【字体样式】设置为 Bold Italic，【字符间距】设置为 5.0，如图 11-18 所示。

(12) 选中【纹理】复选框，单击【纹理】右侧图块，在弹出的【选择纹理图像】对话框中，选择随书附带光盘中的 CDROM | 素材 |Cha11| 背景 01.jpg 文件，单击【打开】按钮。然后添

加【外描边】，将【类型】设置为【深度】，【大小】设置为40.0，【颜色】的RGB值设置为113、39、1，如图11-19所示。

图 11-18　设置字体属性

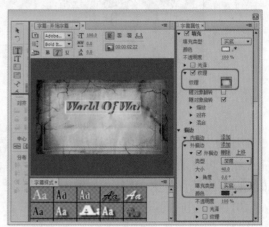

图 11-19　设置【纹理】和【外描边】参数

(13) 选中【阴影】复选框，将【颜色】的RGB值设置为237、147、28，【不透明度】设置为100%，【角度】设置为45.0°，【距离】设置为0.0，【大小】设置为50.0，【扩展】设置为65.0，如图11-20所示。

(14) 将字体的【大小】设置为120.0，然后在【中心】中，单击【垂直居中】按钮 和【水平居中】按钮 ，如图11-21所示。

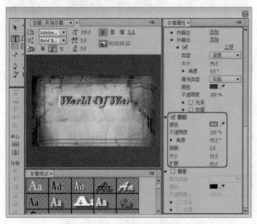

图 11-20　设置【阴影】参数

图 11-21　设置字体大小和中心

(15) 单击【基于当前字幕新建字幕】按钮 ，新建【开场字幕02】字幕。在字幕面板中，取消选中【填充】中的【纹理】复选框，将其【颜色】设置为黑色，【不透明度】设置为75%。将【外描边】中的【颜色】的RGB值设置为92、57、0，取消选中【阴影】复选框，如图11-22所示。

(16) 将字幕面板关闭。将【开场字幕】拖曳至V3轨道中的顶部，将当前时间设置为00:00:00:07，在【效果控件】面板中，单击【缩放】和【不透明度】左侧的【切换动画】按钮 ，将【缩放】设置为0.0，【不透明度】设置为0.0%，将【混合模式】设置为【深色】，如图11-23所示。

图 11-22 设置【开场字幕 02】字幕

图 11-23 设置关键帧

(17) 将当前时间设置为 00:00:03:14，将【缩放】设置为 100.0，【不透明度】设置为 100.0%，如图 11-24 所示。

(18) 将 V3 轨道中的【开场字幕】的【持续时间】设置为 00:00:10:02，如图 11-25 所示。

图 11-24 设置【缩放】和【不透明度】参数

图 11-25 设置持续时间

(19) 将当前时间设置为 00:00:07:23，在【效果控件】面板中，单击【缩放】右侧的【添加/移除关键帧】按钮◇。将当前时间设置为 00:00:10:01，将【缩放】设置为 600.0，如图 11-26 所示。

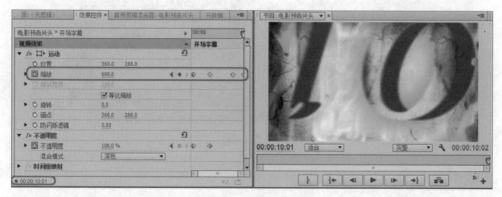

图 11-26 设置【缩放】

(20) 将【开场字幕 02】拖曳至 V4 轨道中的顶部，将其【持续时间】设置为 00:00:10:02，如图 11-27 所示。

(21) 将当前时间设置为 00:00:00:07，在【效果控件】面板中，单击【缩放】左侧的【切换动画】按钮◇，将【缩放】设置为 0.0，如图 11-28 所示。

图 11-27　设置持续时间

图 11-28　设置【缩放】参数

(22) 将当前时间设置为 00:00:03:14，将【缩放】设置为 100.0，【不透明度】设置为 100.0%，如图 11-29 所示。

(23) 为【开场字幕 02】添加【视频效果】|【变换】|【裁剪】效果。将当前时间设置为 00:00:03:04，在【效果控件】面板中，单击【底对齐】左侧的【切换动画】按钮，如图 11-30 所示。

图 11-29　设置【缩放】参数

图 11-30　添加【裁剪】效果

(24) 将当前时间设置为 00:00:06:07，在【效果控件】面板中，将【底对齐】设置为 85.0%，如图 11-31 所示。

图 11-31　设置【底对齐】参数

案例精讲 158　制作【序列 02】

案例文件：CDROM | 场景 | Cha11 | 电影预告片头.prproj

视频文件：视频教学 | Cha11 | 制作【序列 02】.avi

制作概述

本例介绍如何制作【序列 02】。新建序列后设置背景素材视频，将其音频删除。然后在【效果控件】面板中设置其参数,并添加【风车】效果。最后创建需要的字幕并设置字幕动画关键帧。

学习目标

学会添加并设置视频效果。

掌握如何设置字幕动画关键。

操作步骤

(1) 在菜单栏中选择【文件】|【新建】|【序列】命令。在弹出的【新建序列】对话框中,在【序列预置】选项卡中【有效预置】区域下选择 DV-PAL |【宽屏 48kHz】选项,对【序列名称】进行命名,单击【确定】按钮。

(2) 在【项目】面板中,将【光线 02.avi】文件拖曳至【序列 02】的 V1 轨道的顶部。在弹出的【剪辑不匹配警告】对话框中,单击【保持现有设置】。右击【光线 02.avi】,在弹出的快捷菜单中,选择【取消链接】命令。然后将 A1 轨道中的音频删除,如图 11-32 所示。

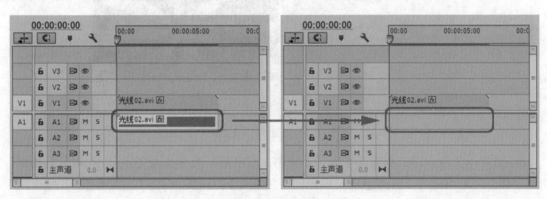

图 11-32 删除音频

(3) 将 V1 轨道中的【光线 02.avi】移动到 V2 轨道中,然后将【项目】面板中的【背景 02.jpg】拖曳至 V1 轨道的顶部,将【背景 02.jpg】的【持续时间】设置为 00:00:10:00,如图 11-33 所示。

(4) 选中【背景 02.jpg】,在【效果控件】面板中,将【缩放】设置为 60.0,如图 11-34 所示。

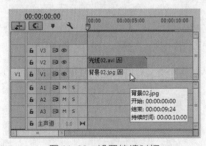

图 11-33 设置持续时间

图 11-34 设置【缩放】参数

(5) 选中 V2 轨道中的【光线 02.avi】,在【效果控件】面板中,将【缩放】设置为 55.0,【混合模式】设置为【强光】,如图 11-35 所示。

(6) 在【光线 02.avi】的尾部添加【视频过渡】|【擦除】|【风车】效果,如图 11-36 所示。

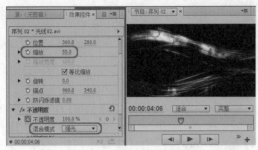

图 11-35　设置【缩放】和【混合模式】参数　　　　图 11-36　添加【风车】效果

(7) 选中添加的【风车】效果，在【效果控件】面板中，将【边框宽度】设置为 1.0，【边框颜色】的 RGB 值设置为 164、83、44，如图 11-37 所示。

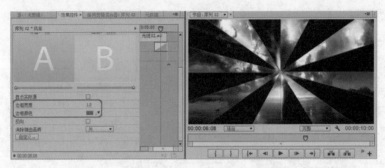

图 11-37　设置【风车】效果

(8) 按 Ctrl+T 组合键，新建【字幕 03】字幕，在字幕面板中输入文字"一个时代的终结"，将【字体系列】设置为【楷体 _GB2312】，【字体大小】设置为 120.0，如图 11-38 所示。

(9) 选中【填充】中的【纹理】复选框，单击【纹理】右侧图块，在弹出的【选择纹理图像】对话框中，选择随书附带光盘中的 CDROM| 素材 |Cha11| 背景 01.jpg 文件，单击【打开】按钮。添加【外描边】，将【类型】设置为【深度】，【大小】设置为 30.0，选中【纹理】复选框，将【纹理】设置为附带光盘中的 CDROM| 素材 |Cha11| 背景 02.jpg 文件，然后在【中心】中，单击【垂直居中】按钮 和【水平居中】按钮 ，如图 11-39 所示。

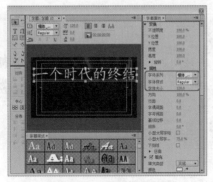
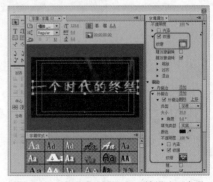

图 11-38　设置字体属性　　　　　　　　图 11-39　设置【纹理】和【外描边】参数

(10) 关闭字幕面板，将【字幕 03】添加到 V3 轨道中，将其【持续时间】设置为 00:00:10:00，如图 11-40 所示。

(11) 将当前时间设置为00:00:00:00，选中【字幕03】，在【效果控件】面板中，单击【位置】左侧的【切换动画】按钮 ，将其值设置为1070.0、288.0，如图11-41所示。

图11-40　设置持续时间

图11-41　设置【位置】参数

(12) 将当前时间设置为00:00:04:24，将【位置】设置为360.0、288.0，如图11-42所示。

(13) 将当前时间设置为00:00:06:21，单击【缩放】左侧的【切换动画】按钮 ，如图11-43所示。

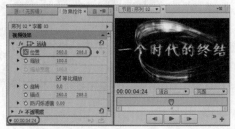

图11-42　设置【位置】参数

图11-43　添加【缩放】关键帧

(14) 将当前时间设置为00:00:09:24，将【缩放】设置为90.0，如图11-44所示。

图11-44　设置【缩放】参数

案例精讲 159　完成【电影片头序列】的制作

案例文件：CDROM | 场景 | Cha11 | 电影预告片头.prproj

视频文件：视频教学 | Cha11 | 完成【电影片头序列】的制作.avi

制作概述

首先添加【序列02】，然后设置【颜色遮罩】并添加相应的素材文件至轨道中。创建需要的字幕后，设置相应的字幕动画关键帧。为字幕添加【方向模糊】、【渐隐为白色】、【色阶】和【闪光灯】效果。最后创建【调整图层】并为其添加【镜头光晕】效果。

学习目标

学会使用【颜色遮罩】。

学会使用【调整图层】。

巩固视频效果的设置和字幕关键帧动画的设置。

操作步骤

(1) 切换至【电影片头序列】序列，将【项目】面板中的【序列 02】拖曳至【时间轴】面板的 V2 轨道中，与【背景 01.jpg】的尾部对齐。右击【序列 02】，在弹出的快捷菜单中选择【取消链接】命令，然后将 A2 轨道中的音频删除，如图 11-45 所示。

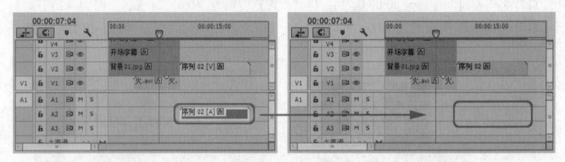

图 11-45　删除音频

(2) 在【项目】面板中右击，在弹出的快捷菜单中选择【新建项目】|【颜色遮罩】命令，在弹出的【新建颜色遮罩】对话框中单击【确定】按钮，在弹出的【拾色器】对话框中，设置 RGB 的值为 255、255、255，如图 11-46 所示。

(3) 单击【确定】按钮，在弹出的【选择名称】对话框中输入【白色遮罩】，如图 11-47 所示。

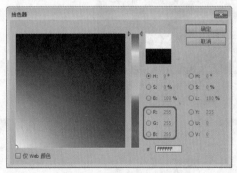

图 11-46　【拾色器】对话框

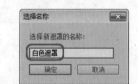

图 11-47　【选择名称】对话框

(4) 单击【确定】按钮。将当前时间设置为 00:00:20:02，将【白色遮罩】拖曳至 V1 轨道中，与时间线对齐，然后将其【持续时间】设置为 00:00:03:08，如图 11-48 所示。

(5) 在【项目】面板中双击【字幕 03】，在弹出的字幕面板中单击【基于当前字幕新建字幕】按钮，新建【字幕 04】字幕，将文本更改为【2014 年 8 月】，然后单击【垂直居中】按钮和【水平居中】按钮，如图 11-49 所示。

图 11-48　设置持续时间

图 11-49　新建【字幕 04】

(6) 在弹出的字幕面板中单击【基于当前字幕新建字幕】按钮，新建【字幕 05】字幕，将文本更改为【一个新时代的开启】，将【字体大小】设置为 100，然后单击【垂直居中】按钮和【水平居中】按钮，如图 11-50 所示。

(7) 在弹出的字幕面板中单击【基于当前字幕新建字幕】按钮，新建【字幕 06】字幕，将文本更改为【敬请期待】，将【字体大小】设置为 140，然后单击【垂直居中】按钮和【水平居中】按钮，如图 11-51 所示。

图 11-50　新建【字幕 05】

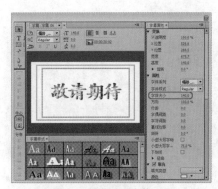

图 11-51　新建【字幕 06】

(8) 关闭字幕面板。将【字幕 04】拖曳至 V2 轨道中，与【序列 02】的尾部对齐。然后将其【持续时间】设置为 00:00:00:24，如图 11-52 所示。

(9) 将【字幕 05】拖曳至 V2 轨道中，与【字幕 03】的尾部对齐。然后将其【持续时间】设置为 00:00:02:09，如图 11-53 所示。

图 11-52　设置持续时间

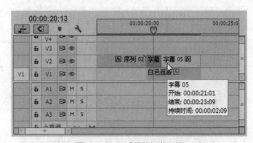

图 11-53　设置持续时间

(10) 将当前时间设置为 00:00:21:01，单击【缩放】左侧的【切换动画】按钮，将其值设置为600.0，如图11-54所示。

(11) 将当前时间设置为00:00:21:05，将【缩放】值设置为100.0，如图11-55所示。

图11-54　设置【缩放】参数

图11-55　设置【缩放】参数

(12) 将【项目】面板中，将【光线01.avi】文件拖曳至V1轨道中，与【白色遮罩】对齐。右击【光线01.avi】，在弹出的快捷菜单中选择【取消链接】命令。然后将A1轨道中的音频删除，如图11-56所示。

(13) 新建【字幕07】，在字幕面板中输入文本【史诗巨制】，将【字体系列】设置为【文鼎雕刻体】，【字体大小】设置为180.0，如图11-57所示。

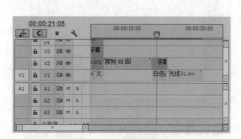

图11-56　删除音频

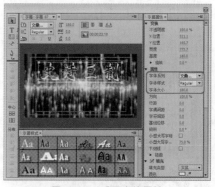

图11-57　设置字体属性

(14) 选中【阴影】复选框，将【颜色】的RGB值设置为129、129、129，【不透明度】设置为89%，【角度】设置为135.0°，【距离】设置为0.0，【大小】设置为14.0，【扩展】设置为63.0，然后单击【垂直居中】按钮和【水平居中】按钮，如图11-58所示。

(15) 关闭字幕面板，将【字幕07】添加到V2轨道中，与【字幕05】对齐，然后将其【持续时间】设置为00:00:03:15，如图11-59所示。

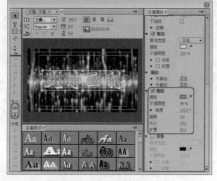

图11-58　设置【阴影】参数

图11-59　设置持续时间

(16) 将当前时间设置为00:00:27:00，使用【剃刀工具】 ，以时间线为基准，将V1轨道中【光线 01.avi】进行剪切并删除剪切后的部分，如图11-60所示。

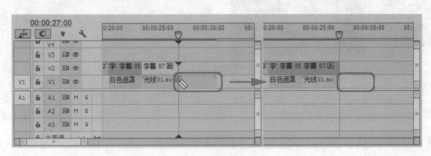

图11-60　剪切并删除

(17) 将当前时间设置为00:00:23:23，选中【字幕07】，在【效果控件】面板中，单击【位置】左侧的【切换动画】按钮 ，将当前时间设置为00:00:25:22，将【位置】设置为360.0、233.0，单击【不透明度】右侧的【添加/移除关键帧】按钮 ，如图11-61所示。

图11-61　设置【位置】和【不透明度】参数

(18) 将当前时间设置为00:00:26:13，将【不透明度】设置0.0%，如图11-62所示。

(19) 为【字幕07】添加【视频效果】|【模糊与锐化】|【方向模糊】效果，将当前时间设置为00:00:25:00，在【效果控件】面板中，单击【模糊长度】左侧的【切换动画】按钮 ，将其值设置为0.0，如图11-63所示。

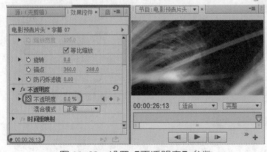

图11-62　设置【不透明度】参数

图11-63　设置【方向模糊】效果

(20) 将当前时间设置为00:00:26:00，将【模糊长度】设置为63.0，如图11-64所示。

(21) 在【字幕05】与【字幕07】之间添加【视频过渡】|【溶解】|【渐隐为白色】效果，如图11-65所示。

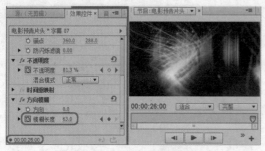

图 11-64　设置【模糊长度】参数

图 11-65　添加【渐隐为白色】效果

(22) 将【背景01.jpg】添加到V2轨道中与【字幕07】的尾部对齐，在【效果控件】面板中将【缩放】设置为160.0，如图11-66所示。

(23) 将当前时间设置为00:00:27:00，将【字幕06】拖曳至V3轨道中，与时间线对齐，如图11-67所示。

图 11-66　设置【缩放】参数

图 11-67　添加【字幕06】

(24) 在【效果控制】面板中，单击【缩放】左侧的【切换动画】按钮，将其值设置为85.0；将当前时间设置为00:00:30:02，将【缩放】设置为100.0，如图11-68所示。

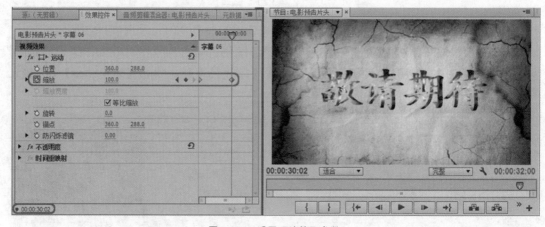

图 11-68　设置【缩放】参数

(25) 为【字幕06】添加【视频效果】|【调整】|【色阶】效果，将当前时间设置为00:00:27:00，在【效果控件】面板中，将【(RGB)输入黑色阶】设置为80，单击【(R)输入黑色阶】左侧的【切换动画】按钮，将其设置为195。将当前时间设置为00:00:30:02，将【(R)输入黑色阶】设置为60，如图11-69所示。

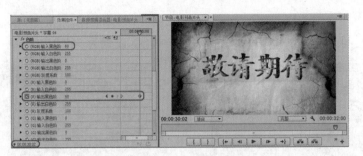

图 11-69　设置【色阶】效果

(26) 新建【字幕 08】，在字幕面板中，使用【矩形工具】绘制一个矩形，其【宽度】为 836.8，【高度】为 461.8，【X 位置】为 524.3，【Y 位置】为 287.5，如图 11-70 所示。

(27) 将【图形类型】设置为【开放贝塞尔曲线】，如图 11-71 所示。

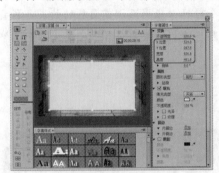

图 11-70　绘制矩形

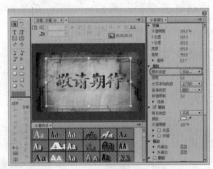

图 11-71　设置【图形类型】

(28) 使用相同的方法绘制一个矩形，并将【图形类型】设置为【开放贝塞尔曲线】，如图 11-72 所示。

(29) 关闭字幕面板，将当前时间设置为 00:00:27:00，将【字幕 08】拖曳至 V4 轨道中，与时间线对齐。为其添加【视频效果】|【风格化】|【闪光灯】效果，将【闪光】设置为【使图层透明】，如图 11-73 所示。

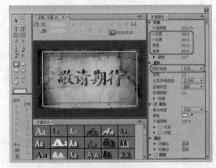

图 11-72　绘制矩形

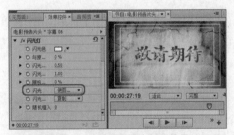

图 11-73　设置【闪光灯】效果

(30) 在【项目】面板中右击，在弹出的快捷菜单中选择【新建项目】|【调整图层】命令，在弹出的【调整图层】对话框中单击【确定】按钮。将当前时间设置为 00:00:27:00，将【调整图层】拖曳至 V5 轨道中，与时间线对齐。为【调整图层】添加【视频效果】|【生成】|【镜头光晕】效果，单击【光晕中心】左侧的【切换动画】按钮，将其设置为 110.0、140.0，如

图 11-74 所示。

(31) 将当前时间设置为 00:00:30:02，将【光晕中心】设置为 360.0、140.0，如图 17-75 所示。

图 11-74　设置【光晕中心】

图 11-75　设置【光晕中心】

知识链接

　　【调整图层】：将同一效果应用至时间轴上的多个剪辑。应用至调整图层的效果会影响图层堆叠顺序中位于其下的所有图层。可在单个调整图层上使用效果组合。也可使用多个调整图层控制更多效果。

案例精讲 160　添加背景音乐并输出视频

 案例文件：CDROM | 场景 | Cha11 | 电影预告片头.prproj

 视频文件：视频教学 | Cha11 | 添加背景音乐并输出视频.avi

制作概述

添加音频素材文件至轨道中，然后添加【恒定增益】效果。最后设置视频输出参数，将视频进行输出。

学习目标

巩固设置视频输出的方法。

操作步骤

(1) 将【项目】面板中的【音乐.mp3】音频素材文件，拖曳至 A1 轨道中，如图 11-76 所示。

(2) 在 A1 轨道音频素材头部，添加【音频过渡】|【交叉淡化】|【恒定增益】效果，如图 11-77 所示。

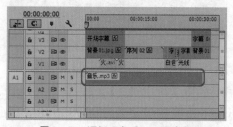
图 11-76　添加【音乐.mp3】音频

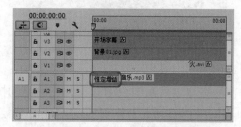
图 11-77　添加【恒定增益】效果

(3) 在菜单栏中选择【文件】|【导出】|【媒体】命令，在弹出的【导出设置】对话框中，

选中【与序列设置匹配】复选框，然后单击【输出名称】右侧的文本，设置输出的位置和名称。最后单击【导出】按钮，如图 11-78 所示。

图 11-78　【导出设置】对话框

第 12 章
婚礼片头

本章重点

- ◆ 新建项目序列和导入素材
- ◆ 创建字幕
- ◆ 创建序列文件
- ◆ 添加音频

婚礼片头是生活中常见到的。下面将介绍如何制作婚礼片头，其效果图如图 12-1 所示。

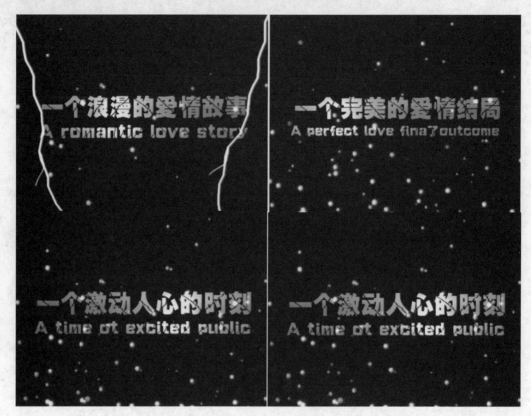

图 12-1　婚礼片头

案例精讲 161　新建项目序列和导入素材

 案例文件：CDROM | 场景 | Cha12 | 婚礼片头 .prproj

 视频文件：视频教学 | Cha12 | 新建项目序列和导入素材.avi

制作概述

本例介绍婚礼片头的制作。首先创建需要的项目和序列，并导入素材文件。

学习目标

巩固如何创建项目和序列并导入素材文件。

操作步骤

(1) 运行软件后，在欢迎界面中单击【新建项目】按钮，弹出【新建项目】对话框，设置正确的【名称】和【位置】，然后单击【确定】按钮，如图 12-2 所示。

(2) 新建项目文件后，按 Ctrl+N 组合键，弹出【新建序列】对话框，选择 DV-24P | 【标准 48kHz】选项，序列名称保持默认，单击【确定】按钮，如图 12-3 所示。

图 12-2 【新建项目】对话框

图 12-3 新建序列

（3）打开【项目】面板，在空白处双击，弹出【导入】对话框，选择随书附带光盘 CDROM| 素材 |Cha12 文件夹中的【婚礼片头】素材文件夹，并单击【导入文件夹】按钮，如图 12-4 所示。

（4）打开【项目】面板可以查看导入的素材文件，如图 12-5 所示。

图 12-4 导入素材文件夹

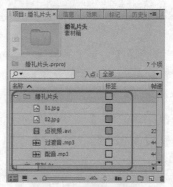

图 12-5 查看素材文件

案例精讲 162 创建字幕

✎ 案例文件：CDROM | 场景 | Cha12 | 婚礼片头.prproj

▶ 视频文件：视频教学 | Cha12 | 创建字幕.avi

制作概述

一个完美的片头，字幕是不可或缺的。首先根据片头主体内容创建字幕，通过【字幕属性】设置与其相符合的字幕。

学习目标

巩固不同类型字幕的创建。

巩固字幕属性的设置及如何应用字幕样式。

操作步骤

(1) 按 Ctrl+T 组合键，弹出【新建字幕】对话框，保持默认值，单击【确定】按钮，如图 12-6 所示。

(2) 进入【字幕编辑器】，使用【文字工具】输入【一个浪漫的爱情故事】，选择输入的文字，在【字幕属性】组中将【字体系列】设为【文鼎霹雳体】，将【字体大小】设为 48，将【填充】组中的【填充类型】设为【线性渐变】，将第一个色标设为白色，将第二个色标设为 #B4C6DB 将【X 位置】和【Y 位置】分别设为 328.7、224，如图 12-7 所示。

图 12-6　【新建字幕】对话框

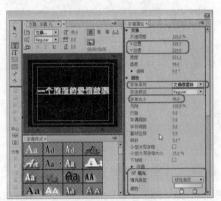

图 12-7　设置文字属性

(3) 继续选择【文字工具】输入 A romantic love story，将【字体大小】设为 33，将【X 位置】和【Y 位置】分别设为 328、282.9，如图 12-8 所示。

(4) 单击【基于当前字幕新建字幕】按钮，弹出【新建字幕】对话框，保持默认值，单击【确定】按钮，将汉字修改为【一个完美的爱情结局】，将【字体大小】设为 48，将【X 位置】和【Y 位置】分别设为 329.3、224.5，如图 12-9 所示。

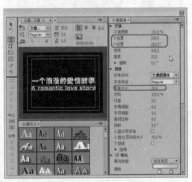

图 12-8　设置字幕属性

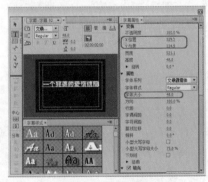

图 12-9　修改汉字

(5) 使用【文字工具】将英文修改为 A perfect love final outcome，将【字体大小】设为 25，将【X 位置】和【Y 位置】分别设为 323、278.9，如图 12-10 所示。

(6) 单击【基于当前字幕新建字幕】按钮，弹出【新建字幕】对话框，保持默认值，单击【确定】按钮，将汉字修改为【一个激动人心的时刻】，将【字体大小】设为 49，将【X 位置】和【Y 位置】分别设为 329.3、224.5，如图 12-11 所示。

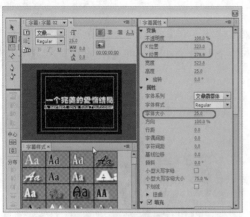

图 12-10 修改英文

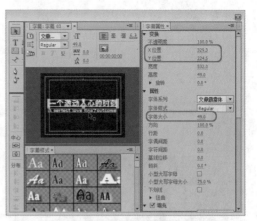

图 12-11 修改字幕属性

（7）将英文修改为 A time of excited public，将【字体大小】设为 31，将【X 位置】和【Y 位置】设为 325.8、281.9，如图 12-12 所示。

（8）单击【基于当前字幕新建字幕】按钮，弹出【新建字幕】对话框，保持默认值，单击【确定】按钮，将所有的文字删除，并输入【2014年3月1日】，确认【字体系列】为【文鼎霹雳体】，将【字体大小】设为 55，将【X 位置】和【Y 位置】分别设为 328.2、241，如图 12-13 所示。

（9）单击【基于当前字幕新建字幕】按钮，弹出【新建字幕】对话框，保持默认值，单击【确定】按钮，将原来的文字修改为【德州·太阳谷】，

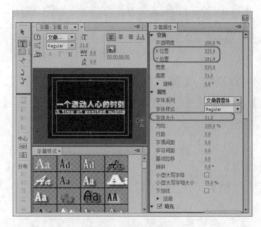

图 12-12 修改英文

将【字体大小】设为 73，将【X 位置】和【Y 位置】分别设为 328.2、241，如图 12-14 所示。

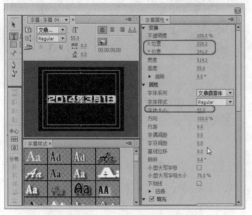

图 12-13 设置字幕属性

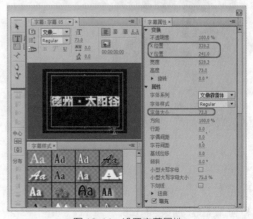

图 12-14 设置字幕属性

（10）单击【基于当前字幕新建字幕】按钮，弹出【新建字幕】对话框，保持默认值，单击【确定】按钮，将汉字修改为【即将上演】，将【字体大小】设为 110，将【X 位置】和【Y 位置】

分别设为 328.2、241，如图 12-15 所示。

(11) 单击【基于当前字幕新建字幕】按钮，弹出【新建字幕】对话框，保持默认值，单击【确定】按钮，将汉字修改为【盛大婚礼】，将【字体大小】设为 110，将【X 位置】和【Y 位置】分别设为 328.2、241，如图 12-16 所示。

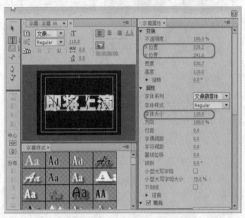

图 12-15　设置字幕属性

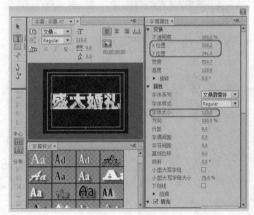

图 12-16　设置字幕属性

(12) 单击【基于当前字幕新建字幕】按钮，弹出【新建字幕】对话框，保持默认值，单击【确定】按钮，将汉字修改为【敬请等待】，将【字体大小】设为 110，将【X 位置】和【Y 位置】分别设为 328.2、241，如图 12-17 所示。

(13) 单击【基于当前字幕新建字幕】按钮，弹出【新建字幕】对话框，保持默认值，单击【确定】按钮，将汉字修改为【领衔主演：郭涛】，将【字体大小】设为 62，将【X 位置】和【Y 位置】分别设为 328.2、241，如图 12-18 所示。

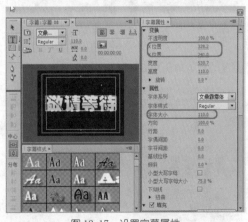

图 12-17　设置字幕属性

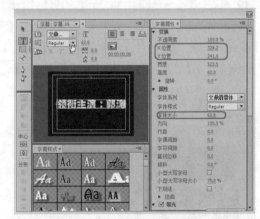

图 12-18　设置字幕属性

(14) 单击【基于当前字幕新建字幕】按钮，弹出【新建字幕】对话框，保持默认值，单击【确定】按钮，将汉字修改为【领衔主演：郭靖】，将【字体大小】设为 62，将【X 位置】和【Y 位置】分别设为 328.2、241，如图 12-19 所示。

(15) 单击【基于当前字幕新建字幕】按钮，弹出【新建字幕】对话框，保持默认值，单击【确定】按钮，将汉字修改为【婚礼进行曲】，将【字体大小】设为 90，将【X 位置】和【Y 位置】

分别设为 328.2、241，如图 12-20 所示。

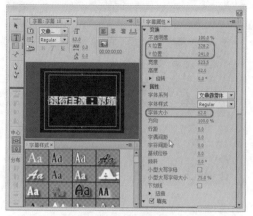

图 12-19　设置字幕属性

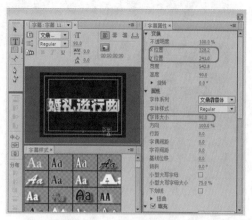

图 12-20　设置字幕属性

(16) 单击【基于当前字幕新建字幕】按钮，弹出【新建字幕】对话框，保持默认值，单击【确定】按钮，将汉字修改为【即将奏响】，将【字体大小】设为 110，将【X 位置】和【Y 位置】分别设为 328.2、241，如图 12-21 所示。

(17) 单击【基于当前字幕新建字幕】按钮，弹出【新建字幕】对话框，保持默认值，单击【确定】按钮，将汉字修改为【导演：缘分】，将【字体大小】设为 90，将【X 位置】和【Y 位置】分别设为 328.2、241，如图 12-22 所示。

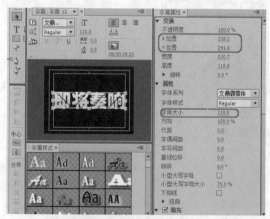

图 12-21　设置字幕属性

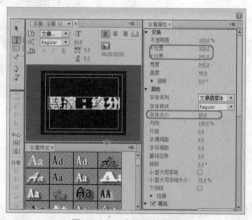

图 12-22　设置字幕属性

(18) 单击【基于当前字幕新建字幕】按钮，弹出【新建字幕】对话框，保持默认值，单击【确定】按钮，将汉字修改为【策划：新郎】，将【字体大小】设为 90，将【X 位置】和【Y 位置】分别设为 328.2、241，如图 12-23 所示。

(19) 单击【基于当前字幕新建字幕】按钮，弹出【新建字幕】对话框，保持默认值，单击【确定】按钮，将汉字修改为【参谋：新娘】，将【字体大小】设为 90，将【X 位置】和【Y 位置】分别设为 328.2、241，如图 12-24 所示。

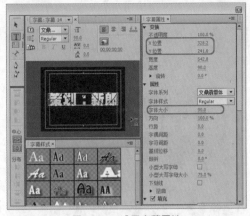
图 12-23 设置字幕属性

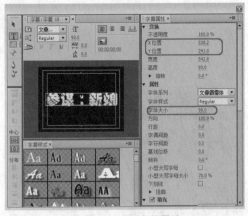
图 12-24 设置字幕属性

(20) 单击【基于当前字幕新建字幕】按钮，弹出【新建字幕】对话框，保持默认值，单击【确定】按钮，将汉字修改为【新婚庆典 即将上演】，将【字体大小】设为51，将【X位置】和【Y位置】分别设为328.2、241，如图 12-25 所示。

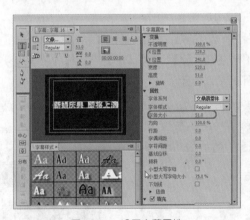
图 12-25 设置字幕属性

案例精讲 163 创建序列文件

✎ 案例文件：CDROM | 场景 | Cha12 | 婚礼片头.prproj

▶ 视频文件：视频教学 | Cha12 | 创建序列文件.avi

制作概述

序列是一个片头的主体部分，也是最复杂的部分，其中很多效果都是在【序列】面板中制作完成的。本例中序列主要通过对字幕设置各种关键帧和添加效果完成的。

学习目标

学会创建婚礼片头序列。

掌握如何对字幕添加各种特效及关键帧的应用。

掌握婚礼片头的制作过程。

操作步骤

(1) 打开【项目】面板，选择 01.jpg 文件，将其添加到 V1 轨道中，将其【持续时间】设为 00:00:40:00，如图 12-26 所示。

(2) 在【项目】面板中，选择【字幕 01】并将其拖曳至 V2 轨道中，使其开始处于 00:00:00:00 位置，并将其【持续时间】设为 00:00:04:00，如图 12-27 所示。

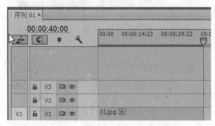

图 12-26　添加素材到 VI 轨道

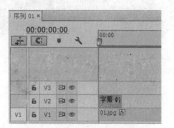

图 12-27　添加【字幕 01】

(3) 将当前时间设为 00:00:00:08，选择添加的【字幕 01】，在【效果控件】面板中将【缩放】设为 100，并单击左侧的【切换动画】按钮，打开关键帧记录，如图 12-28 所示。

(4) 将当前时间设为 00:00:03:17，在【效果控件】面板中将【缩放】设为 110，如图 12-29 所示。

图 12-28　添加【缩放】关键帧

图 12-29　添加关键帧

(5) 打开【效果】面板，选择【光照效果】，将其添加到【字幕 01】中，打开【效果控件】面板，选择【光照效果】，将【光照 1】下的【光照类型】设为【全光源】，【主要半径】设为 9，将当前时间设为 00:00:00:05，将【中央】设为 47.6、257.9，并单击左侧的【切换动画】按钮，如图 12-30 所示。

(6) 将当前时间设为 00:00:01:21，将【中央】设为 647.6、257.9，如图 12-31 所示。

图 12-30　设置【光照效果】

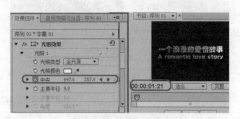

图 12-31　添加关键帧

(7) 将当前时间设为 00:00:03:16，将【中央】设为 -97.4、257.9，如图 12-32 所示。

(8) 打开【效果】面板，搜索【闪电】效果，将其添加到【字幕01】中，打开【效果控件】面板，将选择添加的闪电将【起始点】设为0.4、-12.9，将【结束点】设为141、492.9，将【外部颜色】设为#CEC8C8，如图12-33所示。

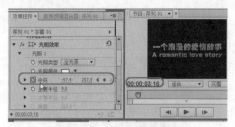 

图 12-32　添加关键帧　　　　　　　　　　图 12-33　设置【闪电】位置

(9) 选择上一步添加的【闪电】特效，对其进行复制和粘贴，选择粘贴的【闪电】特效，将其【起始点】设为715.4、-17.9，将【结束点】设为569、498.9，如图12-34所示。

(10) 在【效果】面板中选择【旋转】特效并为【字幕01】添加该特效，将当前时间设为00:00:03:08，打开【效果控件】面板，选择添加的【旋转】特效，将【角度】设为0，并单击左侧的【切换动画】按钮，打开关键帧记录，如图12-35所示。

 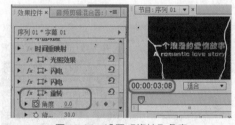

图 12-34　设置【闪电】位置　　　　　　　图 12-35　设置【旋转】角度

(11) 将当前时间设为00:00:03:16，在【效果控件】面板中将【旋转】设为12×247，如图12-36所示。

(12) 打开【效果】面板，搜索【交叉缩放】特效，将其添加到【字幕01】的开始处，并将其【持续时间】设为00:00:00:05，如图12-37所示。

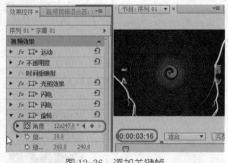 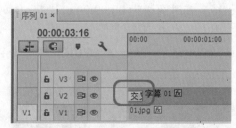

图 12-36　添加关键帧　　　　　　　　　　图 12-37　添加【交叉缩放】特效

(13) 打开【项目】面板，选择【字幕02】，将其拖曳到V2轨道中，使其开始处与【字幕01】的结束处对齐，并设置【持续时间】为00:00:04:00，如图12-38所示。

(14) 将当前时间设为00:00:04:07，选择添加的【字幕02】，打开【效果控件】面板，将【缩放】设为 100，并单击左侧的【切换动画】按钮，打开关键帧记录，如图 12-39 所示。

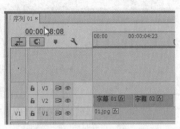

图 12-38　添加【字幕 02】

图 12-39　设置【缩放】关键帧

(15) 将当前时间设为 00:00:07:18，打开【效果控件】面板，将【缩放】设为 110，如图 12-40 所示。

(16) 选择【字幕 01】并右击，在弹出的快捷菜单中选择【复制】命令，然后选择【字幕 02】并右击，在弹出的快捷菜单中选择【粘贴属性】命令，弹出【粘贴属性】对话框，在该对话框中只选择【光照效果】，并单击【确定】按钮，如图 12-41 所示。

图 12-40　添加【缩放】关键帧

图 12-41　复制【光照效果】

(17) 在【效果】面板中搜索【镜像】特效，并将其添加到【字幕 02】中，将当前时间设为 00:00:07:00，选择【字幕 02】，打开【效果控件】面板，选择【镜像】下的【反射角度】并将其设为 0°，单击左侧的【切换动画】按钮，打开关键帧记录，如图 12-42 所示。

(18) 将当前时间设为 00:00:07:18，将【反射角度】设为 90°，如图 12-43 所示。

图 12-42　添加【反射角度】关键帧

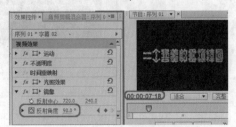

图 12-43　添加关键帧

(19) 在【效果控件】面板中选择【镜像】特效，并对其进行复制和粘贴，将当前时间设为 00:00:07:18，将复制的【镜像】下的【反射角度】修改为 -90，如图 12-44 所示。

(20) 在【效果】面板中搜索【缩放轨迹】特效，将其添加到【字幕 01】和【字幕 02】之间，并设置【持续时间】为 00:00:00:14，如图 12-45 所示。

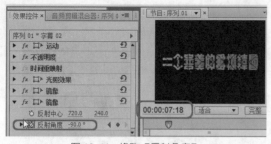

图 12-44　修改【反射角度】

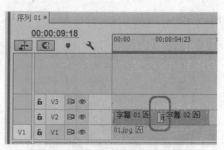

图 12-45　添加【缩放轨迹】特效

(21) 打开【项目】面板，选择【字幕 03】，将其添加到 V2 轨道中，使其开始处与【字幕 02】的结束处对齐，并设置【持续时间】为 00:00:04:00，如图 12-46 所示。

(22) 选择【字幕 03】，打开【效果控件】面板，确认当前时间为 00:00:08:05，单击【缩放】左侧的【切换动画】按钮，打开关键帧记录，如图 12-47 所示。

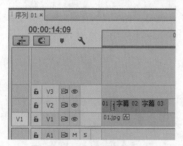

图 12-46　添加【字幕 03】

图 12-47　添加【缩放】关键帧

(23) 将当前时间设为 00:00:11:00，在【效果控件】面板中将【缩放】设为 110，如图 12-48 所示。

(24) 打开【效果】面板，搜索【快溶解】特效，将其添加到【字幕 03】上，将当前时间设为 00:00:11:00，在【效果控件】面板中将【过渡完成】设为 0，并单击【左侧】的切换动画按钮，打开关键帧记录，如图 12-49 所示。

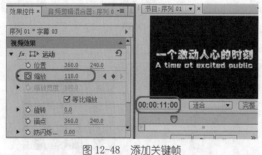

图 12-48　添加关键帧

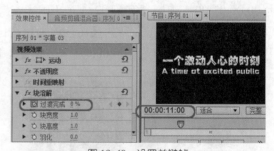

图 12-49　设置关键帧

(25) 将当前时间设为 00:00:11:23，打开【效果控件】面板，将【过渡完成】设为 100，如图 12-50 所示。

(26) 使用前面的方法复制【字幕 01】的【光照效果】，在【节目】面板中查看效果，如图 12-51 所示。

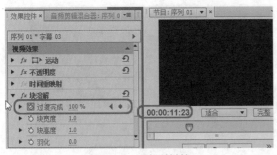

图 12-50 添加关键帧

图 12-51 查看效果

(27) 在【效果】面板中搜索【交叉缩放】效果，将其添加到【字幕 02】和【字幕 03】之间，并将其【持续时间】设为 00:00:00:10，如图 12-52 所示。

(28) 在【项目】面板中选择【字幕 04】，将其添加到 V2 轨道中，使其开始处与【字幕 03】结束处对齐，并设置【持续时间】为 00:00:04:00，如图 12-53 所示。

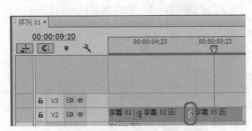

图 12-52 添加【交叉缩放】特效

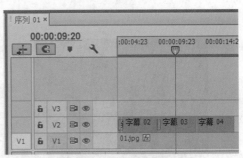

图 12-53 添加【字幕 04】

(29) 选择添加的【字幕 04】，打开【效果控件】面板，将当前时间设为 00:00:12:05，将【缩放】设为 100，并单击左侧的【切换动画】按钮，打开关键帧记录，如图 12-54 所示。

(30) 在【序列】面板中选择【字幕 04】，将当前时间设为 00:00:15:00，在【效果控件】面板中将【缩放】设为 110，如图 12-55 所示。

图 12-54 添加【缩放】关键帧

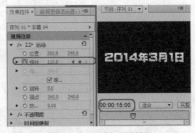

图 12-55 添加关键帧

(31) 在【效果】面板中搜索【快速模糊】特效，并将其添加到【字幕 04】中，将当前时间设为 00:00:15:00，打开【效果控件】面板，选择【快速模糊】下的【模糊度】，将其设为 0，并单击左侧【切换动画】按钮，打开关键帧记录，如图 12-56 所示。

(32) 将当前时间设为 00:00:15:23，打开【效果控件】面板，将【模糊度】设为 190，如图 12-57 所示。

图 12-56　添加关键帧

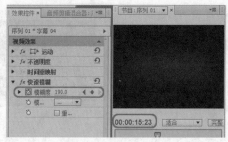

图 12-57　添加关键帧

　　(33) 使用前面的方法复制【字幕03】的【光照效果】，并将其粘贴到【字幕04】上，在【节目】面板中查看效果，如图 12-58 所示。

　　(34) 打开【效果】面板，选择【交叉缩放】特效，添加到【字幕03】和【字幕04】之间，选择添加的该特效，在【效果控件】面板中将【对齐】设为【起点切入】，并将【持续时间】设为 00:00:00:05，如图 12-59 所示。

图 12-58　查看效果

图 12-59　设置持续时间

　　(35) 在【项目】面板中选择【字幕05】，将其拖曳至 V2 轨道中，使其开始处与【字幕04】的结束处对齐，并将其【持续时间】设为 00:00:02:00，如图 12-60 所示。

　　(36) 选择【字幕05】，打开【效果控件】面板，将当前时间设为 00:00:16:00，将【缩放】设为 100，并单击左侧的【切换动画】按钮，打开关键帧记录，如图 12-61 所示。

图 12-60　添加【字幕05】

图 12-61　添加关键帧

　　(37) 将当前时间设为 00:00:17:23，打开【效果控件】面板，将【缩放】设为 110，如图 12-62 所示。

　　(38) 在【效果】面板中搜索【光照效果】并对【字幕05】添加该特效，将当前时间设为 00:00:16:05，打开【效果控件】面板，选择【光照效果】下【光照1】，将【光照类型】设为【全光源】，将【主要半径】设为 11，将【中央】设为 108、240 并单击其左侧的【切换动画】按钮，打开关键帧记录，如图 12-63 所示。

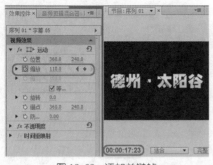
图 12-62　添加关键帧

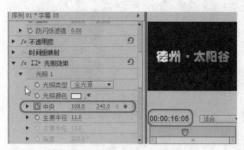
图 12-63　添加关键帧

(39) 将当前时间设为 00:00:17:01，打开【效果控件】面板，将【中央】设为 627、240，如图 12-64 所示。

(40) 将当前时间设为 00:00:17:23，打开【效果控件】面板，将【中央】设为 –20、240，如图 12-65 所示。

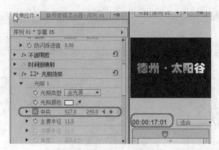
图 12-64　添加关键帧

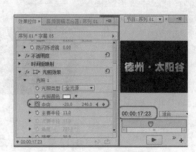
图 12-65　添加关键帧

(41) 在【效果】面板中选择【交叉缩放】特效，将其添加到【字幕 05】的开始处，并设置【持续时间】设为 00:00:00:05，如图 12-66 所示。

(42) 在【项目】面板中选择【字幕 06】，将其添加到 V2 轨道中，使其开始处与【字幕 05】的结束处对齐，并设置【持续时间】为 00:00:01:00，如图 12-67 所示。

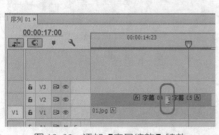
图 12-66　添加【交叉缩放】特效

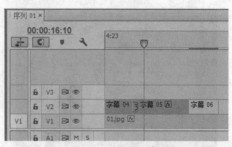
图 12-67　添加【字幕 06】

(43) 在【效果】面板中搜索【光照效果】并对【字幕 06】添加该特效，将当前时间设为 00:00:18:05，打开【效果控件】面板，选择【光照效果】下的【光照 1】，将【光照类型】设为【全光源】，将【主要半径】设为 12，将【中央】设为 52.1、240 并单击左侧的【切换动画】按钮，打开关键帧记录，如图 12-68 所示。

(44) 将当前时间设为 00:00:18:23，打开【效果控件】面板，将【中央】设为 720.1、240，如图 12-69 所示。

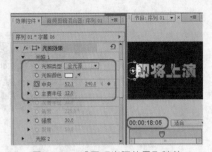

图 12-68　设置【光照效果】特效

图 12-69　添加关键帧

(45) 打开【效果】面板，搜索【交叉缩放】特效并将其添加到【字幕 06】的开始处，并将其【持续时间】设为 00:00:00:05，如图 12-70 所示。

(46) 在【项目】面板中选择【字幕 07】，将其添加到 V2 轨道中，使其开始处与【字幕 06】的结束处对齐，并设置【持续时间】为 00:00:01:00，如图 12-71 所示。

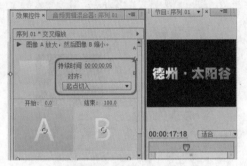

图 12-70　设置持续时间

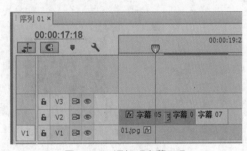

图 12-71　添加【字幕 07】

(47) 选择【字幕 06】的【光照效果】对其进行复制，并将其粘贴到【字幕 07】上，在【节目】面板中查看效果，如图 12-72 所示。

(48) 在【效果】面板中搜索【交叉缩放】特效并将其添加到【字幕 07】的开始处，并设置【持续时间】为 00:00:00:05，如图 12-73 所示。

图 12-72　查看效果

图 12-73　设置持续时间

(49) 在【项目】面板中选择【字幕 08】，将其添加到 V2 轨道中，使其开始处与【字幕 07】的结束处对齐，并设置【持续时间】为 00:00:02:00，如图 12-74 所示。

(50) 选择添加的【字幕 08】，打开【效果控件】面板，确认当前时间为 00:00:20:05，将【缩放】设为 100，并单击左侧的【切换动画】按钮，打开关键帧记录，如图 12-75 所示。

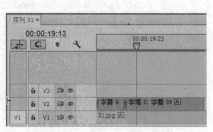

图 12-74 添加【字幕 08】

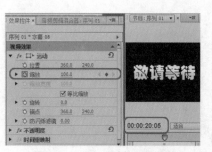

图 12-75 添加【缩放】关键帧

(51) 将当前时间为 00:00:21:23，将【缩放】设为 110，如图 12-76 所示。

(52) 在【效果】面板中搜索【光照效果】特效，将其添加到【字幕 08】中，将当前时间设为 00:00:20:05，打开【效果控件】面板，选择【光照效果】下的【光照 1】，将【光照类型】设为【全光源】，将【主要半径】设为 11，将【中央】设为 108、240 并单击左侧的【切换动画】按钮，打开关键帧记录，如图 12-77 所示。

图 12-76 添加关键帧

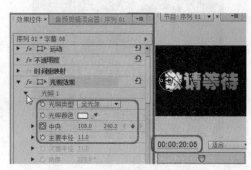

图 12-77 设置【光照效果】

(53) 将当前时间设为 00:00:21:01，打开【效果控件】面板，将【中央】设为 627、240，如图 12-78 所示。

(54) 将当前时间设为 00:00:21:23，打开【效果控件】面板，将【中央】设为 -20、240，如图 12-79 所示。

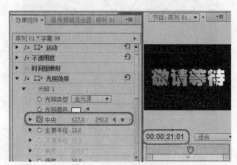

图 12-78 添加关键帧

图 12-79 添加关键帧

(55) 在【效果】面板中搜索【交叉缩放】特效，将其添加到【字幕 08】的开始处，并将其【持续时间】设为 00:00:00:05，如图 12-80 所示。

(56) 在【项目】面板中将【字幕 09】拖曳至 V2 轨道中，使其开始处与【字幕 08】结束处对齐，并设置【持续时间】设为 00:00:01:00，如图 12-81 所示。

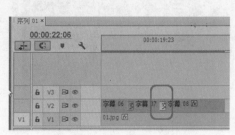

图 12-80 添加【交叉缩放】特效

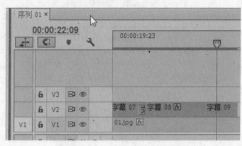

图 12-81 添加【字幕 09】

(57) 复制【字幕 07】的【光照效果】，将其粘贴到【字幕 09】上，在【节目】面板中查看效果，如图 12-82 所示。

(58) 在【效果】面板中搜索【交叉缩放】效果，并将其添加到【字幕 09】的开始处，设置其【持续时间】为 00:00:00:05，如图 12-83 所示。

图 12-82 查看效果

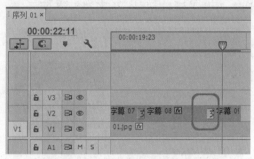

图 12-83 添加【交叉缩放】特效

(59) 选择【字幕 10】并将其添加到【字幕 09】的后侧，使其开始处与【字幕 09】结束处对齐，并设置其【持续时间】为 00:00:01:00，如图 12-84 所示。

(60) 复制【字幕 09】的【光照效果】并将其粘贴到【字幕 10】上，在【节目】面板中查看效果，如图 12-85 所示。

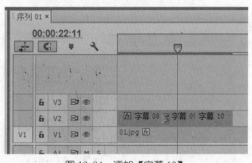

图 12-84 添加【字幕 10】

图 12-85 查看效果

(61) 在【效果】面板中选择【交叉缩放】特效，将其添加到【字幕 10】的开始处，并将其【持续时间】设为 00:00:00:05，如图 12-86 所示。

(62) 在【项目】面板选择 02.jpg 文件，将其拖曳到 V2 轨道中，使其开始处与【字幕 10】的结束处对齐，并设置【持续时间】为 00:00:00:10，如图 12-87 所示。

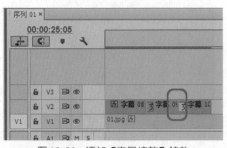

图 12-86　添加【交叉缩放】特效

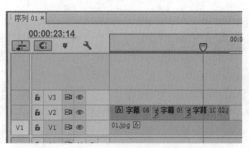

图 12-87　添加素材文件

(63) 在【项目】面板中选择【字幕 11】，将其添加到 V2 轨道中，使其开始处与 02.jpg 的结束处对齐，并设置【持续时间】为 00:00:04:00，如图 12-88 所示。

(64) 选择【字幕 11】，打开【效果控件】面板，确认当前时间为 00:00:24:17，将【缩放】设为 100 并单击其左侧的【切换动画】按钮，打开关键帧记录，如图 12-89 所示。

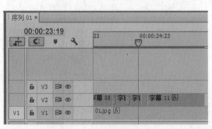

图 12-88　添加【字幕 11】

图 12-89　添加【缩放】关键帧

(65) 将当前时间设为 00:00:28:09，打开【效果控件】面板，将【缩放】设为 110，如图 12-90 所示。

(66) 复制【字幕 01】的【光照效果】并将其粘贴到【字幕 11】上，在【节目】面板中查看效果，如图 12-91 所示。

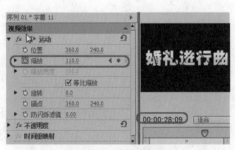

图 12-90　添加关键帧

图 12-91　查看效果

(67) 在【效果】面板中选择【斜线滑动】特效，将其分别添加到【字幕 10】、02.jpg、【字幕 11】之间，并将其【持续时间】设为 00:00:00:10，如图 12-92 所示。

(68) 在【项目】面板中选择【字幕 12】，将其添加到 V2 轨道中，使其开始处与【字幕 11】的结束处对齐，并设置其【持续时间】为 00:00:02:00，如图 12-93 所示。

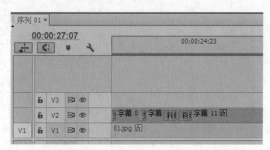

图 12-92　添加【斜线滑动】特效

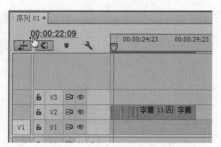

图 12-93　添加【字幕 12】

(69) 将当前时间设为 00:00:28:15，选择添加的【字幕 12】，打开【效果控件】面板，将【缩放】设为 100，并单击左侧的【切换动画】按钮，打开关键帧记录，如图 12-94 所示。

(70) 将当前时间设为 00:00:30:09，打开【效果控件】面板，将【缩放】设为 110，如图 12-95 所示。

图 12-94　添加【缩放】关键帧

图 12-95　添加关键帧

(71) 选择【字幕 05】的【光照效果】并对其进行复制，将其粘贴到【字幕 12】上，在【节目】面板中查看效果，如图 12-96 所示。

(72) 在【效果】面板中选择【交叉缩放】效果，将其添加到【字幕 11】和【字幕 12】之间，并设置【持续时间】00:00:00:10，如图 12-97 所示。

图 12-96　查看效果

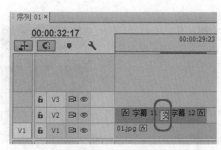

图 12-97　添加【交叉缩放】效果

(73) 在【项目】面板中将【字幕 13】、【字幕 14】、【字幕 15】添加到 V2 轨道中，将其【持续时间】设为 00:00:01:00，将【字幕 13】的开始处与【字幕 12】的结束处对齐，如图 12-98 所示。

(74) 复制【字幕 10】的【光照效果】并将其粘贴到【字幕 13】、【字幕 14】、【字幕 15】上，在【节目】面板中查看效果，如图 12-99 所示。

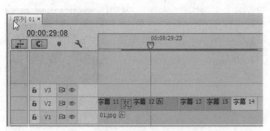

图 12-98　添加其他字幕

图 12-99　完成后的效果

(75) 选择【交叉缩放】效果并将其添加到【字幕 12】、【字幕 13】、【字幕 14】、【字幕 15】之间，并设置其【持续时间】为 00:00:00:10，如图 12-100 所示。

(76) 在【项目】面板中选择【字幕 16】，将其拖曳至 V2 轨道中，使其开始处与【字幕 15】结束处对齐，并将其【持续时间】设为 00:00:04:00，如图 12-101 所示。

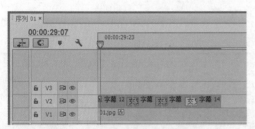

图 12-100　添加【交叉缩放】特效

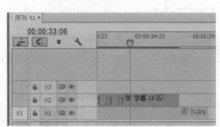

图 12-101　添加【字幕 16】

(77) 将当前时间设为 00:00:33:15，选择【字幕 16】，打开【效果控件】面板，将【缩放】设为 100，并单击左侧的【切换动画】按钮，如图 12-102 所示。

(78) 将当前时间设为 00:00:36:10，打开【效果控件】面板，将【缩放】设为 110，如图 12-103 所示。

图 12-102　添加【缩放】关键帧

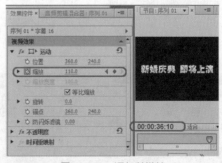

图 12-103　添加关键帧

(79) 在【效果】面板中选择【块溶解】特效，并将其添加到【字幕 16】上，将当前时间设为 00:00:36:10，打开【效果控件】面板，选择【块溶解】特效，将【过渡完成】设为 0% 并单击左侧的【切换动画】按钮，如图 12-104 所示。

(80) 将当前时间设为 00:00:37:09，打开【效果控件】面板，将【过渡完成】设为 100%，如图 12-105 所示。

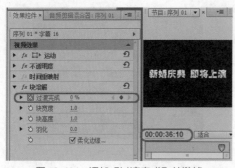

图 12-104　添加【过渡完成】关键帧

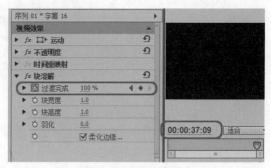

图 12-105　添加关键帧

（81）复制【字幕 01】的【光照效果】并将其粘贴到【字幕 16】上，在【节目】面板中查看效果，如图 12-106 所示。

（82）在【效果】面板中搜索【斜线滑动】特效，将其添加到【字幕 15】和【字幕 16】之间，并将【持续时间】设为 00:00:00:10，如图 12-107 所示。

图 12-106　查看效果

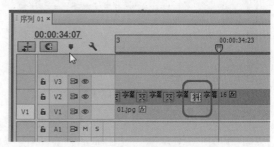

图 12-107　添加【斜线滑动】特效

（83）在【项目】面板中选择【点视频 .avi】素材，将其拖曳至 V3 轨道中，使用【剃刀工具】将多余的视频删除，如图 12-108 所示。

（84）选择添加的视频，打开【效果控件】面板，在【不透明度】选项下将【混合模式】设为【线性减淡 (添加)】，如图 12-109 所示。

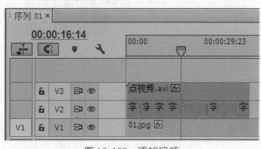

图 12-108　添加视频

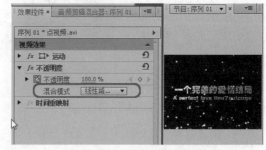

图 12-109　设置【混合模式】

（85）继续使用【剃刀工具】，将 V1 轨道中的多出的部分删除，如图 12-110 所示。

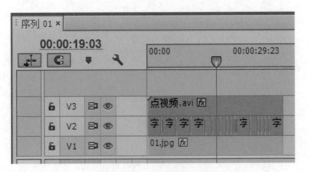

图 12-110　删除多余的部分

案例精讲 164　添加音频

案例文件：CDROM | 场景 | Cha12 | 婚礼片头.prproj

视频文件：视频教学 | Cha12 | 添加音频.avi

制作概述

一个完整的片头，音频是不可缺少的。将音频素材添加到视频文字的过渡段，然后适当设置其持续时间。

学习目标

学会如何切割音频。

掌握如何添加过渡音。

操作步骤

(1) 在【项目】面板中选择【配音.mp3】文件，将其添加到 A1 轨道中，使用【剃刀工具】将多余的部分删除，如图 12-111 所示。

(2)，打开【项目】面板，选择【过渡音.mp3】素材，将其添加到视频文字的过渡段，并适当设置其持续时间，如图 12-112 所示。

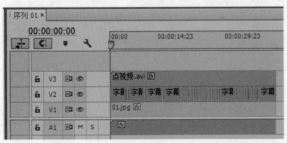

图 12-111　添加音频

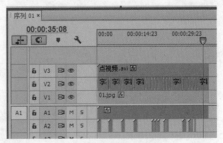

图 12-112　添加音频

第 13 章
旅游短片欣赏

本章重点

- ◆ 新建项目并导入素材
- ◆ 新建颜色遮罩和字幕
- ◆ 创建并设置序列
- ◆ 添加背景音乐
- ◆ 输出影片

CG设计案例课堂

旅游短片欣赏是对一个旅游景地精要的展示和表现，通过一种视觉的传播路径，提高旅游景地的知名度和曝光率，以便更好地吸引投资和增加旅游，同时彰显了旅游景地品质及个性。本章将介绍如何制作旅游短片欣赏，其效果如图 13-1 所示。

图 13-1　旅游短片欣赏

案例精讲 165　新建项目并导入素材

案例文件：CDROM | 场景 | Cha13 | 旅游短片欣赏.prproj

视频文件：视频教学 | Cha13 | 新建项目并导入素材.avi

制作概述

在制作旅游短片欣赏之前首先要新建项目和导入素材。本例将介绍如何新建项目和导入素材。

学习目标

巩固新建项目和导入素材的操作。

操作步骤

(1) 运行软件后，在欢迎界面中单击【新建项目】按钮，在【新建项目】对话框中，选择项目的保存路径，将其命名为【旅游短片欣赏】，单击【确定】按钮。

(2) 在【项目】面板中空白处双击，在弹出的对话框中选择随书附带光盘中的 CDROM| 素材 |Cha13 文件夹，单击【导入文件夹】按钮，如图 13-2 所示。

图 13-2　【导入】对话框

案例精讲 166 新建颜色遮罩和字幕

 案例文件：CDROM | 场景 | Cha13 | 旅游短片欣赏.prproj

 视频文件：视频教学 | Cha13 | 新建颜色遮罩和字幕.avi

制作概述

颜色遮罩和字幕可以使短片更加丰富多彩。在本短片中拥有多个字幕和颜色遮罩。本例将讲解如何制作颜色遮罩和字幕。

学习目标

掌握颜色遮罩和字幕的创建方法。

操作步骤

(1) 按 Ctrl+T 组合键，在弹出的对话框中将【名称】设置为【环球旅行掠影】，单击【确定】按钮，在弹出的对话框中选择【文字工具】**T**，在设计栏中输入文字，选择输入的文字，将【文字系列】设置为【华文新魏】，将【字体大小】设置为 74(将拼音的【字体大小】设置为 49)，将【填充】选项组中的【颜色】设置为白色，选中【外描边】复选框并单击右侧的【添加】按钮，将【大小】设置为 29，将【颜色】RGB 值设置为 204、0、255，再次单击【外描边】右侧的【添加】按钮，将新添加的【外描边】大小设置为 57，将【颜色】RGB 值设置为 255、255、0，调整文字的位置，如图 13-3 所示。

(2) 在该对话框中单击【基于当前字幕新建字幕】按钮**T**，弹出【新建字幕】对话框，在该对话框中将【名称】设置为【迪拜】，其他保持默认设置，单击【确定】按钮，如图 13-4 所示。

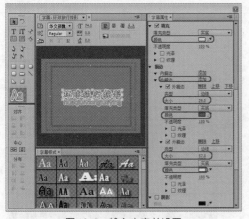

图 13-3 输入文字并设置

图 13-4 【新建字幕】对话框

(3) 将原有的文字删除，在设计栏中输入文字【迪拜】，将【字体系列】设置为【汉仪魏碑简】，将【字体大小】设置为 100，将【填充】选项组中的【颜色】RGB 值设置为 227、114、3，删除一个外描边，将【外描边】的【大小】设置为 56，将【颜色】设置为白色，将文字调整至适当的位置，如图 13-5 所示。

(4) 再次单击【基于当前字幕新建字幕】按钮**T**，在弹出的对话框中将【名称】设置为

CG设计案例课堂

【夏威夷海滩】，单击【确定】按钮，将文字替换为【夏威夷海滩】，将【字体大小】设置为80，将【填充】选项组中的【颜色】RGB值设置为0、0、255，将【外描边】的【大小】设置为82，如图13-6所示。

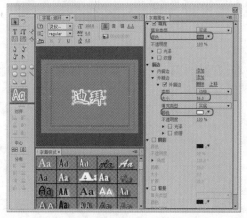
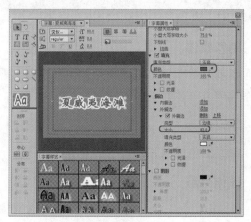

图13-5　设置【外描边】及【填充】颜色　　　　　图13-6　替换文字

(5) 使用同样的方法制作其他的文字字幕，单击【基于当前字幕新建字幕】按钮 ，在弹出的对话框中将【名称】设置为XJK，单击【确定】按钮，将设计栏中的文字删除，选择【钢笔工具】 ，在设计栏中绘制线段，将【外描边】删除，将【填充】选项组中的【颜色】设置为黑色，将【宽度】、【高度】设置为47.4、41.4，将【X位置】、【Y位置】分别设置为232.7、172.9，将【线宽】设置为3，如图13-7所示。

(6) 选择刚刚绘制的图形，按Ctrl+C组合键进行复制，按Ctrl+V组合键进行粘贴，选择复制后的图形，将其【旋转】设置为90，将【X位置】、【Y位置】分别设置为573、174.7，如图13-8所示。

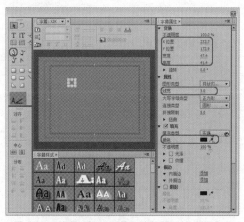
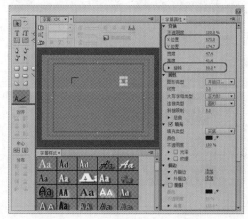

图13-7　使用【钢笔工具】绘制图形并进行设置　　　　图13-8　复制图形并进行设置

(7) 使用同样的方法对图形复制旋转180°、270°并设置【X位置】、【Y位置】，完成后的效果如图13-9所示。

(8) 使用【椭圆工具】 ，在设计栏中按住Shift键绘制正圆，在【变换】选项组中将【宽度】、【高度】都设置为166.4，取消选中【填充】复选框，选中【外描边】复选框，单击其右侧的【添加】按钮，将【大小】设置为2，将【颜色】设置为黑色，将【X位置】、【Y位置】分别设置为414.5、287，如图13-10所示。

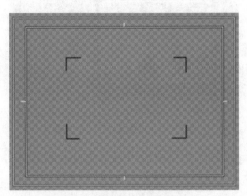

图13-9　对图形进行复制并旋转

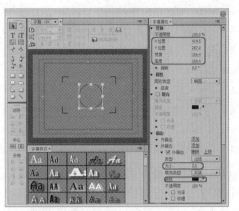

图13-10　绘制圆形

(9) 选择绘制的圆形对其进行复制粘贴，将复制的圆形【宽度】、【高度】都设置为142.8，将【X位置】、【Y位置】分别设置为414.5、287，如图13-11所示。

(10) 选择【弧形工具】，在设计栏中绘制弧形，将【宽度】、【高度】都设置为71.4，将【旋转】设置为180，选中【填充】复选框，将【颜色】设置为黑色，将【填充】选项组中的【不透明度】设置为69，将【外描边】删除，将【X位置】、【Y位置】分别设置为449.8、322.7，如图13-12所示。

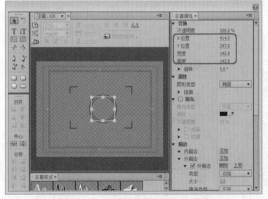

图13-11　对复制的图形进行设置

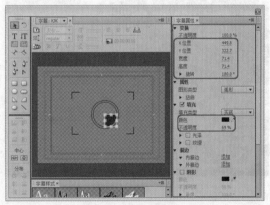

图13-12　绘制弧形并进行设置

(11) 对绘制的圆弧进行复制，将【旋转】设置为270°，将【X位置】、【Y位置】分别设置为378.8、322.7，单击【基于当前字幕新建字幕】按钮，在弹出的对话框中将【名称】设置为【填充图片2】，单击【确定】按钮，将设计栏中的对象删除，选择【圆角矩形工具】，在设计栏中绘制图形，将【宽度】、【高度】分别设置为757.6、546，将【圆角大小】设置为6°，选中【填充】选项组中的【纹理】复选框，弹出【选择纹理图像】对话框，在该对话框中选择随书附带光盘中的CDROM|素材|Cha13|L2.jpg，如图13-13所示。

(12) 单击【打开】按钮，选中【外描边】复选框，单击其右侧的【添加】按钮，将【大小】设置为7，将【颜色】设置为白色，如图13-14所示。

图 13-13 【选择纹理图像】对话框

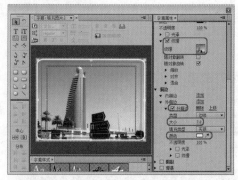

图 13-14 设置【外描边】参数

(13) 单击【基于当前字幕新建字幕】按钮，在弹出的对话框中将【名称】设置为【填充图片 3】，单击【纹理】右侧的按钮，在弹出的【选择纹理图像】对话框中选择 L3.jpg，单击【打开】按钮，完成后的效果如图 13-15 所示。

(14) 使用同样的方法设置其他字幕，设置完成后将【字幕】对话框关闭。在【项目】面板的空白处右击，在弹出的快捷菜单中选择【新建项目】|【颜色遮罩】命令，弹出【新建颜色遮罩】对话框，在该对话框中保持默认设置，单击【确定】按钮，弹出【拾色器】对话框，将颜色设置为黑色，单击【确定】按钮，弹出【选择名称】对话框，在该对话框中将【选择新遮罩的名称】设置为【黑色遮罩】，如图 13-16 所示。

图 13-15 设置完成后的效果

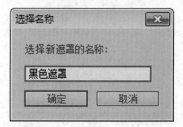

图 13-16 【选择名称】对话框

(15) 使用同样的方法制作【白色遮罩】，至此颜色遮罩和字幕就制作完成了。

案例精讲 167 创建并设置序列

案例文件：CDROM | 场景 | Cha13 | 旅游短片欣赏.prproj

视频文件：视频教学 | Cha13 | 创建并设置序列.avi

制作概述

在本例中将【项目】面板中的各个素材添加至【序列】面板中，配合在【效果控件】面板中设置参数并添加关键帧和为素材添加视频效果来制作多彩的动态效果。

学习目标

掌握配合在【效果控件】面板中更改参数和为素材添加各种效果，将素材在【节目】面板中更好地表现出来。

操作步骤

(1) 在【项目】面板中右击，在弹出的快捷菜单中选择【新建项目】|【序列】命令，弹出【新建序列】对话框，在该对话框中选择 DV-PAL |【标准 48kHz】，设置完成后单击【确定】按钮。在【项目】面板中选择 PT01.avi 文件，将其拖曳至 V1 轨道中，将当前时间设置为 00:00:01:05，选择【环球旅行掠影】字幕，将该字幕拖曳至 V2 轨道中，将其开始位置与时间线对齐，结尾处与 V1 轨道中的素材结尾处对齐，如图 13-17 所示。

(2) 单击【缩放】左侧的【切换动画】按钮 ，将【缩放】设置为 55，将当前时间设置为 00:00:04:19，将【缩放】设置为 125，在【效果】面板中选择【块溶解】特效，将该特效添加至 V2 轨道中的素材文件上。将当前时间设置为 00:00:01:05，单击【过渡完成】左侧的【切换动画】按钮 ，将【块宽度】、【块高度】都设置为 10，将【过渡完成】设置为 100，如图 13-18 所示。

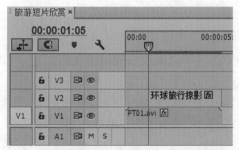

图 13-17　将素材文件调整至【序列】面板中

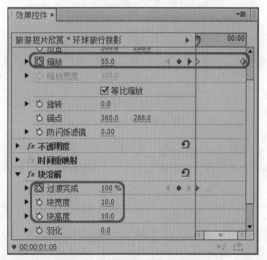

图 13-18　设置【块溶解】特效

(3) 将当前时间设置为 00:00:02:21，将【过渡完成】设置为 0，选择 PT01.avi 文件，在【效果】面板中选择【镜头光晕】特效，双击该特效为 PT01.avi 文件添加该特效，将当前时间设置为 00:00:02:21，单击【光晕亮度】左侧的【切换动画】按钮 ，将当前时间设置为 00:00:02:24，单击【光晕中心】左侧的【切换动画】按钮 ，将其设置为 536、251.4，将【光晕亮度】设置为 100，如图 13-19 所示。

(4) 将当前时间设置为 00:00:04:24，将【光晕中心】设置为 121、210.4，将【光晕亮度】设置为 120，如图 13-20 所示。

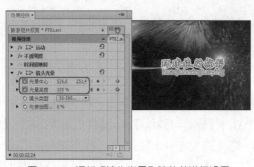 

图 13-19　添加【镜头光晕】特效并进行设置　　　　　　图 13-20　设置关键帧

(5) 选择 L1.jpg 素材并将其拖曳至 V2 轨道中，将其与【环球旅行掠影】首尾相连。选择 L1.jpg 素材并右击，在弹出的快捷菜单中选择【速度／持续时间】命令，弹出【剪辑速度／持续时间】对话框，将【持续时间】设置为 00:00:00:20，单击【确定】按钮，如图 13-21 所示。

(6) 选择【黑色遮罩】颜色遮罩，将其拖曳至 V3 轨道中，将其开始位置与 V2 轨道中 L1.jpg 开始位置对齐，将其持续时间设置为 00:00:00:20，如图 13-22 所示。

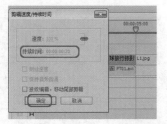 

图 13-21　添加素材并设置持续时间　　　　　　图 13-22　将【黑色遮罩】添加至【序列】面板中

(7) 选择 L1.jpg，在【效果控件】面板中将【缩放】设置为 60，选择【黑色遮罩】，将当前时间设置为 00:00:05:00，在【效果控件】面板中单击【不透明度】右侧的【添加／移除关键帧】按钮 ◆，将当前时间设置为 00:00:05:10，将【不透明度】设置为 0，如图 13-23 所示。

(8) 将 L2.jpg 拖曳至 V2 轨道中，将其与 L1.jpg 首尾相连，将其持续时间设置为 00:00:00:20，将其【缩放】设置为 80，在【效果】面板中选择【推】特效，将该特效添加至 L1.jpg 与 L2.jpg 素材中间，选择该特效，在【效果控件】面板中选择【自东向西】，将【持续时间】设置为 00:00:00:10，如图 13-24 所示。

图 13-23　设置【不透明度】　　　　　　图 13-24　对特效进行设置

(9) 选择 L3.jpg 素材图片，将其拖曳至 V2 轨道中，将其与 L2.jpg 素材图片首尾相连，将其【缩放】设置为 83，将持续时间设置为 00:00:00:20，在【效果】面板中选择【推】特效，将其添加至 L2.jpg 和 L3.jpg 素材文件之间，选择添加的特效，在【效果控件】面板中将【持续时间】设置为 00:00:00:10，将方向设置为【自东向西】，如图 13-25 所示。

(10) 使用同样的方法将 L4.jpg 素材拖曳至【序列】面板中，设置其持续时间并为其添加【推】特效，将方向设置为【自北向南】，将特效的持续时间设置为 00:00:00:10，完成后的效果如图 13-26 所示。

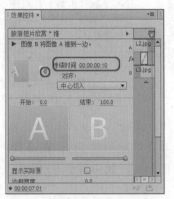

图 13-25　设置特效的持续时间及方向　　　　图 13-26　为 L4. jpg 素材添加特效并进行设置

(11) 在【项目】面板中选择【填充图片 5】，将其拖曳至 V2 轨道中，将其与 L4.jpg 素材首尾相连，将其【持续时间】设置为 00:00:03:06，将当前时间设置为 00:00:08:05，单击【缩放】右侧的【切换动画】按钮⭕，将其设置为 135，将【旋转】设置为 –4，在【效果】面板中选择【高斯模糊】特效，单击【模糊度】左侧的【切换动画】按钮，将【模糊度】设置为 20，如图 13-27 所示。

(12) 将当前时间设置为 00:00:08:18，将【模糊度】设置为 0，将当前时间设置为 00:00:08:10，在【项目】面板中选择 XJK，将其拖曳至 V3 轨道中，将其持续时间设置为 00:00:00:08，如图 13-28 所示。

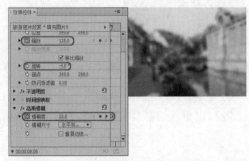
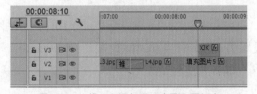

图 13-27　设置【模糊度】、【缩放】及【旋转】参数　　　图 13-28　将 XJK 添加至【序列】面板中

(13) 将当前时间设置为 00:00:08:12，在【项目】面板中选择【白色遮罩】，将其拖曳至 V3 轨道的上方，此时系统会新建 V4 轨道，将素材的开始位置与时间线对齐，将其持续时间设置为 00:00:00:04，选择该素材文件，在【效果控件】面板中将【不透明度】设置为 84，如图 13-29 所示。

(14) 在【项目】面板中选择 XJS.wav，双击该音频，打开【源】面板，在该面板中将时间设置为00:00:00:08，单击面板下方的【标记入点】按钮 ，将时间设置为00:00:00:15，单击【标记出点】按钮 ，如图13-30所示。

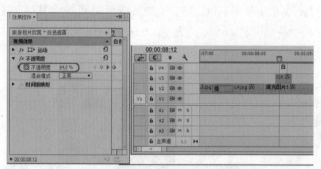

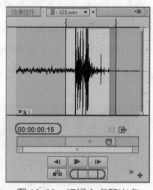

图13-29　设置【不透明度】　　　　　　　　　　图13-30　标记入点和出点

(15) 在【序列】面板中将当前时间设置为00:00:08:10，选择XJS.wav拖曳至A1轨道中，将其与时间线对齐，将当前时间设置为00:00:08:18，选择【填充图片5】，在【效果控件】面板中单击【缩放】右侧的【添加/移除关键帧】按钮 ，将当前时间设置为00:00:08:19，将【缩放】设置为100，如图13-31所示。

(16) 将当前时间设置为00:00:10:24，将【缩放】设置为85，将当前时间设置为00:00:10:00，选择【法国巴厘岛】字幕，将其拖曳至V3轨道中，将其开始位置与时间线对齐，并将其【持续时间】设置为00:00:01:11，将【缩放】设置为20，单击其左侧的【切换动画】按钮 ，如图13-32所示。

图13-31　设置【缩放】参数　　　　　　　　　　图13-32　设置关键帧

(17) 将当前时间设置为00:00:10:16，单击【位置】左侧的【切换动画】按钮，将【缩放】设置为100，将当前时间设置为00:00:11:04，将【位置】设置为241、434，将【缩放】设置为69，如图13-33所示。

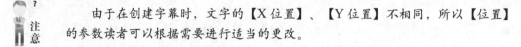

由于在创建字幕时，文字的【X位置】、【Y位置】不相同，所以【位置】的参数读者可以根据需要进行适当的更改。

(18) 在【项目】面板中将L6.jpg素材拖曳至V2轨道中，将其与【填充图片5】首尾相连，将L6.jpg的【持续时间】设置为00:00:00:20，将【缩放】设置为79，如图13-34所示。

图 13-33　设置【位置】及【缩放】参数

图 13-34　设置【缩放】参数

(19) 选择 L7.jpg 素材图片，将其拖曳至 V2 轨道中，将其与 L6.jpg 文件首尾相连，将 L7.jpg 文件的【持续时间】设置为 00:00:00:20，将【缩放】设置为 271，如图 13-35 所示。

(20) 在【效果】面板中选择【推】特效，将其添加至 L6.jpg 和 L7.jpg 素材图片之间，选择该特效，在【效果控件】面板中将【持续时间】设置为 00:00:00:10，如图 13-36 所示。

图 13-35　设置【缩放】参数

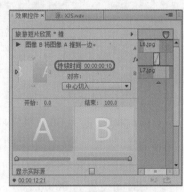

图 13-36　设置特效的持续时间

(21) 使用同样的方法将 L8.jpg、L9.jpg 拖曳至 V2 轨道中，设置素材的【缩放】、【持续时间】及为其添加【推】特效，完成后的效果如图 13-37 所示。

(22) 将当前时间设置为 00:00:14:16，选择【填充图片 10】，将其拖曳至 V2 轨道中，将其开始位置与时间线对齐，将素材的持续时间设置为 00:00:03:06，将【缩放】设置为 145，单击其左侧的【切换动画】按钮，如图 13-38 所示。

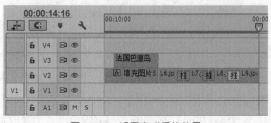

图 13-37　设置完成后的效果

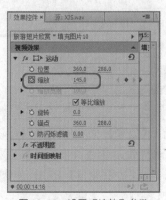

图 13-38　设置【缩放】参数

(23) 将当前时间设置为 00:00:14:21, 在【项目】面板中选择 XJK 字幕, 将其拖曳至 V3 轨道中, 将其开始位置与时间线对齐, 将其【持续时间】设置为 00:00:00:08, 将当前时间设置为 00:00:14:23, 选择【白色遮罩】颜色遮罩, 将其拖曳至 V4 轨道中, 将其开始位置与时间线对齐, 将其【持续时间】设置为 00:00:00:04, 在【效果控件】面板中将其【不透明度】设置为 84, 如图 13-39 所示。

(24) 将当前时间设置为 00:00:14:16, 在【效果】面板中选择【高斯模糊】特效, 将该特效添加至【填充图片 10】素材文件上, 单击【模糊度】左侧的【切换动画】按钮, 将其设置为 20, 如图 13-40 所示。

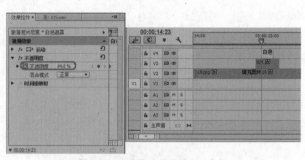

图 13-39 设置【不透明度】参数

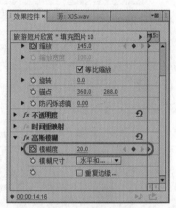

图 13-40 设置【模糊度】参数

(25) 将当前时间设置为 00:00:15:04, 将【模糊度】设置为 0, 单击【缩放】右侧的【添加 / 移除关键帧】按钮, 单击【旋转】左侧的【切换动画】按钮，将当前时间设置为 00:00:15:05, 将【缩放】设置为 100, 将【旋转】设置为 8, 如图 13-41 所示。

(26) 将当前时间设置为 00:00:17:11, 将【缩放】设置为 85, 将【旋转】设置为 0, 将当前时间设置为 00:00:16:00, 在【项目】面板中选择【夏威夷海滩】, 将其拖曳至 V3 轨道中, 将其开始位置与时间线对齐, 结尾位置与 V2 轨道中的素材结尾处对齐, 如图 13-42 所示。

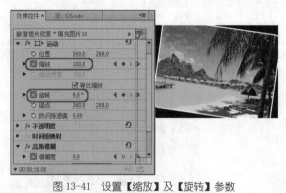

图 13-41 设置【缩放】及【旋转】参数

图 13-42 将文字字幕拖曳至【序列】面板中

(27) 在【效果】面板中选择【旋绕】视频过渡效果, 将其添加至【夏威夷海滩】的开始位置, 选择该特效, 在【效果控件】面板中将【持续时间】设置为 00:00:00:20, 将【边框宽度】设置为 5, 将【边框颜色】RGB 值设置为 255、0、240, 如图 13-43 所示。

(28) 选择【夏威夷海滩】字幕, 将当前时间设置为 00:00:17:05, 单击【位置】、【缩放】

左侧的【切换动画】按钮 ⏱，将当前时间设置为00:00:17:20，将【位置】设置为229、436，将【缩放】设置为65，如图13-44所示。

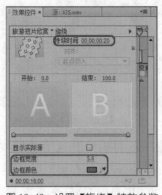

图13-43　设置【旋绕】特效参数

图13-44　设置关键帧

(29) 将L11.jpg拖曳至V2轨道中，将其与【填充图片10】首尾相连，将其持续时间设置为00:00:01:10，将【缩放】设置为196。在【效果】面板中选择【水波块】，将其添加至素材文件的开始位置，如图13-45所示。

(30) 选择【水波块】特效，将【持续时间】设置为00:00:00:15，将L12.jpg拖曳至V2轨道中，将其与L11.jpg首尾相连，将其持续时间设置为00:00:01:10，在【效果】面板中选择【百叶窗】效果，将其添加至L11.jpg和L12.jpg素材文件中间，选择该特效，在【效果控件】面板中将【持续时间】设置为00:00:00:15，将【边框宽度】设置为2，将【边框颜色】设置为黄色，如图13-46所示。

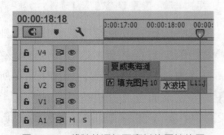

图13-45　将特效添加至素材的开始位置

图13-46　设置【百叶窗】特效

(31) 选择【填充图片13】，将其添加至V2轨道中，将其与L12.jpg首尾相连，将其持续时间设置为00:00:03:06。将当前时间设置为00:00:20:17，将【缩放】设置为173，并单击其左侧的【切换动画】按钮 ⏱，在【效果】面板中选择【高斯模糊】特效，双击该特效，在【效果控件】面板中单击【模糊度】左侧的【切换动画】按钮 ⏱，将【模糊度】设置为20，如图13-47所示。

(32) 将当前时间设置为00:00:20:22，在【项目】面板中选择XJK，将其拖曳至V3轨道中，将其开始位置与时间线对齐，将其持续时间设置为00:00:00:08，将当前时间设置为00:00:20:24，将【白色遮罩】拖曳至V4轨道中，将其开始位置与时间线对齐，将其持续时间设置为00:00:00:04，如图13-48所示。

图 13-47　设置【缩放】及【模糊度】参数

图 13-48　将【白色遮罩】拖曳至 V4 轨道中

(33) 确定【白色遮罩】处于选择状态，在【效果控件】面板中将【不透明度】设置为 84%，将当前时间设置为 00:00:21:05，选择【填充图片 13.jpg】，单击【缩放】右侧的【添加 / 移除关键帧】按钮◈，单击【旋转】左侧的【切换动画】按钮◐，将【模糊度】设置为 0，如图 13-49 所示。

(34) 将当前时间设置为 00:00:21:06，将【缩放】设置为 97，将【旋转】设置为 –8°，将当前时间设置为 00:00:24:00，将【缩放】设置为 84，将【旋转】设置为 0°，如图 13-50 所示。

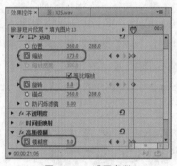

图 13-49　设置参数

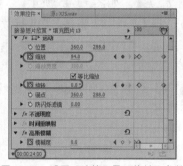

图 13-50　设置【缩放】及【旋转】参数

(35) 将当前时间设置为 00:00:22:00，在【项目】面板中选择【挪威峡湾】字幕，将其拖曳至 V3 轨道中，将其开始位置与时间线对齐，结尾处与 V2 轨道中的素材结尾处对齐，选择该字幕，在【效果控件】面板中将【位置】设置为 244、450，将【缩放】设置为 82，如图 13-51 所示。

(36) 在【效果】面板中选择【球面化】特效，将该特效添加至【挪威峡湾】，将【半径】设置为 120，确定当前时间为 00:00:22:00，单击【球面中心】左侧的【切换动画】按钮◐，将其设置为 100、288，如图 13-52 所示。

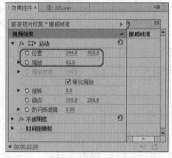

图 13-51　设置【位置】及【缩放】参数

图 13-52　设置【球面化】参数

(37) 将当前时间设置为 00:00:23:10，将【球面化】半径选项组中的【球面中心】设为

642、288。在【效果】面板中选择【裁剪】特效，将该特效添加至【挪威峡湾】字幕上，将当前时间设置为00:00:22:00，单击【裁剪】选项组中的【右侧】的【切换动画】按钮，将【右侧】设置为74，如图13-53所示。

(38) 将当前时间设置为00:00:23:10，将【右侧】设置为24，使用同样的方法将L14.jpg、L15.jpg、L16.jpg、L17.jpg素材图片添加至V2轨道中，并对其进形设置，完成后的效果如图13-54所示。

图13-53　设置【右侧】参数　　　　　图13-54　向【序列】面板中添加素材并进行设置

(39) 选择【填充图片2】，将其拖曳至V2轨道中，将其【持续时间】设置为00:00:02:20，将当前时间设置为00:00:27:17，将【缩放】设置为131，并单击左侧的【切换动画】按钮，当前时间设置为00:00:27:20，在【项目】面板中选择XJK，将其拖曳至V3轨道中，将其开始位置与时间线对齐，将其【持续时间】设置为00:00:00:08。将当前时间设置为00:00:27:22，将【项目】面板的【白色遮罩】拖曳至V4轨道中，将其开始位置与时间线对齐，将其持续时间设置为00:00:00:04，如图13-55所示。

(40) 选择【白色遮罩】，在【效果控件】面板中，将【不透明度】设置为84%，将当前时间设置为00:00:28:03，选择【填充图片2】，单击【缩放】右侧的【添加/移除关键帧】按钮，单击【旋转】左侧的【切换动画】按钮，如图13-56所示。

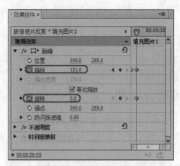

图13-55　将【白色遮罩】拖曳至【序列】面板中　　　图13-56　设置关键帧

(41) 将当前时间设置为00:00:28:04，将【缩放】设置为105，将【旋转】设置为8°，将当前时间设置为00:00:30:06，将【缩放】设置为89，如图13-57所示。

(42) 将当前时间设置为00:00:28:15，将【迪拜】字幕拖曳至V3轨道中，将其开始位置与时间线对齐，将其结尾处与V2轨道中的素材结尾处对齐，选择【迪拜】字幕，单击【位置】、【缩放】左侧的【切换动画】按钮，将【位置】设置为718、−20，将【缩放】设置为29，如图13-58所示。

图 13-57 设置【缩放】参数

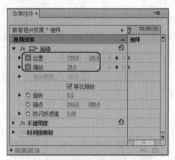
图 13-58 设置【位置】及【缩放】参数

(43) 将当前时间设置为 00:00:29:10，将【位置】设置为 164、288，将【缩放】设置为 100，将当前时间设置为 00:00:29:21，单击【位置】、【缩放】右侧的【添加/移除关键帧】按钮◉，将当前时间设置为 00:00:30:06，将【位置】设置为 561、505，将【缩放】设置为 56，如图 13-59 所示。

(44) 将【填充图片 6】拖曳至 V2 轨道中，将其与【填充图片 2】首尾相连，将其【持续时间】设置为 00:00:02:20，将当前时间设置为 00:00:30:12，将【缩放】设置为 143，如图 13-60 所示。

图 13-59 设置关键帧

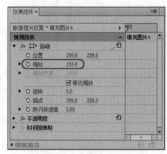
图 13-60 设置【缩放】

(45) 将当前时间设置为 00:00:30:15，在【项目】面板中选择 XJK，将其拖曳至 V3 轨道中，将其开始位置与时间线对齐，将其【持续时间】设置为 00:00:00:08。将当前时间设置为 00:00:30:17，将【项目】面板的【白色遮罩】拖曳至 V4 轨道中，将其开始位置与时间线对齐，将其持续时间设置为 00:00:00:04，选择【白色遮罩】，在【效果控件】面板中将【不透明度】设置为 84，如图 13-61 所示。

(46) 将当前时间设置为 00:00:30:23，选择轨道中的【填充图片 6】素材，单击【缩放】、【旋转】左侧的【切换动画】按钮◎，将当前时间设置为 00:00:30:24，将【缩放】设置为 100，将【旋转】设置为 –8°，将当前时间设置为 00:00:33:03，将【缩放】设置为 88，如图 13-62 所示。

图 13-61 设置【不透明度】

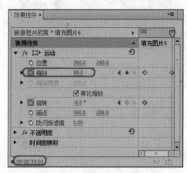
图 13-62 设置【缩放】

(47) 将当前时间设置为00:00:31:15，将【法国巴厘岛】拖曳至V3轨道中，将其开始处与时间线对齐，将其【持续时间】设置为00:00:01:17，为其添加【基本3D】视频效果。在【效果控件】面板中单击【位置】、【缩放】左侧的【切换动画】按钮 ，将【位置】设置为360、600，将【缩放】设置为38，单击【基本3D】选项组中的【旋转】、【倾斜】左侧的【切换动画】按钮 ，将【旋转】设置为360°，将【倾斜】设置为360°，如图13-63所示。

(48) 将当前时间设置为00:00:32:10，将【位置】设置为360、288，将【缩放】设置为100，将【旋转】设置为0°，将【倾斜】设置为0°，如图13-64所示。

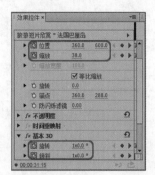

图13-63 设置【位置】、【缩放】、【旋转】及【倾斜】

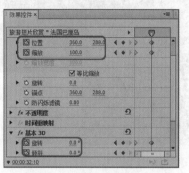

图13-64 设置关键帧

(49) 将当前时间设置为00:00:32:24，单击【位置】、【不透明度】右侧的【添加/移除关键帧】按钮 ，将当前时间设置为00:00:33:07，将【位置】设置为923、288，将【不透明度】设置为0，如图13-65所示。

(50) 使用同样的方法设置其他效果，在菜单栏中选择【文件】|【新建】|【序列】命令，弹出【序列】对话框，在该对话框中选择DV-PAL|【标准48kHz】选项，将【序列名称】设置为【序列02】，单击【确定】按钮，将【填充图片3】、【填充图片9】、【填充图片16】分别拖曳至V1、V2、V3轨道中，将【填充图片03】的持续时间设置为00:00:03:05，将【填充图片09】的持续时间设置为00:00:02:05，将【填充图片16】的持续时间设置为00:00:01:05，效果如图13-66所示。

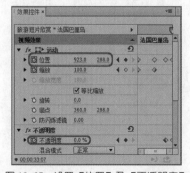

图13-65 设置【位置】及【不透明度】

图13-66 设置完成后的效果

(51) 选择【填充图片16】，在【效果控件】面板中将【位置】设置为401、575，将【缩放】设置为45，将【锚点】设置为5、562。在【序列】面板中选择【填充图片16】，右击，在弹出的快捷菜单中选择【复制】命令，然后选择【填充图片9】、【填充图片3】，右击，在弹出的快捷菜单中选择【粘贴属性】命令，在弹出的对话框中保持默认设置，单击【确定】按钮即可，在【节目】面板中观看效果，如图 13-67 所示。

(52) 将当前时间设置为 00:00:00:00，选择【填充图片 16】，在【效果控件】面板中单击【旋转】左侧的【切换动画】按钮，将当前时间设置为 00:00:00:05，将【旋转】设置为 –16°，如图 13-68 所示。

图 13-67　观看效果

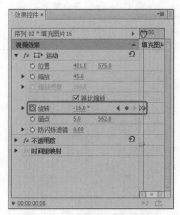

图 13-68　设置【旋转】参数

(53) 在【项目】面板中选择【填充图片 16】，将其拖曳至 V3 轨道的上方，系统自动生成 V4 轨道，将其开始位置与时间线对齐，将【持续时间】设置为 00:00:00:15，选择该素材，确定当前时间为 00:00:00:05，单击【位置】、【缩放】、【旋转】左侧的【切换动画】按钮，将【位置】设置为 524、409，将【缩放】设置为 45，将【旋转】设置为 –16°，将【不透明度】设置为 0%，如图 13-69 所示。

(54) 将当前时间设置为 00:00:00:19，将【位置】设置为 302、247，将【缩放】设置为 78，将【旋转】设置为 0°，将【不透明度】设置为 100%，如图 13-70 所示。

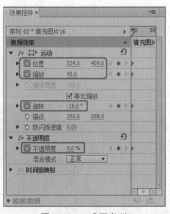

图 13-69　设置参数

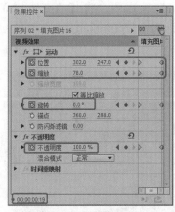

图 13-70　设置关键帧

(55) 选择 V3 轨道中的【填充图片 16】，将当前时间设置为 00:00:00:22，单击【旋转】右侧的【添加 / 移除关键帧】按钮，将当前时间设置为 00:00:01:04，将【旋转】设置为 –185，如图 13-71 所示。

(56) 将当前时间设置为 00:00:01:00，选择【填充图片 9】，单击【旋转】左侧的【切换动画】按钮，将当前时间设置为 00:00:01:05，将【旋转】设置为 –16°，如图 13-72 所示。

图 13-71　设置【旋转】参数

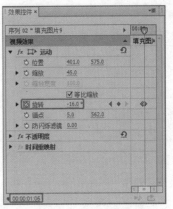

图 13-72　设置关键帧

(57) 在【项目】面板中选择【填充图片 9】，将其拖曳至 V4 轨道上，将其开始位置与时间线对齐，将【持续时间】设置为 00:00:00:15。选择 V4 轨道上的【填充图片 16】，右击，在弹出的快捷菜单中选择【复制】命令，然后选择【填充图片 9】，右击，在弹出的快捷菜单中选择【粘贴属性】命令，在弹出的对话框中保持默认设置，单击【确定】按钮即可，完成后的效果如图 13-73 所示。

(58) 使用同样的方法设置其他动画，切换至【旅游短片欣赏】序列，将【序列 02】拖曳至 V2 轨道中，将其与【填充图片 14】首尾相连，将其【持续时间】设置为 00:00:05:00，将其与音频取消链接，然后选择音频，按 Delete 键将其删除，完成后的效果如图 13-74 所示。

图 13-73　设置完成后的效果

图 13-74　取消视音频链接

(59) 在【项目】面板中选择【谢谢欣赏】字幕，将其拖曳至 V2 轨道中，将其与【序列 2】首尾相连，将其【持续时间】设置为 00:00:03:00，将当前时间设置为 00:00:43:24，单击【缩放】左侧的【切换动画】按钮 ，将【缩放】设置为 50，将当前设置为 00:00:46:19，将【缩放】设置为 100，如图 13-75 所示。

(60) 在【效果】面板中选择【门】特效，将其添加至【谢谢欣赏】的开始位置，效果如图 13-76 所示。

(61) 在【项目】面板中选择 Y.jpg，将其拖曳至 V1 轨道中，将其开始位置与 V1 轨道中的PT01.avi 结尾处对齐，将 Y.jpg 的持续时间设置为 00:00:41:23。至此，视频轨道中的效果就制作完成了。

图 13-75　设置【缩放】参数

图 13-76　添加【门】特效

案例精讲 168　添加背景音乐

案例文件：CDROM | 场景 | Cha13 | 旅游短片欣赏.prproj

视频文件：视频教学 | Cha13 | 添加背景音乐.avi

制作概述

添加合适的背景音乐可以使欣赏者在视觉效果的基础上，让听觉动起来，两者结合，可以使视频更加富有感染力。本例将介绍如何为视频添加背景音乐。

学习目标

学会为视频添加背景音乐。

操作步骤

(1) 将当前时间设置为 00:00:14:21，在【项目】面板中选择 XJS.wav，将其拖曳至 A1 轨道中，将其开始位置与时间线对齐，将当前时间设置为 00:00:20:22，将 XJS.wav 拖曳至 A1 轨道中，将其开始位置与时间线对齐，使用同样的方法添加 A1 轨道中的其他音频，如图 13-77 所示。

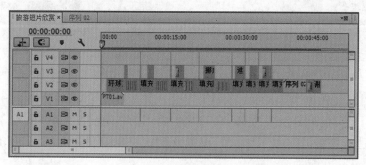

图 13-77　在 A1 轨道中添加其他音频

(2) 在【项目】面板中选择 YP1.mp3，将其拖曳至 A2 轨道中，将当前时间设置为 00:00:46:24，在工具箱中选择【剃刀工具】，用其沿时间线将 YP1.mp3 切断，然后选择【选择工具】，选择时间线右侧的音频，按 Delete 键将其删除。

(3) 选择【钢笔工具】，将当前时间设置为00:00:00:00，在A2轨道中添加关键帧，将当前时间设置为00:00:01:00，在A2轨道中添加关键帧，将当前时间设置为00:00:45:24，在A2轨道中添加关键帧，将当前时间设置为00:00:46:24，在A2轨道中添加关键帧，效果如图13-78所示。

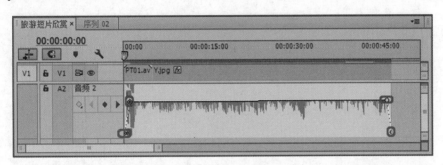

图13-78　添加关键帧

案例精讲 169　输出影片

制作概述

输出影片就是软件根据素材在【序列】面板中设置的视频参数来创建影片。本例将讲解如何输出影片。

学习目标

巩固将制作好的影片进行输出。

操作步骤

激活【旅游短片欣赏】序列，在菜单栏中选择【文件】|【导出】|【媒体】命令，弹出【导出设置】对话框，在该对话框中将【格式】设置为AVI，单击【输出名称】右侧的文字，弹出【另存为】对话框，在该对话框中设置存储路径，将其【文件名】设置为【旅游短片欣赏】，设置完成后单击【保存】按钮，返回到【导出设置】对话框中，单击【导出】按钮，即可将影片导出。影片导出后将场景进行保存即可。

第 14 章
公益广告

本章重点

◆ 新建项目和导入素材
◆ 创建字幕
◆ 设置序列
◆ 添加音效

公益广告具有社会的效益性、主题的现实性和表现的号召性三大特点。本章将根据前面所学的知识来制作公益广告,效果如图 14-1 所示。

图 14-1　公益广告

案例精讲 170　新建项目和导入素材

案例文件:CDROM | 场景 | Cha14 | 公益广告 .prproj

视频文件:视频教学 | Cha14 | 新建项目和导入素材 .avi

制作概述

公益广告的制作,首先要创建需要的项目和序列,并导入素材文件。

学习目标

巩固如何创建项目和序列并导入素材文件。

操作步骤

(1) 运行软件后,在欢迎界面中单击【新建项目】按钮,弹出【新建项目】对话框,设置正确的【名称】和【位置】,然后单击【确定】按钮。

(2) 新建项目文件后,按 Ctrl+N 组合键,弹出【新建序列】对话框,选择 DV-24P|【标准48kHz】选项,序列名称保持默认,单击【确定】按钮,如图 14-2 所示。

(3) 打开【项目】面板,在空白处双击,弹出【导入】对话框,选择随书附带光盘 CDROM| 素材 |Cha14 文件夹中的【公益广告】文件,并单击【导入文件夹】按钮,如图 14-3 所示。

(4) 打开【项目】面板可以查看导入的素材文件,如图 14-4 所示。

图 14-2　新建序列

图 14-3　导入素材文件

图 14-4　查看导入的素材

案例精讲 171 创建字幕

 案例文件：CDROM | 场景 | Cha14 | 公益广告 .prproj

视频文件：视频教学 | Cha14 | 创建字幕 .avi

制作概述

本例将详细讲解如何制作公益广告中的字幕。该例中的字幕主要是应用了系统的字幕样式，再对其加以修改。

学习目标

掌握如何应用字幕样式创建字幕，并创建滚动字幕。

操作步骤

(1) 按 Ctrl+T 组合键，弹出【新建字幕】对话框，保持默认值，将【名称】设为【水】，单击【确定】按钮，如图 14-5 所示。

(2) 进入【字幕编辑器】，选择【文字工具】输入【水】，选择输入的文字，在【字幕样式】组中对其应用 Caslon Red 84 样式，在【字幕属性】组中将【字体系列】设为【汉仪水滴体简】，将【字体大小】设为 260，将【填充类型】设为【实底】，颜色设为【白色】，如图 14-6 所示。

图 14-5 【新建字幕】对话框

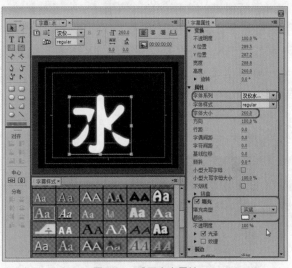

图 14-6 设置文字属性

(3) 在变换组中将【X 位置】和【Y 位置】分别设为 319.9、233.5，如图 14-7 所示。

(4) 选择【基于当前字幕新建字幕】命令，弹出【新建字幕】对话框，将【名称】设为【广告 1】，单击【确定】按钮，如图 14-8 所示。

知识链接

　　水（H_2O）是由氢、氧两种元素组成的无机物，在常温常压下为无色无味的透明液体。水是最常见的物质之一，是包括人类在内所有生命生存的重要资源，也是生物体最重要的组成部分。水在生命演化中起到了重要的作用。

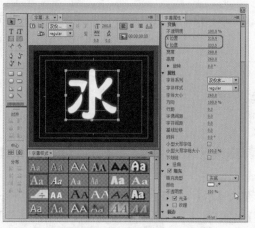 

图 14-7　设置位置　　　　　　　　　　　　　　　图 14-8　设置名称

　　(5) 将原来的文字删除，使用【文字工具】输入"请节约身边每一滴水！"，在【字幕属性】组中将【字体系列】设为【文鼎霹雳体】，将【字体大小】设为48，将【填充】组中的颜色设为#A80909，将【X 位置】和【Y 位置】分别设为360.9、392.7，如图 14-9 所示。

　　(6) 单击【基于当前字幕新建字幕】命令，弹出【新建字幕】对话框，将【名称】设为【广告 2】，单击【确定】按钮，如图 14-10 所示。

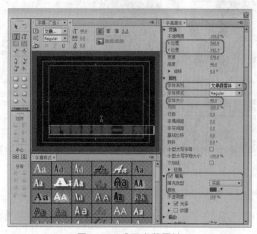 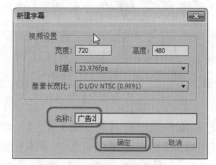

图 14-9　设置字幕属性　　　　　　　　　　　　　图 14-10　【新建字幕】对话框

　　(7) 进入字幕编辑器，将原来的文字删除，选择【矩形工具】，在舞台中绘制矩形，在【字幕属性】组中将【填充】组中的颜色设为【白色】，将【宽度】设为4241，将【高度】设为58，将【X 位置】和【Y 位置】分别设为2072.5、437.8，如图 14-11 所示。

　　(8) 选择【文字工具】在舞台中输入"为何血浓于水？因为爱在其中，水是生命的源泉，农业的命脉，工业的血液，千万别让孩子知道鱼类只有泥鳅。请节约每一滴水，不要让最后一滴水，变成眼泪！"，将【字体系类】设为【文鼎霹雳体】，将【字体大小】设为 50，将【填充】下的【颜色】设为【黑色】，将【X 位置】和【Y 位置】分别设为 2110.6、441.6，如图 14-12 所示。

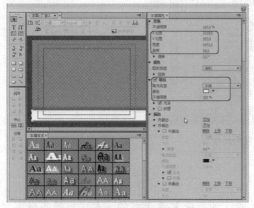

图 14-11　绘制矩形

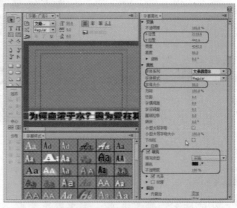

图 14-12　输入文字并进行设置

(9) 单击【滚动 / 游动选项】按钮，弹出【滚动 / 游动选项】对话框，将【字幕类型】设为【向左游动】，并选中【开始于屏幕外】和【结束于屏幕外】复选框，单击【确定】按钮，如图 14-13 所示。

(10) 按 Ctrl+T 组合键，在弹出的对话框中将【名称】设为【广告 3】，进入【字幕编辑器】，使用【文字工具】输入"你的生命需要水的滋润"，在【字幕样式】组中对其应用 Tekton Blue Gradient 130，在【字幕属性】组中将【字体系列】设为【汉仪立黑简】，将【字体大小】设为 60，将【X 位置】和【Y 位置】分别设为 322.6、439.9，如图 14-14 所示。

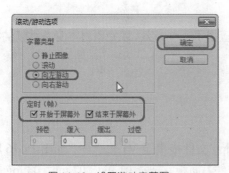

图 14-13　设置游动字幕图

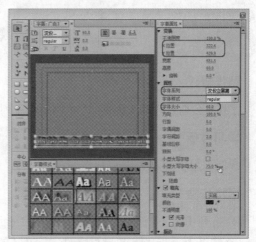

图 14-14　设置文字属性

(11) 按 Ctrl+T 组合键，在弹出的对话框中将【名称】设为【广告 4】，进入【字幕编辑器】，使用【文字工具】输入"请节约用水…让生命继续…让大地继续…"，在【字幕样式】组中对其应用 Caslon Italic Bluesky 64，在【字幕属性】组中将【字体系列】设为【隶书】，将【字体大小】设为 50，将【X 位置】和【Y 位置】分别设为 298.7、355，如图 14-15 所示。

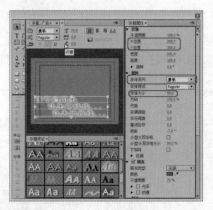

图 14-15　设置字幕属性

知识链接

在地球上，哪里有水，哪里就有生命。一切生命活动都是起源于水的。人体内的水分，大约占到体重的 65%。其中，脑髓含水 75%，血液含水 83%，肌肉含水 76%，连坚硬的骨骼里也含水 22% 呢！没有水，食物中的养料不能被吸收，废物不能排出体外，药物不能到达起作用的部位。人体一旦缺水，后果是很严重的。缺水 1%～2%，感到渴；缺水 5%，口干舌燥，皮肤起皱，意识不清，甚至幻视；缺水 15%，往往甚于饥饿。没有食物，人可以活较长时间（有人估计为两个月），如果连水也没有，顶多能活一周左右。

案例精讲 172　设置序列

 案例文件：CDROM | 场景 | Cha14 | 公益广告 .prproj

视频文件：视频教学 | Cha14 | 设置序列 .avi

制作概述

序列是公益广告的主体部分。本例中的序列主要应用了一些特效，以及素材本身关键帧的添加。

学习目标

掌握利用特效和关键帧制作序列。

操作步骤

(1) 打开【项目】面板，选择 01.jpg、02.jpg、03.jpg 文件拖曳至 V1 轨道中，如图 14-16 所示。

(2) 选择上一步导入的素材文件，打开【效果控件】面板，选择 01.jpg、02.jpg、03.jpg 文件，分别将其【缩放】设为 94、86、136，如图 14-17 所示。

图 14-16　添加素材文件到 V1 轨道

图 14-17　设置【缩放】参数

(3) 打开【效果】面板，搜索【筋斗过渡】效果，将其添加到两个素材之间，并将持续时间设为 00:00:02:00，如图 14-18 所示。

(4) 选择【水】字幕，将其添加到 V2 轨道中，使其结束处与 V1 轨道中的 01.jpg 文件结束处对齐，如图 14-19 所示。

图 14-18　添加【筋斗过渡】特效

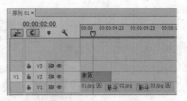

图 14-19　添加字幕

(5) 将当前时间设为 00:00:00:00，选择添加的【水】字幕，打开【效果控件】面板，将【缩放】设为 30，并单击左侧的【切换动画】按钮，打开关键帧记录，如图 14-20 所示。

图 14-20　设置【缩放】关键帧

(6) 将当前时间设为 00:00:04:23，选择添加的【水】字幕，打开【效果控件】面板，将【缩放】设为 130，如图 14-21 所示。

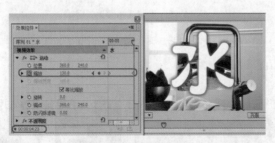

图 14-21　设置关键帧

(7) 在【项目】面板中选择【水】字幕，将其拖曳至 V2 轨道中，使其开始处与前一个【水】字幕结束处对齐，将其结束处与 V1 轨道中的 02.jpg 文件结束处对齐，如图 14-22 所示。

(8) 将当前时间设为 00:00:05:00，选择上一步添加的【水】字幕，打开【效果控件】面板，将【缩放】设为 30，并单击左侧【切换动画】按钮，打开关键帧记录，如图 14-23 所示。

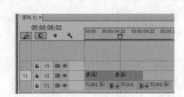

图 14-22　添加字幕

图 14-23　设置关键帧

(9) 将当前时间设为 00:00:09:23，选择上一步添加的【水】字幕，打开【效果控件】面板，将【缩放】设为 130，如图 14-24 所示。

(10) 在【项目】面板中选择【水】字幕，将其拖曳至 V2 轨道中，使其开始处与第二个【水】字幕结束处对齐，将其结束处与 V1 轨道中的 03.jpg 文件结束处对齐，如图 14-25 所示。

图 14-24　设置【缩放】关键帧

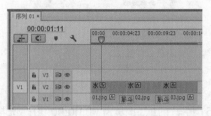

图 14-25　添加字幕

(11) 将当前时间设为 00:00:10:00，选择添加的【水】字幕，打开【效果控件】面板，将【缩放】设为 30，并单击左侧的【切换动画】按钮，打开关键帧记录，如图 14-26 所示。

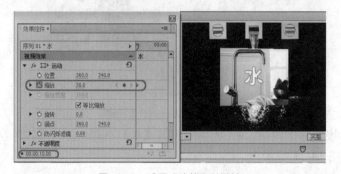

图 14-26　设置【缩放】关键帧

(12) 将当前时间设为 00:00:14:23，选择上一步添加的【水】字幕，打开【效果控件】面板，将【缩放】设为 130，如图 14-27 所示。

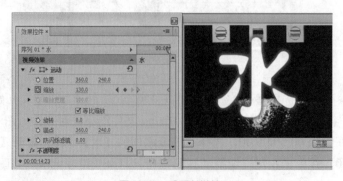

图 14-27　设置关键帧

(13) 打开【效果】面板，搜索【抖动溶解】特效，将其添加到【水】字幕之间，并将其【持续时间】设为 00:00:02:00，如图 14-28 所示。

(14) 打开【项目】面板，选择 04.jpg 文件，将其拖曳至 V1 轨道中，使其开始处与 03.jpg 文件结束处对齐，如图 14-29 所示。

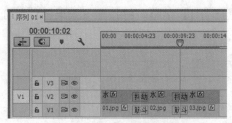

图 14-28 添加【抖动溶解】特效

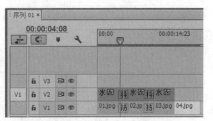

图 14-29 添加素材文件到 V1 轨道

(15) 选择上一步添加的素材文件，打开【效果控件】面板，将【缩放】设为 75，如图 14-30 所示。

图 14-30 设置【缩放】参数

(16) 打开【效果】面板，搜索【抖动溶解】特效，将其添加到 03.jpg 文件和 04.jpg 文件之间，并设置【持续时间】为 00:00:02:00，如图 14-31 所示。

(17) 选择【广告 1】字幕，将其拖曳至 V2 轨道中，使其开始处与第三个【水】字幕结束处对齐，结束处与 04.jpg 文件结束处对齐，如图 14-32 所示。

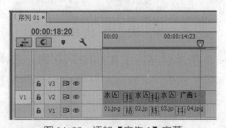

图 14-31 添加【抖动溶解】特效

图 14-32 添加【广告 1】字幕

(18) 将当前时间设为 00:00:15:00，选择添加的【广告 1】字幕，将打开【效果控件】面板，将【位置】设为 1015、201，并单击其左侧的【切换动画】按钮，打开关键帧记录，如图 14-33 所示。

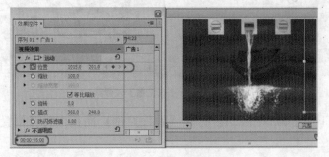

图 14-33 添加【位置】关键帧

(19) 将当前时间设为 00:00:19:23，选择添加的【广告 1】字幕，将打开【效果控件】面板，将【位置】设为 361、201，如图 14-34 所示。

图 14-34　添加关键帧

(20) 打开【效果】面板，搜索【抖动溶解】特效，将其添加到【广告 1】和【水】字幕之间，并将持续时间设为 00:00:02:00，如图 14-35 所示。

(21) 打开【项目】面板，选择 05.jpg、06.jpg 和 07.jpg 文件并拖曳至 V1 轨道中，使 05.jpg 文件的开始处与 04.jpg 文件结束处对齐，如图 14-36 所示。

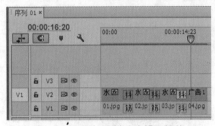

图 14-35　添加【抖动溶解】特效

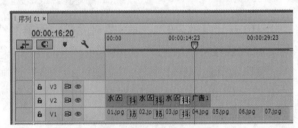

图 14-36　添加素材文件

(22) 将当前时间设为 00:00:20:00，选择 05.jpg 文件，打开【效果控件】面板，将【位置】设为 440、240，并单击左侧的【切换动画】按钮，打开关键帧记录，如图 14-37 所示。

图 14-37　设置【位置】关键帧

(23) 将当前时间设为 00:00:24:23，打开【效果控件】面板，将【位置】设为 282、240，如图 14-38 所示。

图 14-38　添加关键帧

(24) 将当前时间设为 00:00:25:00，选择 06.jpg 文件，打开【效果控件】面板，将【位置】设为 360、456，并单击左侧的【切换动画】按钮，打开关键帧记录，将【缩放】设为 123，如图 14-39 所示。

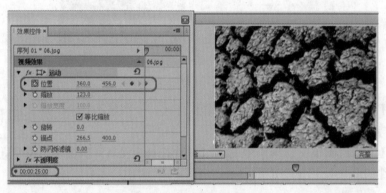

图 14-39　设置【位置】关键帧

(25) 将当前时间设为 00:00:29:23，选择 06.jpg 文件，打开【效果控件】面板，将【位置】设为 360、105，如图 14-40 所示。

图 14-40　添加关键帧

(26) 将当前时间设为 00:00:30:00，选择 06.jpg 文件，打开【效果控件】面板，单击【缩放】左侧的【切换动画】按钮，如图 14-41 所示。

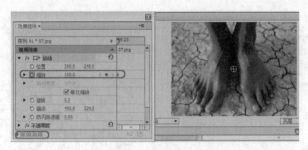

图 14-41　添加【缩放】关键帧

(27) 将当前时间设为 00:00:34:23，选择 067.jpg 文件，打开【效果控件】面板，将【缩放】设为 74，如图 14-42 所示。

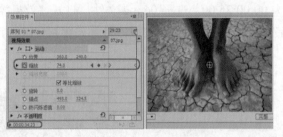

图 14-42　添加【缩放】关键帧

(28) 打开【效果】面板，搜索【交叉溶解】特效，分别添加在 04.jpg 文件～ 07.jpg 文件之间，并设置【持续时间】为 00:00:02:00，如图 14-43 所示。

(29) 打开【项目】面板，选择其他的素材图片并拖曳至 V1 轨道中，使 08.jpg 文件的开始处与 07.jpg 文件的结束处对齐，如图 14-44 所示。

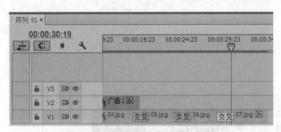

图 14-43　添加【交叉溶解】特效

图 14-44　添加其他素材图片

(30) 选择 08.jpg 文件，打开【效果控件】面板，将【缩放】设为 74，如图 14-45 所示。

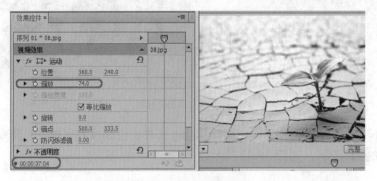

图 14-45　设置【缩放】参数

(31) 打开【效果】面板，搜索【交叉伸展】特效，将其添加到 07.jpg 和 08.jpg 文件之间，并将【持续时间】设为 00:00:02:00，如图 14-46 所示。

(32) 选择 V1 轨道中的 09.jpg 文件，打开【效果控件】面板，将【缩放】设为 82，如图 14-47 所示。

图 14-46　添加【交叉伸展】特效　　　　　　图 14-47　设置【缩放】参数

(33) 打开【效果】面板，选择【交叉溶解】特效，添加到 08.jpg 和 09.jpg 文件之间，并将【持续时间】设为 00:00:02:00，如图 14-48 所示。

(34) 选择 010.jpg 文件，打开【效果控件】面板，将【缩放】设为 82，如图 14-49 所示。

图 14-48　添加【交叉溶解】特效　　　　　　图 14-49　设置【缩放】参数

(35) 打开【效果】面板，选择【交叉溶解】特效，添加到 09.jpg 和 010.jpg 文件之间，并将【持续时间】设为 00:00:02:00，如图 14-50 所示。

(36) 选择 011.jpg 素材文件，打开【效果控件】面板，将【缩放】设为 92，如图 14-51 所示。

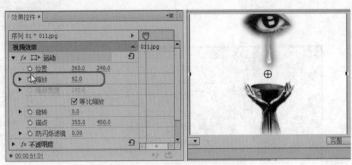

图 14-50　添加【交叉溶解】特效　　　　　　图 14-51　设置【缩放】参数

(37) 打开【效果】面板，选择【明亮度映射】特效，添加到 010.jpg 文件和 011.jpg 文件之间，并将【持续时间】设为 00:00:02:00，如图 14-52 所示。

(38) 选择 012.jpg 素材文件，打开【效果控件】面板，将【缩放】设为 125，如图 14-53 所示。

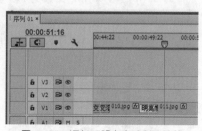

图14-52 添加【明亮度映射】特效

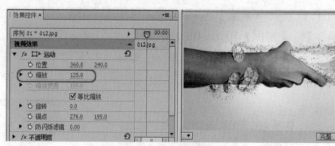

图14-53 设置【缩放】参数

(39) 打开【效果】面板,选择【交叉缩放】特效,添加到011.jpg和012.jpg文件之间,并将【持续时间】设为00:00:02:00,如图14-54所示。

(40) 将当前时间设为00:00:35:00,选择【广告2】字幕拖曳至V2轨道中,使其开始处与标识线对齐,结束处与011.jpg文件结束处对齐,如图14-55所示。

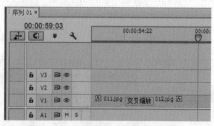

图14-54 添加【交叉缩放】特效

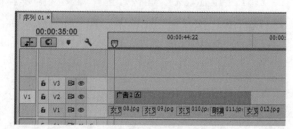

图14-55 添加【广告2】字幕

(41) 选择【广告3】字幕并将其拖曳至V2轨道中,使其开始处和结束处与012.jpg文件的开始处和结束处对齐,如图14-56所示。

(42) 选择添加的【广告3】字幕,将当前时间设为00:00:55:00,打开【效果控件】面板,将【缩放】设为10,并单击其左侧的【切换动画】按钮,如图14-57所示。

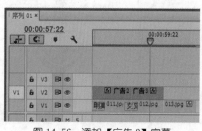

图14-56 添加【广告3】字幕

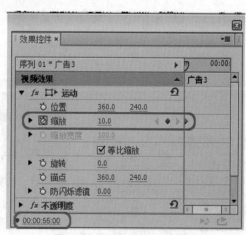

图14-57 设置【缩放】关键帧

(43) 将当前时间设为00:00:59:23,打开【效果控件】面板,将【缩放】设为100,如图14-58所示。

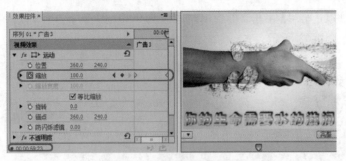

图 14-58　添加【缩放】关键帧

(44) 选择 013.jpg 文件，打开【效果控件】面板，将【缩放】设为 77，如图 14-59 所示。

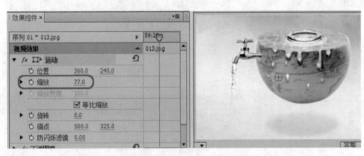

图 14-59　设置【缩放】参数

(45) 打开【效果】面板，搜索【筋斗过渡】特效并将其添加到 012.jpg 文件和 013.jpg 文件之间，将其【持续时间】设为 00:00:02:00，如图 14-60 所示。

(46) 选择【广告 4】字幕并将其拖曳至 V2 轨道中，使其开始处和结束处分别与 013.jpg 文件的开始处和结束处对齐，如图 14-61 所示。

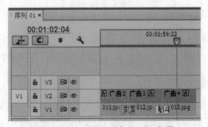

图 14-60　添加【筋斗过渡】特效　　　　　　图 14-61　添加【广告 4】字幕

(47) 选择添加的【广告 4】字幕，将当前时间设为 00:01:00:00，打开【效果控件】面板，将【缩放】设为 600，并单击左侧的【切换动画】按钮，如图 14-62 所示。

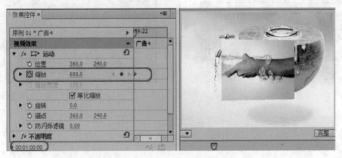

图 14-62　设置【缩放】关键帧

(48)选择添加的【广告 4】字幕,将当前时间设为 00:01:01:23,打开【效果控件】面板,将【缩放】设为 100,如图 14-63 所示。

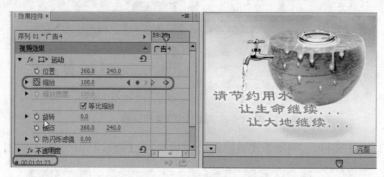

图 14-63　设置【缩放】关键帧

案例精讲 173　添加音效

案例文件：CDROM | 场景 | Cha14 | 公益广告 .prproj

视频文件：视频教学 | Cha14 | 添加音效 .avi

制作概述

一个完整的公益广告,音频是必不可少的。下面将介绍如何进行添加音效。

学习目标

掌握如何添加字幕及使用【剃刀工具】切割音效。

操作步骤

(1) 将当前时间设为 00:00:14:23,打开【项目】面板,选择 014.mp3 文件并将其拖曳至 A1 轨道中,使其开始处于 00:00:00:00,选择【剃刀工具】沿着标识线进行裁剪,并将后半部分删除,如图 14-64 所示。

(2) 选择 015.mp3 文件并将其拖曳至 A1 轨道中,使其开始处与 014.mp3 文件的结束处对齐,使用【剃刀工具】沿着 013.jpg 文件的结束处进行裁剪,并将后半部分删除,完成后的效果如图 14-65 所示。

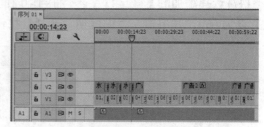

图 14-64　添加音效　　　　　　　　　　　　　　图 14-65　添加音效

第15章
企业宣传片头

企业宣传是通过企业自主投资制作文字、图片、动画宣传片、宣传画或宣传书来提升企业形象。本章将通过详细步骤来介绍如何制作企业宣传片头，其效果如图 15-1 所示。

图 15-1　企业宣传片头

案例精讲 174　新建项目和序列文件

案例文件：CDROM | 场景 | Cha15 | 企业宣传片头 .prproj

视频文件：视频教学 | Cha15 | 新建项目和序列文件 .avi

制作概述

企业宣传片头，首先要创建需要的项目和序列并导入素材文件。

学习目标

掌握如何创建项目和序列并导入素材文件。

操作步骤

(1) 运行软件后，在欢迎界面中单击【新建项目】按钮，弹出【新建项目】对话框，设置正确的【名称】和【位置】，然后单击【确定】按钮。

(2) 新建项目文件后，按 Ctrl+N 组合键，弹出【新建序列】对话框，选择 DV-24P|【标准48kHz】选项，序列名称保持默认，单击【确定】按钮，如图 15-2 所示。

(3) 打开【项目】面板，在空白处双击，弹出【导入】对话框，选择随书附带光盘 CDROM| 素材 |Cha15 文件夹中的【企业宣传片头】文件，并单击【导入文件夹】按钮，这样就可以将素材导入到【项目】面板，如图 15-3 所示。

图 15-2　新建序列

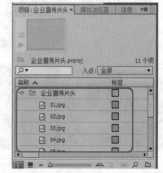

图 15-3　导入素材文件

案例精讲 175　创建宣传字幕

📝 案例文件：CDROM | 场景 | Cha15 | 企业宣传片头 .prproj

💿 视频文件：视频教学 | Cha15 | 创建宣传字幕 .avi

制作概述

字幕的创建要与其本身背景相符合，才能达到完美的效果。本例中字幕的创建，主要应用了系统自身的样式，再通过对其进行设置修改，达到与背景相符合的效果。

学习目标

掌握如何应用字幕样式并对其进行修改。

操作步骤

(1) 按 Ctrl+T 组合键，弹出【新建字幕】对话框，保存默认值，单击【确定】按钮，如图 15-4 所示。

(2) 进入【字幕编辑器】中，使用【文字工具】输入【公元 2006 年】，将【字体系列】设为【文鼎 CS 中宋】，【字体大小】设为 50，【X 位置】和【Y 位置】分别设为 335、355，如图 15-5 所示。

图 15-4　【新建字幕】对话框

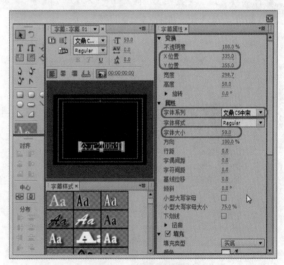

图 15-5　设置字幕属性

(3) 单击【基于当前字幕新建字幕】按钮，弹出【新建字幕】对话框，保存默认值，将原来的文字修改为【立志做行业的领航者】，【字体大小】设为 40，【X 位置】和【Y 位置】分别设为 328.2、348，如图 15-6 所示。

(4) 使用【文字工具】输入 Aspire to become the leader of the media indstry，将【字体大小】修改为 20，将【字体系列】设为【文鼎 CS 中宋】，【X 位置】和【Y 位置】分别设为 328.2、387.1，如图 15-7 所示。

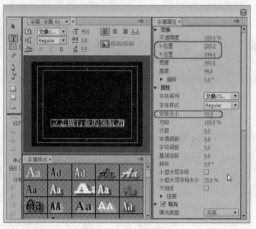

图 15-6　输入汉字

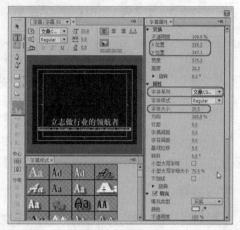

图 15-7　输入英文

(5) 单击【基于当前字幕新建字幕】按钮，弹出【新建字幕】对话框，保存默认值，将原来的文字删除，使用【文字工具】在舞台中输入"我们起航中国·德州"，在【字幕属性】组中将【字体系列】设为【文鼎 CS 中宋】，【字体大小】设为 4 0，【X 位置】和【Y 位置】分别设为 335、363，如图 15-8 所示。

(6) 使用【文字工具】在舞台中输入 We founded in Dezhou.China，在【字幕属性】组中将【字体系列】设为【文鼎 CS 中宋】，【字体大小】设为 27，【X 位置】和【Y 位置】分别设为 337.1、403.5，如图 15-9 所示。

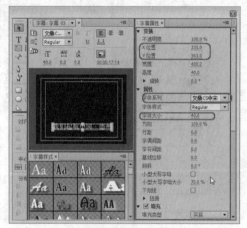

图 15-8　修改文字

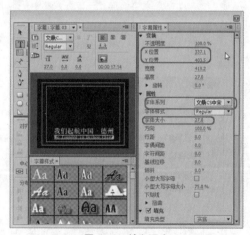

图 15-9　输入汉字

(7) 单击【基于当前字幕新建字幕】按钮，弹出【新建字幕】对话框，保存默认值，将原来的文字删除，使用【文字工具】在舞台中输入"专业"，在【字幕样式】组中选择 Caslon Red 84 样式，将【字体系列】设为【文鼎霹雳体】，【字体大小】设为 100，【填充】下的【填充类型】设为【线性渐变】，将第一个色标的颜色设为 #C1A961，将第二个色标的颜色设为 #F5E19E，如图 15-10 所示。

(8) 选择上一步输入的文字，在【变换】组中将【X 位置】和【Y 位置】分别设为 328.2、241，如图 15-11 所示。

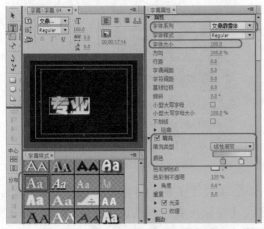

图 15-10　设置【字体】及【填充】参数

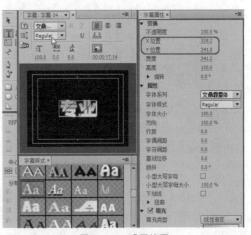

图 15-11　设置位置

(9) 单击【基于当前字幕新建字幕】按钮，弹出【新建字幕】对话框，保存默认值，将原来的文字修改为【品质】，如图 15-12 所示。

(10) 单击【基于当前字幕新建字幕】按钮，弹出【新建字幕】对话框，保存默认值，将原来的文字修改为【服务】，如图 15-13 所示。

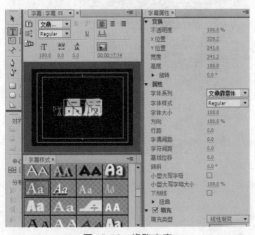

图 15-12　修改文字

图 15-13　修改文字

(11) 单击【基于当前字幕新建字幕】按钮，弹出【新建字幕】对话框，保存默认值，将原来的文字删除，选择【矩形工具】，绘制一个矩形，选中【填充】选项组下的【纹理】复选框，将【纹理】设为随书附带光盘 CDROM| 素材 |Cha15 文件夹中的【企业宣传片头】文件下的 05.jpg 文件，在【阴影】选项组中将【阴影颜色】设为 #C1A961，如图 15-14 所示。

(12) 继续选择绘制的矩形，将【宽度】和【高度】分别设为 587.3、220，【X 位置】和【Y 位置】分别设为 328.2、241，如图 15-15 所示。

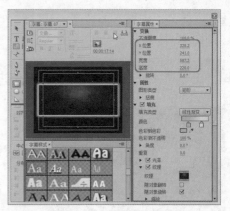

图 15-14　设置【纹理】和【填充】参数　　　　　图 15-15　设置位置和大小

(13) 单击【基于当前字幕新建字幕】按钮，弹出【新建字幕】对话框，保存默认值，将原来的矩形删除，选择【文字工具】在舞台中输入【益佳传媒】，确认【字体系列】为【文鼎霹雳体】，将【字体大小】设为120，在【阴影】选项组下将【不透明度】设为100%，如图 15-16 所示。

(14) 选择上一步输入的文字，将【X位置】和【Y位置】分别设为328.2、241，如图 15-17 所示。

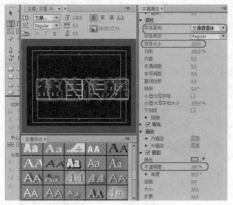
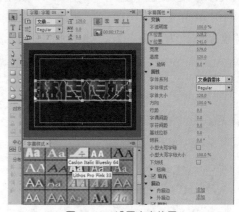

图 15-16　设置字幕属性　　　　　　　　　　图 15-17　设置文字位置

案例精讲 176　设置片头宣传序列

案例文件：CDROM | 场景 | Cha15 | 企业宣传片头 .prproj

视频文件：视频教学 | Cha15 | 设置片头宣传序列 .avi

制作概述

片头序列的创建主要应用了素材本身属性关键帧的设置以及效果的添加。

学习目标

掌握素材关键帧和特效的应用。

操作步骤

(1) 打开【项目】面板，选择 01.jpg 文件并将其拖曳至 V1 轨道中，并设置【持续时间】为 00:00:03:00，如图 15-18 所示。

(2) 选择添加的素材图片，打开【效果控件】面板，将【位置】设为 366.7、144.8，如图 15-19 所示。

图 15-18　添加素材文件

图 15-19　设置【位置】

(3) 选择【字幕 01】并将其添加到 V2 轨道中，使其开始结束与 V1 轨道中的 01.jpg 文件对齐，确认当前时间为 00:00:00:00，打开【效果控件】面板，将【缩放】设为 80，并单击左侧的【切换动画】按钮，打开关键帧记录，如图 15-20 所示。

(4) 选择【字幕 01】，将当前时间设为 00:00:02:23，打开【效果控件】面板，将【缩放】设为 100，如图 15-21 所示。

图 15-20　设置【缩放】关键帧

图 15-21　添加【缩放】关键帧

(5) 将当前时间设为 00:00:00:00，打开【项目】面板，选择 06.avi 文件并将其拖曳至 V3 轨道中，使其开始处与时间线对齐，并将其【持续时间】设为 00:00:03:00，如图 15-22 所示。

(6) 选择 06.avi 文件，打开【效果控件】面板，将【缩放】设为 240，在【不透明度】选项组中将【混合模式】设为【线性减淡（添加）】，如图 15-23 所示。

图 15-22　设置持续时间

图 15-23　设置视频的属性

(7) 在【项目】面板中，选择 02.jpg 文件拖曳至 V1 轨道中，使其开始处与 01.jpg 文件的结束处对齐，并将【持续时间】设为 00:00:03:00，如图 15-24 所示。

(8) 选择添加的素材文件，将当前时间设为 00:00:03:00，打开【效果控件】面板，将【缩放】设为 65，并单击左侧的【切换动画】按钮，如图 15-25 所示。

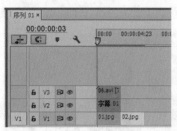

图 15-24　添加素材文件

图 15-25　添加【缩放】关键帧

(9) 将当前时间设为 00:00:05:23，打开【效果控件】面板，将【缩放】设为 75，如图 15-26 所示。

(10) 打开【效果】面板，搜索【交叉溶解】特效，将其添加到 01.jpg 和 02.jpg 文件之间，如图 15-27 所示。

图 15-26　添加关键帧

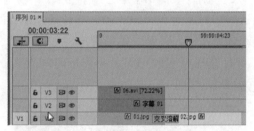

图 15-27　添加【交叉溶解】特效

(11) 在【项目】面板中选择 01.jpg 文件拖曳至 V1 轨道中，使其开始处与 02.jpg 文件的结束处对齐，并设置【持续时间】设为 00:00:03:00，如图 15-28 所示。

(12) 选择添加的第一个 01.jpg 文件并右击，在弹出的快捷菜单中选择【复制】命令，如图 15-29 所示。

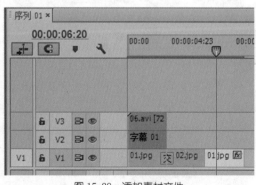

图 15-28　添加素材文件

图 15-29　复制属性

(13) 选择第二个 01.jpg 文件并右击，在弹出的快捷菜单中选择【粘贴属性】命令，弹出【粘贴属性】对话框，保持默认值，单击【确定】按钮，如图 15-30 所示。

(14) 在【项目】面板中选择【字幕 03】，将其拖曳至 V2 轨道中，使其与 V1 轨道中的第二个 01.jpg 文件对齐，如图 15-31 所示。

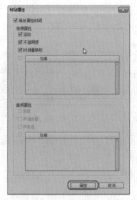

图 15-30 【粘贴属性】对话框

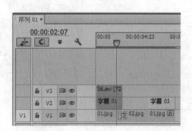

图 15-31 添加【字幕 03】

(15) 复制【字幕 01】的属性，并将其粘贴到【字幕 03】上，打开【项目】面板，选择 06.avi 文件并将其拖曳至 V3 轨道中，使其开始处与【字幕 03】的开始处对齐，并设置【持续时间】为 00:00:03:00，如图 15-32 所示。

(16) 复制第一个 06.avi 素材文件的属性，将其粘贴到第二个 06.avi 文件上，在【节目】面板中查看效果，如图 15-33 所示。

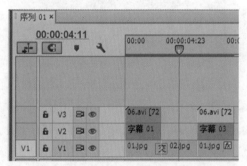

图 15-32 添加素材文件到【序列】面板

图 15-33 查看效果

(17) 打开【效果】面板，搜索【交叉溶解】特效，将其添加到 02.jpg 文件和 01.jpg 文件之间，如图 15-34 所示。

(18) 在【项目】面板中选择 03.jpg 文件，将其拖曳至 V1 轨道中，使其开始处与第二个 01.jpg 文件的结束处对齐，并设置【持续时间】为 00:00:03:00，如图 15-35 所示。

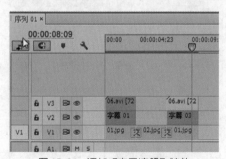

图 15-34 添加【交叉溶解】特效

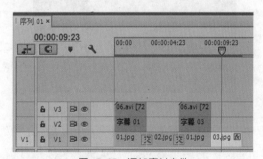

图 15-35 添加素材文件

(19) 选择上一步添加的文件，将当前时间设为 00:00:09:00，打开【效果控件】面板，将【缩放】设为 71.3，并单击左侧的【切换动画】按钮，添加关键帧，如图 15-36 所示。

（20）将当前时间设为 00:00:11:23，打开【效果控件】面板，将【缩放】设为 89.3，添加关键帧，如图 15-37 所示。

图 15-36 添加【缩放】关键帧

图 15-37 添加关键帧

（21）打开【效果】面板，搜索【交叉溶解】特效，将其添加到 01.jpg 文件和 03.jpg 文件之间，如图 15-38 所示。

（22）使用同样的方法将 01.jpg、【字幕 02】、06.avi 拖曳至 03.jpg 文件后，并将持续时间都设为 00:00:03:00，如图 15-39 所示。

图 15-38 添加【交叉溶解】特效

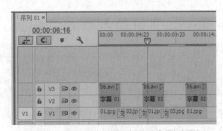

图 15-39 添加素材文件到【序列】面板

（23）使用前面的方法复制相应的属性并将其粘贴到上一步添加的素材上，打开【节目】面板查看效果，如图 15-40 所示。

（24）打开【效果】面板，搜索【交叉溶解】特效，将其添加到 03.jpg 文件和 01.jpg 文件之间，如图 15-41 所示。

图 15-40 查看效果

图 15-41 添加【交叉溶解】特效

（25）在【项目】面板中选择 ws.avi 文件，将其拖曳至 V1 轨道中，使其开始处与第三个 01.jpg 文件的结束处对齐，选择该素材并右击，在弹出的快捷菜单中选择【取消链接】命令，并将 A1 轨道中的音频删除，如图 15-42 所示。

（26）在【效果】面板中选择【交叉溶解】特效，将其添加到 ws.avi 文件的开始处，如图 15-43 所示。

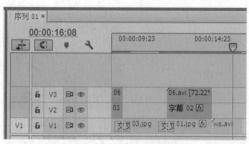

图 15-42　添加视频文件

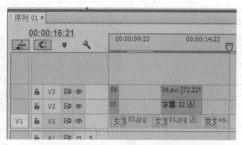

图 15-43　添加【交叉溶解】特效

(27) 在【项目】面板中选择 04.jpg 文件，将其拖曳至 V1 轨道中，使其开始处与 ws.avi 文件的结束处对齐，并设置持续时间为 00:00:04:00，如图 15-44 所示。

(28) 选择上一步添加的素材文件，在【效果控件】面板中将【缩放】设为 83，如图 15-45 所示。

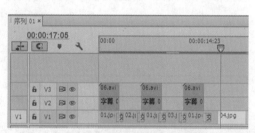

图 15-44　添加素材文件

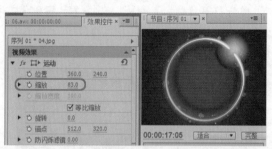

图 15-45　设置【缩放】

(29) 打开【效果】面板，选择【交叉缩放】效果，将其添加到 ws.avi 文件的结束处，如图 15-46 所示。

(30) 对 04.jpg 文件添加【镜头光晕】特效，将当前时间设为 00:00:17:11，选择添加的【镜头光晕】特效，打开【效果控件】面板，将【光晕中心】设为 723.4、140.6，并单击其左侧的【切换动画】按钮，添加关键帧，如图 15-47 所示。

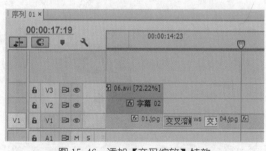

图 15-46　添加【交叉缩放】特效

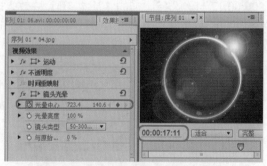

图 15-47　设置【光晕中心】参数

(31) 将当前时间设为 00:00:19:23，选择添加的【镜头光晕】特效，打开【效果控件】面板，将对光晕中心适当调整，拖动锚点，使其成为半圆，如图 15-48 所示。

(32) 打开【效果】面板，选择【闪电】效果，将其添加到 04.jpg 文件上，选择添加的【闪电】特效，打开【效果控件】面板，【分段】设为 25，【起始点】设为 270.4、353.8，【结束点】设为 771.1、331.3，如图 15-49 所示。

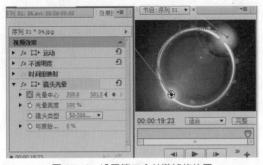

图 15-48　设置第二个关键帧的位置

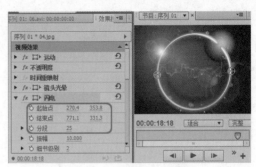

图 15-49　设置【闪电】特效

(33) 选择添加的【闪电】特效继续为其添加该特效，打开【效果控件】面板，将【分段】设为 25，【起始点】设为 513.3、88.4，【结束点】设为 520.8、569.1，如图 15-50 所示。

(34) 打开【项目】面板，选择【字幕 04】并将其拖曳至 V2 轨道中，使其与 04.jpg 文件对齐，如图 15-51 所示。

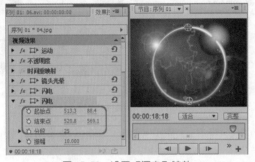

图 15-50　设置【闪电】特效

图 15-51　添加【字幕 04】

(35) 选择添加的【字幕 04】，打开【效果控件】面板，将【缩放】设为 150，如图 15-52 所示。

(36) 在【效果】面板中搜索【基本 3D】特效并为【字幕 04】添加该特效，将当前时间设为 00:00:17:11，选择添加的【基本 3D】特效，打开【效果控件】面板，单击【旋转】左侧的【切换动画】按钮，打开关键帧记录，如图 15-53 所示。

图 15-52　设置【缩放】参数

图 15-53　设置【旋转】关键帧

(37) 将当前时间设为 00:00:19:11，选择添加的【基本 3D】特效，打开【效果控件】面板，将【旋转】设为 1×0.0，如图 15-54 所示。

(38) 打开【项目】面板，选择 04.jpg 文件并将其添加到 V1 轨道中，使其开始处与第一个 04.jpg 文件的结束处对齐，并设置其【持续时间】为 00:00:04:00，如图 15-55 所示。

图 15-54 添加【旋转】关键帧

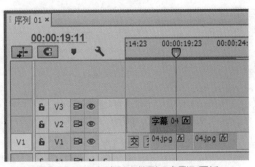

图 15-55 添加素材文件到【序列】面板

(39) 选择第一个 04.jpg 文件，复制其属性，并将其粘贴到第二个 04.jpg 文件上，在【节目】面板查看效果，如图 15-56 所示。

(40) 打开【项目】面板，选择【字幕 05】，将其开始处与【字幕 04】的结束处对齐，将其【持续时间】设为 00:00:04:00，如图 15-57 所示。

图 15-56 查看效果

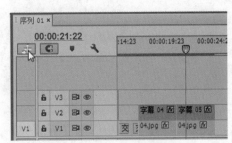

图 15-57 添加【字幕 05】

(41) 选择【字幕 04】，复制其属性，并将其粘贴到【字幕 05】上，在【节目】面板查看效果，如图 15-58 所示。

(42) 在【效果】面板中搜索【交叉缩放】特效，将其添加到两个 04.jpg 和【字幕 04】与【字幕 05】之间，如图 15-59 所示。

图 15-58 查看效果

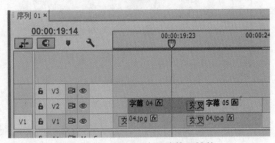

图 15-59 添加【交叉缩放】特效

(43) 使用同样的方法设置【字幕 06】，并添加【交叉缩放】特效，如图 15-60 所示。

(44) 打开【项目】面板，选择 05.jpg 文件并将其添加到 V1 轨道中，使其开始处与 04.jpg 文件的结束处对齐，如图 15-61 所示。

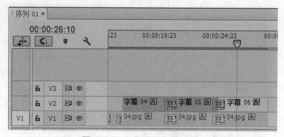

图 15-60　设置【字幕 06】　　　　　图 15-61　添加素材文件

(45) 打开【项目】面板，选择【字幕 07】并将其拖曳至 V2 轨道中，使其与 05.jpg 文件对齐，如图 15-62 所示。

(46) 在【效果】面板中选择【交叉缩放】特效，将其添加到 04.jpg 和 05.jpg、【字幕 06】和【字幕 07】之间，如图 15-63 所示。

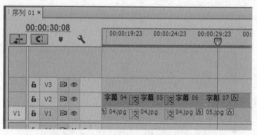
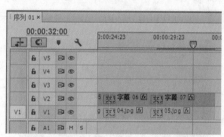

图 15-62　添加【字幕 07】　　　　　图 15-63　添加【交叉缩放】特效

(47) 在【项目】面板中选择【字幕 08】，将其拖曳至 V3 轨道中，使其与【字幕 07】对齐，如图 15-64 所示。

(48) 在【效果】面板中搜索【斜线滑动】效果，将其添加到【字幕 08】的开始处，并将其【持续时间】设为 00:00:00:10，如图 15-65 所示。

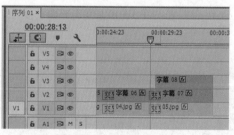
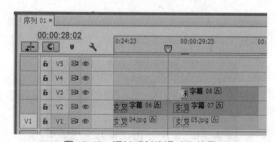

图 15-64　添加【字幕 08】　　　　　图 15-65　添加【斜线滑动】效果

(49) 在【效果】面板中搜索【镜头光晕】效果，将其添加到【字幕 08】上，将当前时间设为 00:00:29:10，打开【效果控件】面板，将【镜头光晕】下的【光晕中心】设为 54.9、243.1，并单击其左侧的【切换动画】按钮，打开关键帧记录，将【光晕亮度】设为 150%，【镜头类型】设为【35 毫米定焦】，如图 15-66 所示。

图 15-66 设置【镜头光晕】特效

(50) 将当前时间设为 00:00:32:00，打开【效果控件】面板，将【镜头光晕】下的【光晕中心】设为 926.7、243.1，如图 15-67 所示。

(51) 在【效果】面板中搜索【筋斗过渡】效果，将其添加到【字幕 07】和【字幕 08】的结束处，并将【持续时间】设为 00:00:00:17，如图 15-68 所示。

图 15-67 添加关键帧

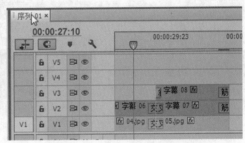

图 15-68 添加【筋斗过渡】特效

案例精讲 177 添加音效

 案例文件：CDROM | 场景 | Cha15 | 企业宣传片头 .prproj

 视频文件：视频教学 | Cha15 | 添加音效 .avi

制作概述

选择符合主体的音效，将其添加到音频轨道中，使用【钢笔工具】绘制出淡入和淡出效果。

学习目标

掌握如何添加音频及使用【钢笔工具】添加关键帧使其呈现淡入淡出效果。

操作步骤

(1) 将当前时间设为 00:00:00:00，在【项目】面板中选择 07.mp3 文件并添加到 A1 轨道中，使其开始处与时间线对齐，如图 15-69 所示。

(2) 选择【剃刀】工具，沿着 05.jpg 文件的结束处进行修剪，并将后侧修剪的音频删除，如图 15-70 所示。

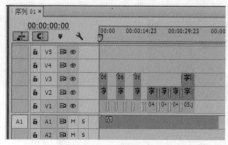

图 15-69　添加音频

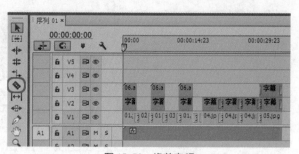

图 15-70　修剪音频

（3）将当前时间设为 00:00:16:10，在【项目】面板中选择 08.mp3 文件并拖曳至 A2 轨道中，使其开始处与时间线对齐，如图 15-71 所示。

（4）使用同样的方法分别在 00:00:20:10、00:00:24:10、00:00:28:10 位置添加 08.mp3 音频，如图 15-72 所示。

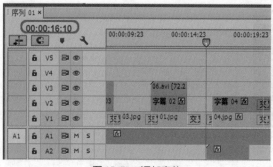

图 15-71　添加音效

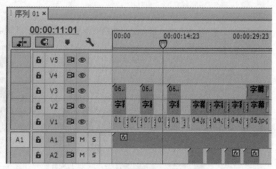

图 15-72　在其他位置添加音频

（5）将当前时间设为 00:00:33:05，使用【钢笔工具】选择 A1 轨道中的音频，在时间线位置添加关键帧，如图 15-73 所示。

（6）将当前时间设为 00:00:33:18，使用【钢笔工具】选择 A1 轨道中的音频，在时间线位置添加关键帧，并适当调整关键帧的位置，如图 15-74 所示。

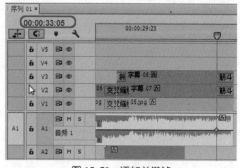

图 15-73　添加关键帧

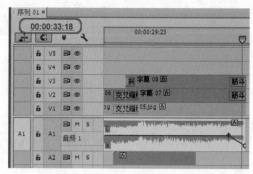

图 15-74　调整音频

案例精讲 178 输出企业片头

案例文件：CDROM | 场景 | Cha15 | 企业宣传片头 .prproj

视频文件：视频教学 | Cha15 | 输出企业片头 .avi

制作概述

片头文件制作完成后，需要将其输出为视频文件。

学习目标

掌握如何输出企业片头，如何设置输出格式及音频和视频选项。

操作步骤

(1) 选择【序列 01】面板，在菜单栏中选择【文件】|【导出】|【媒体】命令，如图 15-75 所示。

图 15-75 选择【媒体】命令

(2) 弹出【导出设置】对话框，将【格式】设为 AVI，单击【输出名称】右侧的名称，弹出【另存为】对话框，设置正确的路径及名称，单击【保存】按钮，如图 15-76 所示。

图 15-76 【另存为】对话框

(3) 返回到【导出设置】对话框，单击【导出】按钮，即可将企业片头输出，如图 15-77 所示。

图 15-77　【导出设置】对话框

第 16 章
感恩父母短片

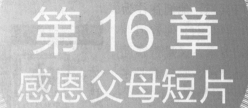

本章重点

- ◆ 新建项目并导入素材
- ◆ 新建颜色遮罩和字幕
- ◆ 创建并设置序列
- ◆ 添加背景音乐
- ◆ 输出影片

俗话说"滴水之恩，当涌泉相报"，更何况父母，为你付出的不仅仅是"一滴水"，而是一片汪洋大海。你是否在父母劳累后递上一杯暖茶，在他们生日时递上一张卡片，在他们失落时奉上一番问候与安慰。他们往往为我们倾注了心血、精力，而我们又何曾记得他们的生日，体会他们的劳累，又是否察觉到那缕缕银丝，那一道道皱纹。感恩需要你用心去体会，去报答。本例将制作一个短片，来感谢父母对我们无私奉献的爱，完成后的效果如图 16-1 所示。

图 16-1　感恩父母短片

案例精讲 179　新建项目并导入素材

案例文件：CDROM | 场景 | Cha16 | 感恩父母短片.prproj

视频文件：视频教学 | Cha16 | 新建项目并导入素材.avi

制作概述

在制作感恩父母短片欣赏之前首先要新建项目和导入素材。本例将介绍如何新建项目和导入素材。

学习目标

掌握新建项目和导入素材。

操作步骤

(1) 启动软件后，在欢迎界面中单击【新建项目】按钮，在弹出的对话框中将【名称】设置为【感恩父母短片】，单击【位置】右侧的【浏览】按钮，弹出【请选择新项目的目标路径】对话框，在该对话框中选择正确的存储路径，如图 16-2 所示。

(2) 单击【选择文件夹】按钮，然后单击【确定】按钮即可新建项目，在【项目】面板的空白处双击，在弹出的对话框中选择随书附带光盘中的 CDROM| 素材 |Cha16，单击【导入文件夹】按钮，如图 16-3 所示，即可将素材导入到【项目】面板中。

图 16-2　【请选择新项目的目标路径】对话框

图 16-3　【导入】对话框

案例精讲 180　新建颜色遮罩和字幕

案例文件：CDROM | 场景 | Cha16 | 感恩父母短片.prproj

视频文件：视频教学 | Cha16 | 新建颜色遮罩和字幕.avi

制作概述

颜色遮罩和字幕可以使短片更加丰富多彩。在本短片中拥有多个字幕和颜色遮罩。本例将讲解如何制作颜色遮罩和字幕。

学习目标

掌握颜色遮罩和字幕的创建方法。

操作步骤

(1) 在【项目】面板的空白处右击，在弹出的快捷菜单中选择【新建项目】|【颜色遮罩】命令，弹出【新建颜色遮罩】对话框，在该对话框中保持默认设置，单击【确定】按钮，如图16-4所示。

(2) 弹出【拾色器】对话框，在该对话框中将颜色设置为黑色，弹出【选择名称】对话框，在该对话框中将名称设置为【黑色】，如图16-5所示，单击【确定】按钮即可新建颜色遮罩。

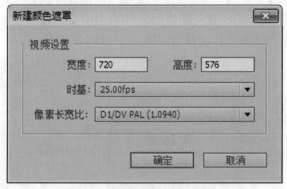

图 16-4　【新建颜色遮罩】对话框

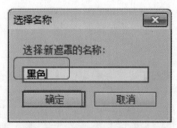

图 16-5　【选择名称】对话框

(3) 按 Ctrl+T 组合键，弹出【新建字幕】对话框，将【名称】设置为 Z1，单击【确定】按钮，在弹出的对话框中选择【文字工具】⊤，在设计栏中输入文字"当生命有了更多的责任和期盼"，将【字体系列】设置为【方正琥珀简体】，【字体大小】设置为50，【X位置】、【Y位置】分别设置为 391.7、301.6，如图16-6所示。

(4) 单击【填充】选项组中【颜色】右侧的色块，在弹出的对话框中将RGB值设置为255、216、0，单击【内描边】右侧的【添加】按钮，将【大小】设置为32，【颜色】RGB值设置为199、159、0，单击【外描边】右侧的【添加】按钮，将【大小】设置为7，【颜色】RGB值设置为255、180、0，选中【阴影】复选框，将【颜色】RGB值设置为39、39、39，【角度】设置为 –225，【距离】设置为15，【大小】设置为85，【扩展】设置为53，如图16-7所示。

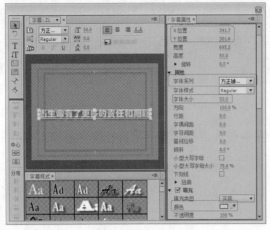

图 16-6　输入文字

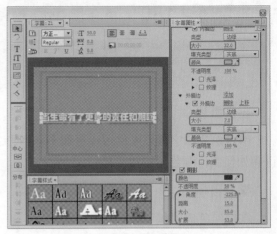

图 16-7　设置参数

　　(5) 单击【基于当前字幕新建字幕】按钮，在弹出的对话框中保持默认设置，将【名称】设置为 Z2，单击【确定】按钮，如图 16-8 所示。

　　(6) 在设计栏中将原有文字删除，输入文字"我们依然记得您年轻时的容颜"，按 Ctrl+T 组合键，在弹出的对话框中将【名称】设置为 Z3，单击【确定】按钮，使用【垂直文字工具】在设计栏中输入文字【您是我枕边的一段梦】，将【字体系列】设置为【汉仪魏碑简】，【字体大小】设置为 41，【填充】选项组中的【颜色】RGB 值设置为 255、108、0，单击【外描边】右侧的【添加】按钮，将【大小】设置为 108，【颜色】设置为白色，如图 16-9 所示。

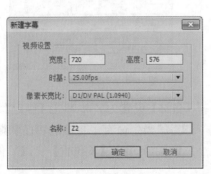

图 16-8　【新建字幕】对话框

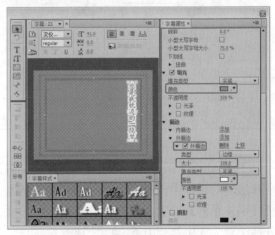

图 16-9　输入文字并设置参数

　　(7) 将【X 位置】、【Y 位置】分别设置为 650、265，选中【阴影】复选框，单击【颜色】右侧的色块，在弹出的对话框中将 RGB 值设置为 39、39、39，将【距离】设置为 25，将【大小】设置为 88，将【扩展】设置为 100，如图 16-10 所示。

　　(8) 单击【基于当前字幕新建字幕】按钮，在弹出的对话框中保持默认设置，将【名称】设置为 Z4，将原有的文字删除，使用【文字工具】在设计栏中输入文字【为我撑起一片明媚的晴空】，将【X 位置】、【Y 位置】分别设置为 352、520，如图 16-11 所示。

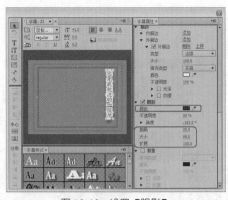

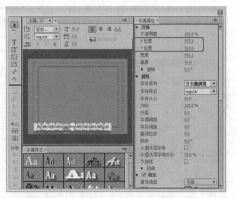

图 16-10　设置【阴影】　　　　　　　图 16-11　设置【X 位置】、【Y 位置】

(9) 按 Ctrl+T 组合键，在弹出的对话框中将【名称】设置为 Z5。选择【椭圆工具】，按住 Shift 键在设计栏中绘制正圆，在【字幕属性】面板中将【宽度】、【高度】设置为 560、560，【X 位置】、【Y 位置】分别设置为 395、288，【填充】选项组的【颜色】RGB 值设置为黑色，如图 16-12 所示。

(10) 单击【基于当前字幕新建字幕】按钮，在弹出的对话框中将【名称】设置为 Z6，使用【文字工具】在设计栏中输入文字"进入梦乡都带着微笑"，将【字体系列】设置为【方正华隶简体】，【字体大小】设置为 51，【X 位置】、【Y 位置】分别设置为 407、514，【填充】选项组中的【颜色】设置为黑色，单击【外描边】右侧的【添加】按钮，将【大小】设置为 110，【颜色】设置为白色，如图 16-13 所示。

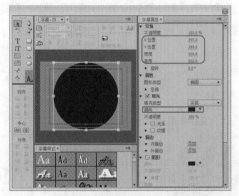

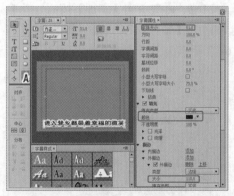

图 16-12　绘制圆形并设置参数　　　　　　图 16-13　输入文字并设置参数

(11) 单击【基于当前字幕新建字幕】按钮，在弹出的对话框中将【名称】设置为 Z7，将原有的文字删除，选择【垂直文字工具】，输入文字"梦醒时，天亮了"，将【X 位置】、【Y 位置】分别设置为 152、236，如图 16-14 所示。

(12) 按 Ctrl+T 组合键，在弹出的对话框中将【名称】设置为 Z8，选择【垂直文字工具】，在设计栏中输入文字"你是我生命中的一盏灯"，将【字体系列】设置为【方正华隶简体】，【字体大小】设置为 74，【方向】设置为 56.9，单击【填充】选项组中【颜色】右侧的色块，在弹出的对话框中将 RGB 值设置为 00、66、255，单击【确定】按钮，单击【外描边】右侧的【添加】按钮，将【大小】设置为 103，【颜色】设置为白色，【X 位置】、【Y 位置】分别设置为 94、288，如图 16-15 所示。

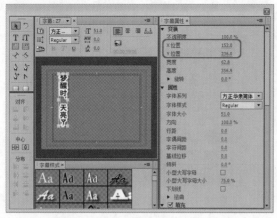

图 16-14 设置【X 位置】、【Y 位置】　　　　图 16-15 设置参数

(13) 选中【阴影】复选框，将【颜色】RGB 值设置为 39、39、39，【距离】设置为 20，【扩展】设置为 60，单击【基于当前字幕新建字幕】按钮，在弹出的对话框中将【名称】设置为 Z9，使用【垂直文字工具】，将原有的文字删除，输入文字"照亮我所有迷惘的角落"，将【X 位置】、【Y 位置】分别设置为 685、290，如图 16-16 所示。

(14) 按 Ctrl+T 组合键，在弹出的对话框中将【名称】设置为 Z10，使用【文字工具】在设计栏中输入文字"教会我真诚、从容、大度"，将【字体系列】设置为【华文新魏】，【字体大小】设置为 54，单击【填充】选项组中的【颜色】右侧的色块，在弹出的对话框中将 RGB 值设置为 37、120、0，单击【外描边】右侧的【添加】按钮，将【大小】设置为 113，【颜色】设置为白色，再次单击【添加】按钮，将【大小】设置为 67，【颜色】设置为黑色，选中【阴影】复选框，将【颜色】RGB 值设置为 39、39、39，【距离】设置为 20，【扩展】设置为 60，如图 16-17 所示。

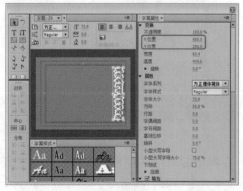

图 16-16 设置【X 位置】、【Y 位置】

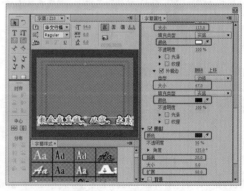

图 6-17 设置参数

(15) 按 Ctrl+T 组合键，在弹出的对话框中将【名称】设置为 Z11，单击【确定】按钮，使用【文字工具】在设计栏中输入文字"感谢您赐予我们生命"，将【字体系列】设置为【汉仪魏碑简】，【字体大小】设置为 50，【填充】选项组中的【颜色】RGB 值设置为 120、1、119，单击【外描边】右侧的【添加】按钮，将【大小】设置为 110，【颜色】设置为白色，如图 6-18 所示。

(16) 选中【阴影】复选框，将【颜色】RGB 值设置为 39、39、39，【距离】设置为 20，【扩展】设置为 60，【X 位置】、【Y 位置】分别设置为 337、525，如图 6-19 所示。

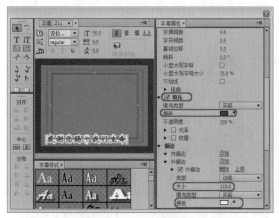

图 16-18　设置参数　　　　　　　　　　　　　图 16-19　设置【阴影】

(17)单击【滚动/游动选项】按钮▤↓，在弹出的对话框中选中【向左游动】单选按钮，选中【开始于屏幕外】和【结束于屏幕外】复选框，单击【确定】按钮，如图16-20所示。

(18) 单击【基于当前字幕新建字幕】按钮▥，在弹出的对话框中将【名称】设置为Z12，选择【垂直文字工具】▥，将原有的文字删除，输入文字"是你付出了爱"，将【X 位置】、【Y 位置】分别设置为 720、236，如图 16-21 所示。

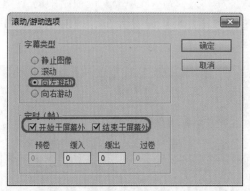

图16-20　【滚动/游动选项】对话框

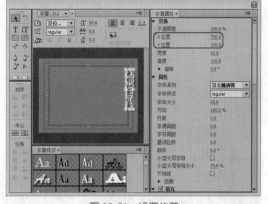

图 16-21　设置位置

(19) 单击【滚动／游动选项】按钮▤，在弹出的对话框中选中【滚动】单选按钮，单击【确定】按钮 。按 Ctrl+T 组合键，在弹出的对话框中将【名称】设置为 Z13，单击【确定】按钮，选择【垂直文字工具】▥，输入文字"教会了我幸福是不管一路多颠簸"，将【字体系列】设置为【汉仪魏碑简】，【字体大小】设置为41，【行距】设置为35，【填充】选项组中的【颜色】RGB 值设置为 0、246、255，如图 16-22 所示。

(20) 单击【外描边】右侧的【添加】按钮，将【大小】设置为 55，将【颜色】设置为黑色，再次单击【添加】按钮，将【大小】设置为 122，将【颜色】设置为白色，选中【阴影】复选框，将【颜色】RGB 值设置为 39、39、39，【距离】设置为 20，【扩展】设置为 60，【X 位置】、【Y 位置】分别设置为 156、243，如图 16-23 所示。

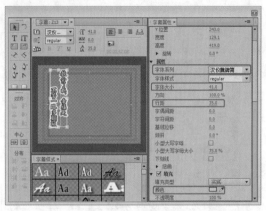

图 16-22　设置参数

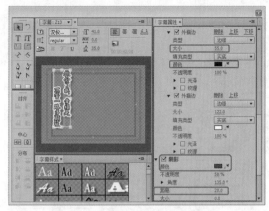

图 16-23　设置【描边】和【阴影】

(21) 单击【基于当前字幕新建字幕】按钮，在弹出的对话框中将【名称】设置为 Z14，单击【确定】按钮，选择【文本工具】，将原有的文字删除，在设计栏中输入文字"双手依然紧握"，将【字体大小】设置为 57，【X 位置】、【Y 位置】分别设置为 494、512，如图 16-24 所示。

(22) 按 Ctrl+T 组合键，在弹出的对话框中将【名称】设置为 Z15，单击【确定】按钮，使用【文字工具】在设计栏中输入文字"有一个词语最亲切"，将【字体系列】设置为【华文中宋】，【字体大小】设置为 62，【X 位置】、【Y 位置】分别设置为 385、277，【填充】选项组中的【颜色】设置为黑色，单击【外描边】右侧的【添加】按钮，将【大小】设置为 54，【颜色】RGB 值设置为 255、174、0，如图 16-25 所示。

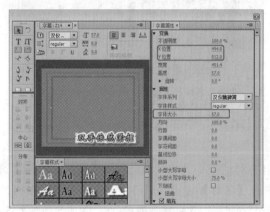

图 16-24　设置位置及大小

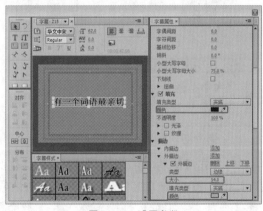

图 16-25　设置参数

(23) 再次单击【添加】按钮，将【大小】设置为 65，【颜色】设置为白色。【X 位置】、【Y 位置】分别设置为 385、277，选中【阴影】复选框，将【颜色】RGB 值设置为 255、255、0，【不透明度】设置为 75，【角度】设置为 0，【距离】设置为 0，【大小】和【扩展】均设置为 0，如图 16-26 所示。

(24) 单击【基于当前字幕新建字幕】按钮，在弹出的对话框中将【名称】设置为 Z16，输入文字"有一声呼唤最动听"，将原有的文字替换。单击【基于当前字幕新建字幕】按钮，在弹出的对话框中将【名称】设置为 Z17，输入文字"有一种人最应感恩"，将原有文字替换。再次单击【基于当前字幕新建字幕】按钮，在弹出的对话框中将【名称】设置为Z18，输入文字"有一种人最要感谢"，将原有文字替换，再次单击【基于当前字幕新建字幕】按钮，在弹出的对话框中将【名称】设置为Z19，输入"——我们的父母"。将【字体大小】设置为45，将【X位置】、【Y位置】分别设置为540、491，如图16-27所示。

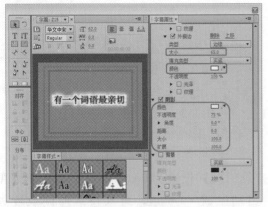

图16-26 设置参数

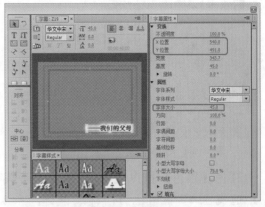

图16-27 替换文字

(25)按Ctrl+T组合键，在弹出的对话框中将【名称】设置为Z20，使用【文字工具】T，在设计栏中输入文字"爸爸 妈妈"，将【字体系列】设置为【汉仪丫丫体简】，将【字体大小】设置为100，将【填充】设置为白色，将【X位置】、【Y位置】分别设置为397、297，如图16-28所示。

(26)然后使用同样的方法新建并设置其他字幕，至此，字幕就制作完成了。

案例精讲 181　创建并设置序列

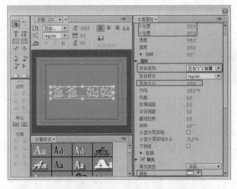

图16-28 输入文字并进行设置

📝 案例文件：CDROM | 场景 | Cha16 | 感恩父母短片.prproj

💿 视频文件：视频教学 | Cha16 | 创建并设置序列.avi

制作概述

在本例中将【项目】面板中的各个素材添加至【序列】面板中，配合在【效果控件】面板中设置参数并添加关键帧和为素材添加视频效果来制作多彩的动态效果。

学习目标

掌握配合在【效果控件】面板中更改参数和为素材添加各种效果，将素材在【节目】面板中更好地的表现出来。

操作步骤

(1)在菜单栏中选择【文件】|【新建】|【序列】命令，弹出【新建序列】对话框，在该对

话框中选择【序列预设】选项卡，选择 DV-PAL|【标准 48kHz】选项，将【序列名称】设置为
【感恩父母】，单击【确定】按钮，在【项目】面板中展开 Cha16 素材箱，将 BJ1.jpg 拖曳至
V1 轨道中，将其持续时间设置为 00:00:10:00，如图 16-29 所示。

(2) 将 Z1 拖曳至 V2 轨道中，将 Z2 拖曳至 V2 轨道中，将其开始位置与 Z1 首尾相连，完
成后的效果如图 16-30 所示。

图 16-29　将 BJ1.jpg 拖曳至 V1 轨道中

图 16-30　将 Z1、Z2 拖曳至 V2 轨道中

(3) 将【黑色】拖曳至 V3 轨道中，将其【持续时间】设置为 00:00:10:00，再次将【黑
色】拖曳至 V3 轨道上方，释放鼠标，系统会自动生成 V4 轨道，将其持续时间设置为
00:00:10:00，将当前时间设置为 00:00:00:00，选择 V3 轨道中的【黑色】，在【效果控件】面
板中将【位置】设置为 360、591，单击其左侧的【切换动画】按钮，如图 16-31 所示。

(4) 选择 V4 轨道中的【黑色】，在【效果控件】面板中将【位置】设置为 360、15，单击
其左侧的【切换动画】按钮，选择 V1 轨道中的素材，将当前时间设置为 00:00:00:00，单击
【缩放】左侧的【切换动画】按钮，将【缩放】设置为 120，如图 16-32 所示。

<table>
<tr><td>

效果控件 ×　源:（无剪辑）　▾≡

感恩父母 * 黑色　▶

视频效果

▼ fx □▸ 运动

▸ 位置　　360.0　591.0　◆

▸ ö 缩放　　100.0

▸ ö 缩放宽度　100.0

☑ 等比缩放

▸ ö 旋转　　0.0

ö 锚点　　360.0　288.0

▸ ö 防闪烁滤镜　0.00

▸ fx 不透明度

▸ 时间重映射

00:00:00:00
</td><td>

效果控件 ×　源:（无剪辑）　▾≡

感恩父母 * BJ1.jpg　▶

视频效果

▼ fx □▸ 运动

▸ ö 位置　　360.0　288.0

▸ 缩放　　120.0　◆

▸ 缩放宽度　100.0

☑ 等比缩放

▸ ö 旋转　　0.0

ö 锚点　　512.0　374.5

▸ ö 防闪烁滤镜　0.00

▸ fx 不透明度

▸ 时间重映射

00:00:00:00
</td></tr>
</table>

图 16-31　设置【位置】参数

图 16-32　设置【缩放】参数

(5) 将当前时间设置为 00:00:00:20，选择 V3 轨道中的素材，将【位置】设置为 360、697，
选择 V4 轨道中的素材，将【位置】设置为 360、−96，选择 Z1，在【效果控件】面板中单击
【缩放】左侧的【切换动画】按钮，选择 BJ1.jpg，在【效果控件】面板中单击【缩放】右
侧的【添加/移除关键帧】按钮，如图 16-33 所示。

(6) 将当前时间设置为 00:00:03:00，选择 V1 轨道中的素材，将【缩放】设置为 100，选择
V2 轨道中的 Z1，将【缩放】设置为 85，如图 16-34 所示。

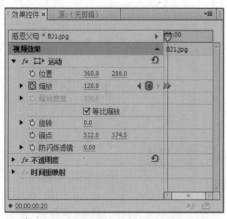

图16-33 单击【添加/移除关键帧】按钮

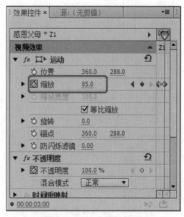

图 16-34 设置关键帧

(7) 将当前时间设置为 00:00:00:20，在【效果】面板中选择【镜头光晕】特效，将该特效添加至 Z1 素材上，在【效果控件】面板中，将【光晕中心】设置为 357、195.4，单击【光晕亮度】左侧的【切换动画】按钮，将其设置为 184，将当前时间设置为 00:00:02:10，将【光晕亮度】设置为 0，如图 16-35 所示。

(8) 将当前时间设置为00:00:04:10，选择V3轨道中的【黑色】，单击【位置】右侧的【添加/移除关键帧】按钮，选择V4轨道中的【黑色】，单击【位置】右侧的【添加/移除关键帧】按钮，将当前时间设置为00:00:05:00，选择V3轨道中的【黑色】，将【位置】设置为360、591，选择V4轨道中的【黑色】，将【位置】设置为360、15，如图16-36所示。

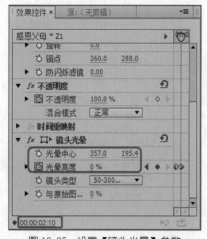

图 16-35 设置【镜头光晕】参数

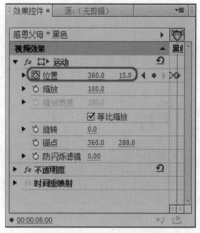

图 16-36 设置【位置】参数

(9) 选择 Z2，单击【缩放】左侧的【切换动画】按钮，将其设置为 85，将当前时间设置为 00:00:05:20，选择 V3 轨道中的素材，将【位置】设置为 360、697，选择 V4 轨道中的素材，将【位置】设置为 360、-96，如图 16-37 所示。

(10) 选择Z2，单击【缩放】右侧的【添加/移除关键帧】按钮，选择BJ1.jpg，单击【缩放】右侧的【添加/移除关键帧】按钮，将当前时间设置为00:00:08:00，将【缩放】设置为120，选择Z2，将【缩放】设置为100，如图16-38所示。

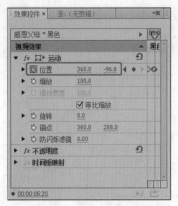

图 16-37　设置【位置】参数

图 16-38　设置【缩放】参数

(11) 将当前时间设置为00:00:09:10，选择V3轨道中的【黑色】，单击【位置】右侧的【添加/移除关键帧】按钮◎，选择V4轨道中的【黑色】，单击【位置】右侧的【添加/移除关键帧】按钮◎。将当前时间设置为00:00:10:00，选择V3轨道中的素材，将【位置】设置为360、591，选择V4轨道中的素材，将【位置】设置为360、15。将当前时间设置为00:00:05:20，在【效果】面板中选择【镜头光晕】特效，将该特效添加至Z2文件上，单击【光晕中心】和【光晕亮度】左侧的【切换动画】按钮◎，将【光晕中心】设置为–374、230.4，将【光晕亮度】设置为203，如图16-39所示。

(12) 将当前时间设置为 00:00:08:00，将【光晕中心】设置为1166、230.4，将【光晕亮度】设置为85，如图 16-40 所示。

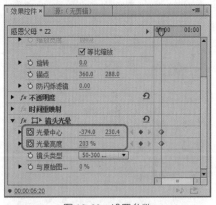

图 16-39　设置参数

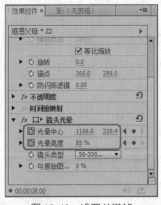

图 16-40　设置关键帧

(13) 在【项目】面板中选择 01.png，将其拖曳至 V2 轨道中，将其与 Z2 首尾相连，将当前时间设置为 00:00:10:00，单击【缩放】左侧的【切换动画】按钮◎，将【缩放】设置为18，将当前时间设置为 00:00:10:10，单击【位置】左侧的【切换动画】按钮◎，将【缩放】设置为132，将当前时间设置为 00:00:11:10，将【缩放】设置为 46，将【位置】设置为 211、288，如图 16-41 所示。

(14) 选择 Z3，将其拖曳至 V3 轨道中，将其开始位置与时间线对齐，结尾处与 01.png 的结尾处对齐，为其添加【裁剪】效果，单击【底对齐】左侧的【切换动画】按钮◎，将其设置为 90，将当前时间设置为 00:00:12:20，将【底对齐】设置为 17，如图 16-42 所示。

图 16-41　设置【位置】及【缩放】参数

图 16-42　设置关键帧

(15) 将当前时间设置为 00:00:12:00，选择 Z4 将其拖曳至 V4 轨道中，将其开始位置与时间线对齐，将结尾处与 Z3 对齐，选择【百叶窗】特效，将其拖曳至 V4 素材的前端，在【效果控件】面板中选择自西向东，如图 16-43 所示。

(16) 将当前时间设置为 00:00:14:00，选择 Z5 将其拖曳至 V4 轨道的上方，将其开始位置与时间线对齐，结尾处与 Z4 对齐，如图 16-44 所示。

图 16-43　添加【百叶窗】特效

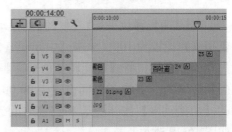

图 16-44　将素材拖曳至【序列】面板中

(17) 将 V1 轨道中的 BJ1.jpg 的结尾处与 V2 轨道中的 01.png 结尾处对齐，然后选中 Z5，单击【位置】、【缩放】左侧的【切换动画】按钮 ，将【位置】设置为 203、288，将【缩放】设置为 10，将【不透明度】设置为 0。将当前时间设置为 00:00:14:24，将【不透明度】设置为 100，将【缩放】设置为 179，将【位置】设置为 349、288，将【不透明度】设置为 100，如图 16-45 所示。

(18) 选择 V1 轨道中的 BJ1.jpg，单击鼠标右键，在弹出的快捷菜单中选择【速度/持续时间】命令，弹出【剪辑速度/持续时间】对话框，在该对话框中将【持续时间】设置为 00:00:44:11，如图 16-46 所示。

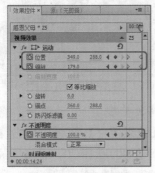

图 16-45　设置关键帧

图 16-46　设置持续时间

(19) 将当前时间设置为 00:00:15:10, 选择 02.png 并拖曳至 V2 轨道中, 将其开始位置与时间线对齐, 将其【持续时间】设置为 00:00:07:08, 在【效果控件】面板中将【位置】设置为 312、470, 将【缩放】设置为 45, 将【锚点】设置为 –4、766, 如图 16-47 所示。

(20) 选择【摆入】特效, 将其拖曳至 02.png 素材文件的开始位置, 将当前时间设置为 00:00:18:08, 在【效果】面板中选择【颜色平衡】, 单击【阴影红色平衡】左侧的【切换动画】按钮🔘, 将当前时间设置为 00:00:18:18, 将【阴影红色平衡】设置为 100, 如图 16-48 所示。

图 16-47　设置参数

图 16-48　设置【阴影红色平衡】参数

(21) 单击【阴影绿色平衡】左侧的【切换动画】按钮🔘, 将当前时间设置为 00:00:19:18, 将【阴影绿色平衡】设置为 100, 单击【中间调蓝色平衡】左侧的【切换动画】按钮🔘, 将当前时间设置为 00:00:20:18, 将【中间调蓝色平衡】设置为 100, 单击【中间调绿色平衡】左侧的【切换动画】按钮🔘, 将当前时间设置为 00:00:21:18, 将其设置为 67, 单击【中间调红色平衡】左侧的【切换动画】按钮🔘, 将当前时间设置为 00:00:22:18, 将【中间调红色平衡】设置为 78, 如图 16-49 所示。

(22) 将当前时间设置为 00:00:17:00, 选择 Z6 并将其拖曳至 V3 轨道中, 将其开始位置与时间线对齐, 将其【持续时间】设置为 00:00:04:18, 选择【视频过渡】|【缩放】|【缩放】效果, 将其拖曳至 Z6 的开始位置, 如图 16-50 所示。

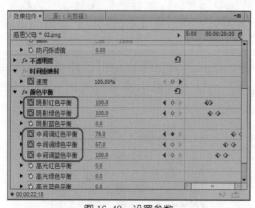

图 16-49　设置参数

图 16-50　将【缩放】添加至素材文件上

(23) 将当前时间设置为 00:00:18:15, 选择 Z7 字幕, 将其拖曳至 V4 轨道中, 将其开始位置与时间线对齐, 将其持续时间设置为 00:00:04:05, 在【效果控件】面板中单击【缩放】左侧的【切换动画】按钮🔘, 将其设置为 5, 将当前时间设置为 00:00:18:20, 将【缩放】设置为 125, 将当前时间设置为 00:00:19:00, 将【缩放】设置为 100, 如图 16-51 所示。

(24) 选择【筋斗过渡】特效，将其添加至 Z6 字幕结尾处，选择【翻转】特效，将其添加至 Z7 结尾处，选择 03.jpg 并将其拖曳至 V2 轨道中，将其与 02.png 首尾相连，将其持续时间设置为 00:00:04:22，如图 16-52 所示。

图 16-51　设置【缩放】参数

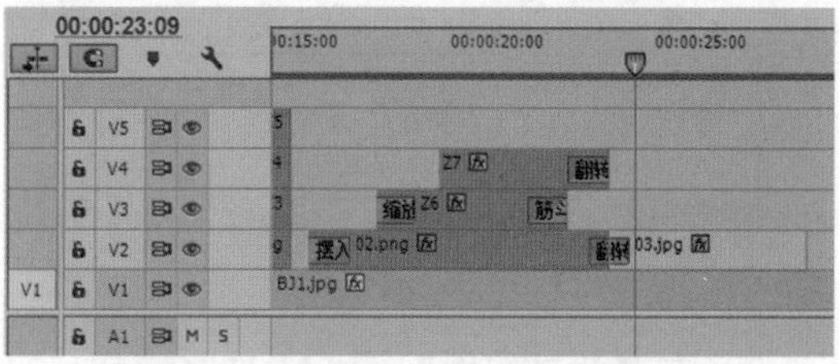

图 16-52　将素材添加至【序列】面板中

(25) 将当前时间设置为 00:00:23:06，选择【高斯模糊】特效，将其添加至 03.jpg 素材文件上，单击【模糊度】左侧的【切换动画】按钮，将其设置为 29，将当前时间设置为 00:00:24:06，将【模糊度】设置为 0，如图 16-53 所示。

(26) 将当前时间设置为 00:00:23:13，选择 Z8 并将其拖曳至 V3 轨道中，将其开始位置与时间线对齐，结尾处与 03.jpg 对齐，选择 Z9 并将其拖曳至 V4 轨道中，将其开始位置与时间线对齐，结尾处与 03.jpg 对齐，选择 Z8，在【效果控件】面板中，将【位置】设置为 335、288，如图 16-54 所示。

图 16-53　设置【模糊度】参数

图 16-54　设置【位置】参数

(27) 选择【通道模糊】特效，将其添加至 Z8 字幕上，在【效果控件】面板中单击【蓝色模糊度】和【Alpha 模糊度】左侧的【切换动画】按钮，将【蓝色模糊度】设置为 568，将【Alpha 模糊度】设置为 486，将当前时间设置为 00:00:25:06，将【蓝色模糊度】设置为 0，将【Alpha 模糊度】设置为 0，如图 16-55 所示。

(28) 将当前时间设置为 00:00:25:18，在【效果】面板中选择【颜色平衡 HLS】特效，将其添加至 Z8 字幕上，单击【色相】左侧的【切换动画】按钮，将当前时间设置为 00:00:26:06，将【色相】设置为 53，将当前时间设置为 00:00:26:19，将【色相】设置为 150，将当前时间设置为 00:00:27:11，将【色相】设置为 171，如图 16-56 所示。

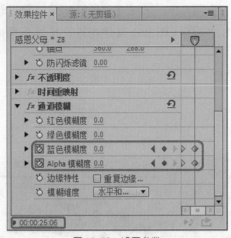

图 16-55　设置参数

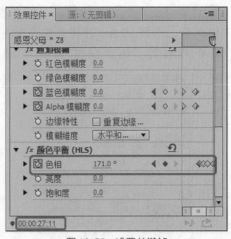

图 16-56　设置关键帧

(29) 在【效果控件】面板中选择【颜色平衡HLS】，右击，在弹出的快捷菜单中选择【复制】命令，然后选择 Z9 字幕，在【效果控件】面板的空白处右击，在弹出的快捷菜单中选择【粘贴】命令，完成后的效果如图 16-57 所示。

(30) 选择 04.jpg 并将其拖曳至 V2 轨道中，将其与 03.jpg 首尾相连，将其【位置】设置为 360、230。选择【波形变形】并将其添加至 04.jpg 文件上，将当前时间设置为 00:00:27:15，单击【波形高度】左侧的【切换动画】按钮，将其设置为 123，将当前时间设置为 00:00:28:04，将【波形高度】设置为 0，如图 16-58 所示。

图 16-57　粘贴特效后的效果

图 16-58　设置【波形高度】关键帧

(31) 将当前时间设置为 00:00:28:04，单击【缩放】左侧的【切换动画】按钮，将当前时间设置为 00:00:29:01，将【缩放】设置为 82，将 Z10 拖曳至 V3 轨道中，将其开始位置与时间线对齐，将其结尾处与 04.jpg 结尾处对齐，如图 16-59 所示。

(32) 为 Z10 添加【紊乱置换】特效，将【复杂度】设置为 3，单击【数量】左侧的【切换动画】按钮，将当前时间设置为 00:00:31:03，将【数量】设置为 0，如图 16-60 所示。

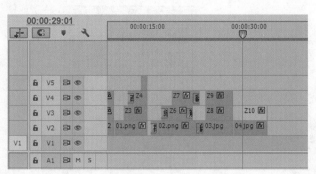

图 16-59　将素材添加至【序列】面板中

图 16-60　设置【紊乱置换】参数

(33) 选择【交叉溶解】过渡效果，将其添加至 Z10 字幕的开始位置，将当前时间设置为 00:00:31:19，选择【黑色】字幕，将其开始位置与时间线对齐，将其添加至 V4 轨道中，将其【持续时间】设置为 00:00:01:21，单击【位置】左侧的【切换动画】按钮 ⏱，将其设置为 360、–302，将当前时间设置为 00:00:32:15，将【位置】设置为 360、285，将当前时间设置为 00:00:33:15，将【位置】设置为 360、865，如图 16-61 所示。

(34) 选择 05.jpg 并将其拖曳至 V2 轨道中，将其与 04.jpg 首尾相连，将其【持续时间】设置为 00:00:06:19，单击【位置】左侧的【切换动画】按钮 ⏱，将【位置】设置为 293、241，如图 16-62 所示。

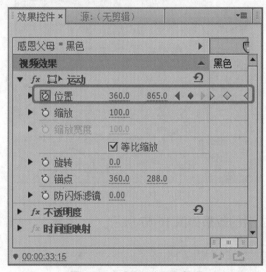

图 16-61　设置【位置】参数

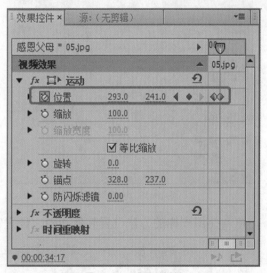

图 16-62　设置关键帧

(35) 将当前时间设置为 00:00:34:03，将 Z11 拖曳至 V3 轨道中，将其开始位置与时间线对齐，将其结尾处与 05.jpg 结尾处对齐，如图 16-63 所示。

(36) 将当前时间设置为 00:00:36:02，将 Z12 拖曳至 V4 轨道中，将其开始位置与时间线对齐，将其结尾处与 05.jpg 结尾处对齐。选择 06.jpg，将其拖曳至 V2 轨道中，将其与 05.jpg 首尾相连，将当前时间设置为 00:00:39:11，单击【位置】左侧的【切换动画】按钮 ⏱，将【位置】设置为 –1、430，将【锚点】设置为 477、361，如图 16-64 所示。

图 16-63　将文件拖曳至【序列】面板中　　　图 16-64　设置【位置】及【锚点】参数

（37）将当前时间设置为 00:00:40:00，将【位置】设置为 586、430，单击【缩放】左侧的【切换动画】按钮，将当前时间设置为 00:00:40:15，将【位置】设置为 677、430，单击【旋转】左侧的【切换动画】按钮，将【旋转】设置为 4，将当前时间设置为 00:00:40:20，将【位置】设置为 695、430，将【旋转】设置为 0，如图 16-65 所示。

（38）将当前时间设置为 00:00:40:22，选择 Z13，将其拖曳至 V3 轨道中，单击【位置】左侧的【切换动画】按钮，将其设置为 133、288，将当前时间设置为 00:00:42:22，将【位置】设置为 342、288，如图 16-66 所示。

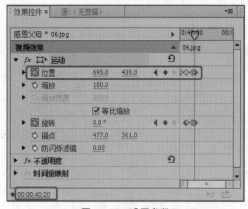
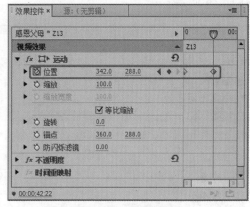

图 16-65　设置参数　　　　　　　　　　　图 16-66　设置关键帧

（39）使用同样的方法设置其他动画，设置完成后的效果如图 16-67 所示。

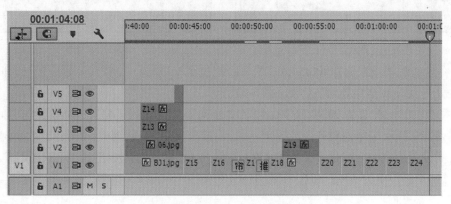

图 16-67　设置完成后的效果

案例精讲 182　添加背景音乐

案例文件：CDROM | 场景 | Cha16 | 感恩父母短片.prproj

视频文件：视频教学 | Cha16 | 添加背景音乐.avi

制作概述

添加合适的背景音乐可以使欣赏者在视觉效果的基础上，让听觉动起来，两者结合，可以使视频更加富有感染力。本例将介绍如何为视频添加背景音乐。

学习目标

掌握背景音乐的添加。

操作步骤

(1) 在【项目】面板中双击 BJYY.mp3，打开【源】面板，在【源】面板中将时间设置为 00:00:42:21，单击【标记入点】按钮，将时间设置为 00:01:47:05，单击【标记出点】按钮，然后在【项目】面板中选择 BJYY.mp3 并拖曳至 A1 轨道中，如图 16-68 所示。

图 16-68　将音频拖曳至 A1 轨道上

(2) 将当前时间设置为 00:01:02:00，使用【钢笔工具】在 A1 轨道上添加关键帧，然后将当前时间设置为 00:01:04:08，在 A1 上添加关键帧，并移动关键帧的位置，效果如图 16-69 所示。

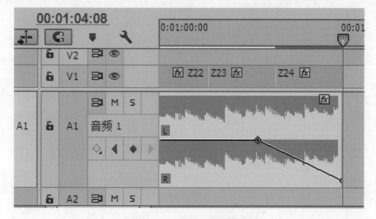

图 16-69　为音频添加关键帧

案例精讲 183　输出影片

> 案例文件：CDROM | 场景 | Cha16 | 感恩父母短片.prproj
>
> 视频文件：视频教学 | Cha16 | 输出影片.avi

制作概述

输出影片就是软件根据素材在【序列】面板中设置的视频参数来创建影片。本例将讲解如何输出影片。

学习目标

掌握影片的输出。

操作步骤

激活【感恩父母】序列，在菜单栏中选择【文件】|【导出】|【媒体】命令，弹出【导出设置】对话框，在该对话框中将【格式】设置为 AVI，单击【输出名称】右侧的文字弹出【另存为】对话框，在该对话框中设置存储路径，将其【文件名】设置为【感恩父母短片】，设置完成后单击【保存】按钮，返回到【导出设置】对话框中，单击【导出】按钮，即可将影片导出。影片导出后将场景进行保存即可。

第 17 章
交通警示录

本章重点

- ◆ 制作闯红灯动画
- ◆ 制作酒驾动画
- ◆ 制作标语动画
- ◆ 制作片尾动画
- ◆ 嵌套序列
- ◆ 添加背景音乐
- ◆ 输出序列文件

截至 2012 年 10 月，我国机动车保有量为 2.38 亿辆，在过去 5 年新增汽车 8000 万辆。如果以一家 3 口人计算，大约每两个家庭拥有一辆汽车。然而随着车辆的不断增加，因交通事故造成的死亡人数也创下历史新高。本章将根据前面所学的知识来制作交通警示录，效果如图 17-1 所示，从而提醒人们遵守交通规则，坚决杜绝侥幸心理，预防交通事故发生。

图 17-1　交通警示录

案例精讲 184　制作闯红灯动画

　　案例文件：CDROM | 场景 | Cha17 | 交通警示录.prproj

　　视频文件：视频教学 | Cha17 | 制作闯红灯动画.avi

制作概述

本章通过多个小动画来简单讲解了违反交通规则的危害。本案例将介绍闯红灯动画效果的制作方法。

学习目标

掌握闯红灯动画的制作方法。

操作步骤

(1) 启动 Premiere Pro CC，在欢迎界面中单击【新建项目】按钮，在弹出的对话框中将【名称】设置为【交通警示录】，并指定其保存路径，如图 17-2 所示。

(2) 设置完成后，单击【确定】按钮，完成新建项目，在【项目】面板中双击，在弹出的对话框中选择随书附带光盘中的 CDROM| 素材 |Cha17 文件夹中所有的素材文件，如图 17-3 所示。

图 17-2 【新建项目】对话框

图 17-3 选择素材文件

(3) 单击【打开】按钮，将选中的素材文件导入【项目】面板中，按 Ctrl+N 组合键，在弹出的对话框中选择 DV-24P 文件夹中的【标准 48kHz】选项，将【序列名称】设置为【闯红灯动画】，如图 17-4 所示。

(4) 设置完成后，单击【确定】按钮，在【项目】面板中右击，在弹出的快捷菜单中选择【新建项目】|【颜色遮罩】命令，如图 17-5 所示。

图 17-4 选择序列类型并设置序列名称

图 17-5 选择【颜色遮罩】命令

(5) 在弹出的对话框中单击【确定】按钮，再在弹出的对话框中将 RGB 值设置为 252、209、17，如图 17-6 所示。

(6) 设置完成后，单击【确定】按钮，在弹出的对话框中将遮罩名称设置为【纯色背景】，如图 17-7 所示。

图 17-6 设置 RGB 值

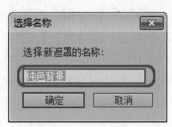

图 17-7 设置遮罩名称

(7) 设置完成后，单击【确定】按钮，选中新建的纯色背景，按住鼠标将其拖曳至V1轨道中，在该对象上右击，在弹出的快捷菜单中选择【速度/持续时间】命令，如图17-8所示。

(8) 在弹出的对话框中将【持续时间】设置为 00:00:15:12，如图 17-9 所示。

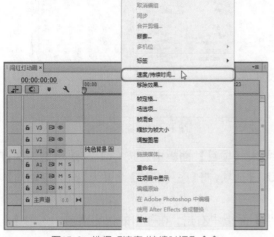

图17-8　选择【速度/持续时间】命令　　　　　　图 17-9　设置持续时间

(9) 设置完成后，单击【确定】按钮，在【项目】面板中选择【交通指示灯 .png】素材文件，按住鼠标将其拖曳至 V2 轨道中，并将其结尾处与 V1 轨道中【纯色背景】的结尾处对齐，选中该对象，在【效果控件】面板中将【位置】设置为 626.3、276.2，将【缩放】设置为 46，效果如图 17-10 所示。

(10) 设置完成后，按 Ctrl+T 组合键，在弹出的对话框中将【名称】设置为【红灯】，其他使用默认参数即可，如图 17-11 所示。

图 17-10　添加素材并设置其【位置】及【缩放】参数　　　图 17-11　设置字幕名称

(11) 单击【确定】按钮，在弹出的字幕编辑器中单击【椭圆工具】　，在【字幕】面板中绘制一个椭圆，在【填充】选项组中将【填充类型】设置为【径向渐变】，将左侧色标的 RGB 值设置为 255、240、0，将右侧色标的 RGB 值设置为 255、0、0，在【变换】选项组中将【宽度】和【高度】分别设置为 50.4、46.9，将【X 位置】和【Y 位置】分别设置为 570.3、78.8，如图 17-12 所示。

(12) 绘制完成后，在字幕编辑器中单击【基于当前字幕新建字幕】按钮，在弹出的对话框中将【名称】设置为【黄灯】，然后单击【确定】按钮，在【填充】选项组中将左侧色标的 RGB 值设置为 255、252、0，将右侧色标的 RGB 值设置为 255、120、0，在【变换】选项组中将【X 位置】和【Y 位置】分别设置为 570.2、133.9，如图 17-13 所示。

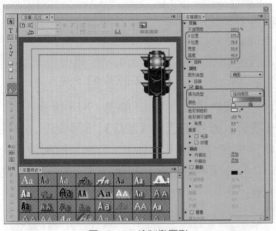

图 17-12　绘制椭圆形　　　　　　　　　　图 17-13　新建黄灯字幕

(13) 在字幕编辑器中单击【基于当前字幕新建字幕】按钮，在弹出的对话框中将【名称】设置为【绿灯】，然后单击【确定】按钮，在【填充】选项组中将左侧色标的 RGB 值设置为 255、246、0，将右侧色标的 RGB 值设置为 21、181、0，在【变换】选项组中将【X 位置】和【Y 位置】分别设置为 570.2、187.7，如图 17-14 所示。

(14) 设置完成后，将字幕编辑器关闭，在【项目】面板中选择【红灯】，按住鼠标将其拖曳至 V3 轨道中，并将其结尾处与 V2 轨道中【交通指示灯】的结尾处对齐，选中该对象，在【效果控件】面板中将【位置】设置为 360、350.2，如图 17-15 所示。

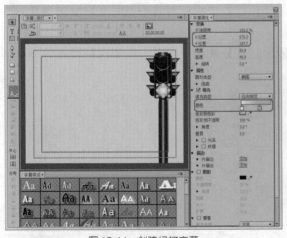

图 17-14　创建绿灯字幕　　　　　　　　　　图 17-15　设置【位置】参数

(15) 继续选中该对象，为其添加【黑白】效果，效果如图 17-16 所示。

(16) 添加完成后，在时间轴面板中右击，在弹出的快捷菜单中选择【添加轨道】命令，如图 17-17 所示。

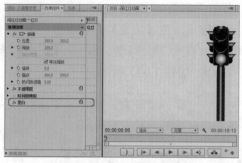

图 17-16 添加【黑白】效果

图 17-17 选择【添加轨道】命令

(17) 在弹出的对话框中将视频轨道设置为 8，将音频轨道设置为 0，如图 17-18 所示。

(18) 设置完成后，单击【确定】按钮，在【项目】面板中选择【绿灯】字幕文件，按住鼠标将其拖曳至 V4 轨道中，并将其结尾处与 V3 轨道中红灯的结尾处对齐，将当前时间设置为 00:00:00:00，选中该对象，在【效果控件】面板中单击【不透明度】右侧的【添加/移除关键帧】按钮，添加一个关键帧，效果如图 17-19 所示。

图 17-18 【添加轨道】对话框

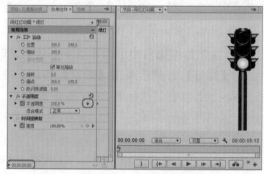

图 17-19 添加关键帧

(19) 将当前时间设置为 00:00:00:20，在【效果控件】面板中将【不透明度】设置为 0，如图 17-20 所示。

(20) 将当前时间设置为 00:00:01:16，在【效果控件】面板中将【不透明度】设置为 100，如图 17-21 所示。

图 17-20 设置【不透明度】参数

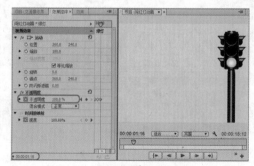

图 17-21 将【不透明度】设置为 100

(21) 将当前时间设置为 00:00:02:12，在【效果控件】面板中将【不透明度】设置为 0，如图 17-22 所示。

(22) 根据相同的方法，添加其他关键帧，添加后的效果如图 17-23 所示。

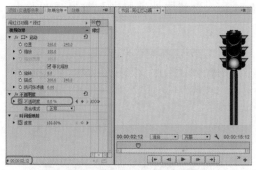 

图 17-22　将【不透明度】设置为 0　　　　　图 17-23　添加其他关键帧后的效果

(23) 选中 V3 轨道中的【红灯】字幕文件，按住 Alt 键将其拖曳至 V5 轨道中，选中 V5 轨道中的对象，在【效果控件】面板中将【位置】设置为 360、295.5，如图 17-24 所示。

(24) 在【项目】面板中选择【黄灯】字幕文件，按住鼠标将其拖曳至 V6 轨道中，并将其结尾处与 V5 轨道中对象的结尾处对齐，选中该对象，将当前时间设置为 00:00:04:22，在【效果控件】面板中将【不透明度】设置为 0，如图 17-25 所示。

 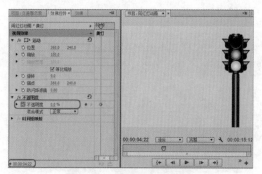

图 17-24　调整选中对象的位置　　　　　　图 17-25　设置【不透明度】

(25) 将当前时间设置为 00:00:05:16，在【效果控件】面板中将【不透明度】设置为 100，如图 17-26 所示。

(26) 将当前时间设置为 00:00:06:12，在【效果控件】面板中将【不透明度】设置为 0，如图 17-27 所示。

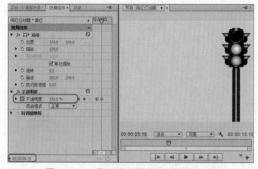 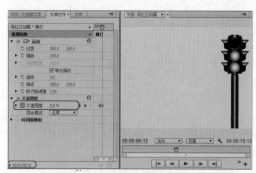

图 17-26　将【不透明度】设置为 100　　　　图 17-27　将【不透明度】设置为 0

(27) 使用同样的方法在其他时间段添加关键帧，效果如图 17-28 所示。

(28) 在【项目】面板中选择【红灯】字幕文件，按住鼠标将其拖曳至 V7 轨道中，将其结尾处与 V6 轨道中【黄灯】的结尾处对齐，选中该对象，为其添加【黑白】效果，如图 17-29 所示。

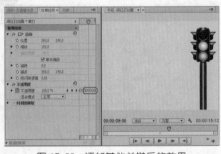

图 17-28　添加其他关键后的效果

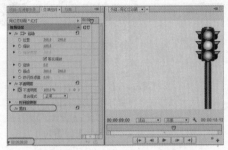

图 17-29　添加【黑白】效果

(29) 再次将【红灯】字幕文件拖曳至 V8 轨道中，将其结尾处与 V7 轨道中的对象的结尾处对齐，选中该对象，将当前时间设置为 00:00:10:16，在【效果控件】面板中将【不透明度】设置为 0，如图 17-30 所示。

(30) 将当前时间设置为 00:00:11:12，在【效果控件】面板中将【不透明度】设置为 100，如图 17-31 所示。

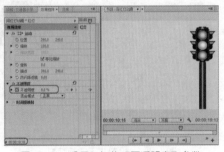

图 17-30　设置红灯的【不透明度】参数

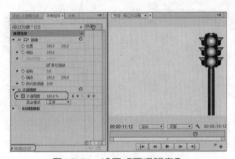

图 17-31　设置【不透明度】

(31) 将当前时间设置为 00:00:14:00，在【项目】面板中选择【汽车 01.png】素材文件，将其拖曳至 V9 轨道中，并与时间线对齐，将其【持续时间】设置为 00:00:01:09，如图 17-32 所示。

(32) 确认当前时间为 00:00:14:00，在【效果控件】面板中将【位置】设置为 384.8、-82.1，单击其左侧的【切换动画】按钮，将【缩放】设置为 45，单击其左侧的【切换动画】按钮，如图 17-33 所示。

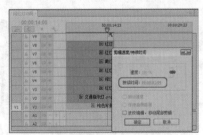

图 17-32　添加素材并设置持续时间

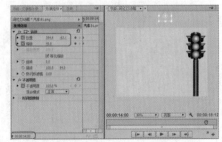

图 17-33　设置【位置】和【缩放】参数

(33) 将当前时间设置为 00:00:15:00，在【效果控件】面板中将【位置】设置为 384.8、208.9，将【缩放】设置为 100，如图 17-34 所示。

(34) 在【项目】面板中选择【汽车 02.png】素材文件，按住鼠标将其拖曳至 V10 轨道中，并将其开始处和结尾处与 V9 轨道中的对象的开始处与结尾处对齐，确认当前时间为 00:00:15:00，选中 V10 轨道中的对象，将【位置】设置为 340、240，将【缩放】设置为 140，然后单击两个选项左侧的【切换动画】按钮，如图 17-35 所示。

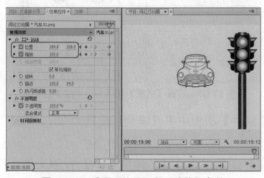
图 17-34 设置【位置】和【缩放】参数

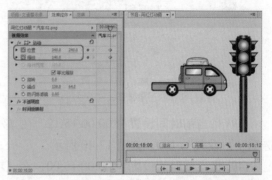
图 17-35 设置汽车 02 的【位置】和【缩放】参数

(35) 将当前时间设置为 00:00:14:00，在【效果控件】面板中将【位置】设置为 –157、240，将【缩放】设置为 100，如图 17-36 所示。

(36) 按 Ctrl+T 组合键，在弹出的对话框中将字幕名称设置为【红色圆形】，单击【确定】按钮，在字幕编辑器中单击【椭圆工具】，按住 Shift 键绘制一个正圆，在【填充】选项组中将【颜色】的 RGB 值设置为 215、0、0，在【变换】选项组中将【宽度】和【高度】都设置为 367，将【X 位置】和【Y 位置】分别设置为 328.4、240，如图 17-37 所示。

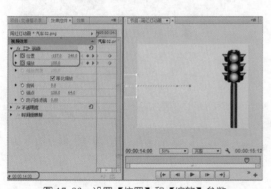
图 17-36 设置【位置】和【缩放】参数

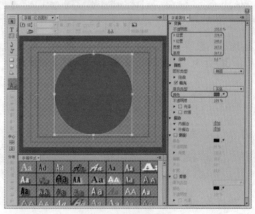
图 17-37 绘制圆形

(37) 绘制完成后，关闭字幕编辑器，将当前时间设置为 00:00:15:00，在【项目】面板中选择【红色圆形】，按住鼠标将其拖曳至 V11 轨道中，将其与时间线对齐，并将其【持续时间】设置为 00:00:01:00，如图 17-38 所示。

(38) 确认当前时间为 00:00:15:00，在【效果控件】面板中将【缩放】设置为 0，并单击其左侧的【切换动画】按钮，将【不透明度】设置为 0，如图 17-39 所示。

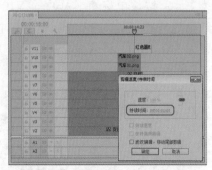

图 17-38 添加素材并设置持续时间

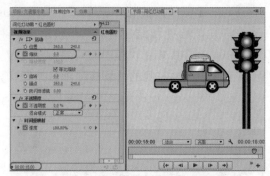

图 17-39 设置【缩放】和【不透明度】参数

(39) 将当前时间设置为 00:00:15:12，在【效果控件】面板中将【缩放】设置为 222，将【不透明度】设置为 100，如图 17-40 所示。

(40) 将当前时间设置为 00:00:15:00，在【项目】面板中选择【碰撞声.wav】音频文件，按住鼠标将其拖曳至 A1 轨道中，并与时间线对齐，如图 17-41 所示。

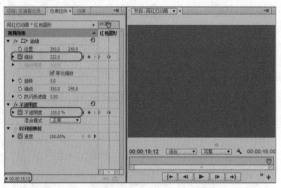

图 17-40 设置【缩放】和【不透明度】参数

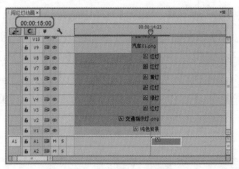

图 17-41 添加音频文件

案例精讲 185 制作酒驾动画

📝 案例文件：CDROM | 场景 | Cha17 | 交通警示录.prproj

💿 视频文件：视频教学 | Cha17 | 制作酒驾动画.avi

制作概述

根据世界卫生组织的事故调查显示，50% ～ 60% 的交通事故与酒后驾驶有关，酒后驾驶已经被世界卫生组织列为车祸致死的首要原因。本例将介绍如何制作酒驾动画。

学习目标

掌握酒驾动画的制作方法。

操作步骤

(1) 按 Ctrl+N 组合键，在弹出的对话框中使用其默认设置，将【序列名称】设置为【酒驾动画】，然后单击【确定】按钮，在【项目】面板中选择【纯色背景】，按住鼠标将其拖曳至

V1 轨道中，并将其持续时间设置为 00:00:05:00，如图 17-42 所示。

(2) 在【项目】面板中选择【车型 .png】素材文件，按住鼠标将其拖曳至 V2 轨道中，选中该对象，将当前时间设置为 00:00:00:00，在【效果控件】面板中将【位置】设置为 995、240，单击其左侧的【切换动画】按钮，将【缩放】设置为 64，如图 17-43 所示。

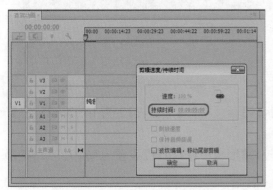

图 17-42　设置持续时间

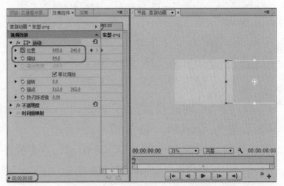

图 17-43　添加素材文件并设置其【位置】及【缩放】参数

(3) 将当前时间设置为 00:00:01:01，在【效果控件】面板中将【位置】设置为 360、240，如图 17-44 所示。

(4) 将当前时间设置为 00:00:01:05，在【效果控件】面板中将【位置】设置为 380、240，如图 17-45 所示。

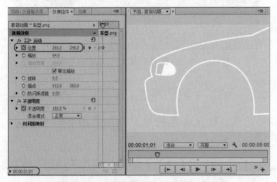

图 17-44　调整素材的【位置】参数

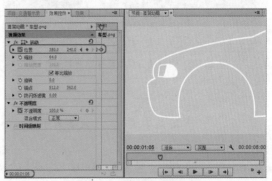

图 17-45　设置【位置】参数

(5) 将当前时间设置为 00:00:01:12，在【效果控件】面板中将【位置】设置为 360、240，如图 17-46 所示。

(6) 在【项目】面板中选择【车轮胎 .png】素材文件，按住鼠标将其拖曳至 V3 轨道中，将当前时间设置为 00:00:00:00，在【效果控件】面板中将【位置】设置为 1045.7、325，单击其左侧的【切换动画】按钮，将【缩放】设置为 64，然后单击【旋转】左侧的【切换动画】按钮，如图 17-47 所示。

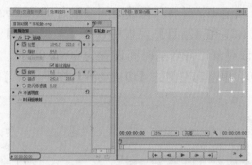

图 17-46　调整【位置】参数　　　　　　　　图 17-47　添加素材并进行设置

(7) 将当前时间设置为 00:00:01:01，在【效果控件】面板中将【位置】设置为 448.7、325，将【旋转】设置为 -2x-154，如图 17-48 所示。

(8) 将当前时间设置为 00:00:01:05，在【效果控件】面板中将【位置】设置为 464.7、325，将【旋转】设置为 -2x-149，如图 17-49 所示。

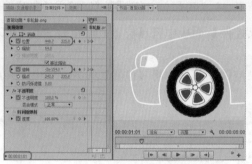
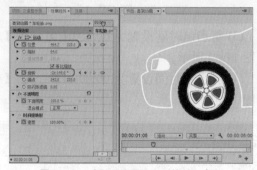

图 17-48　设置【位置】和【旋转】参数　　　图 17-49　设置【位置】和【旋转】参数

注
意　　　　　　　在本案例中，主要为了体现酒驾的危害，所以在车轮胎中添加了酒杯的元素。

(9) 将当前时间设置为 00:00:01:12，在【效果控件】面板中将【位置】设置为 437.7、325，将【旋转】设置为 -2x-162，如图 17-50 所示。

(10) 根据前面所介绍的方法添加两个视频轨，将当前时间设置为 00:00:01:10，在【项目】面板中选择 1.png 素材文件，按住鼠标将其拖曳至 V4 轨道中，将其开始处与时间线对齐，然后将其结尾处与 V3 轨道中的对象的结尾处对齐，如图 17-51 所示。

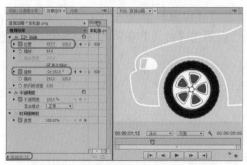

图 17-50　设置【位置】和【旋转】参数　　　图 17-51　添加素材文件

(11) 选中该对象，确认当前时间为 00:00:01:10，在【效果控件】面板中将【缩放】设置为 0，然后单击其左侧的【切换动画】按钮，如图 17-52 所示。

(12) 将当前时间设置为 00:00:01:18，在【效果控件】面板中将【缩放】设置为 36，如图 17-53 所示。

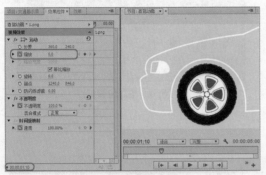

图 17-52　设置【缩放】参数

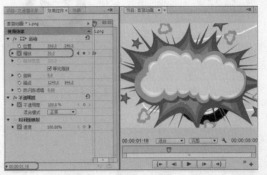

图 17-53　设置【缩放】参数

(13) 按 Ctrl+T 组合键，在弹出的【新建字幕】对话框中将【名称】设置为 Boom，单击【确定】按钮，选择【文字工具】 T ，在字幕面板中输入文字，在【字幕属性】面板中将字体设为 Cooper Std，将【字体大小】设为 131，将【填充】下的【颜色】设为白色，单击【外描边】右侧的【添加】按钮，将【大小】设置为 51，将【颜色】设置为黑色，将【X 位置】和【Y 位置】分别设为 331.8、269.6，如图 17-54 所示。

(14) 设置完成后，将字幕编辑器关闭，将新建的字幕文件拖曳至 V5 轨道中，并与 V4 轨道中的对象的开始处和结尾处对齐，确认当前时间为 00:00:01:18，在【效果控件】面板中单击【缩放】左侧的【切换动画】按钮，将【旋转】设置为 –8，如图 17-55 所示。

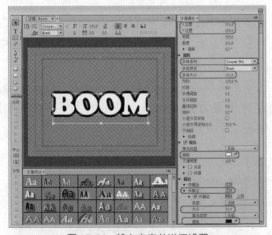

图 17-54　输入文字并进行设置

图 17-55　添加【缩放】关键帧并设置【旋转】参数

(15) 将当前时间设置为 00:00:01:10，在【效果控件】面板中将【缩放】设置为 0，如图 17-56 所示。

(16) 确认当前时间为 00:00:01:10，在【项目】面板中选择【碰撞声 .wav】，按住鼠标将其拖曳至 A1 轨道中，如图 17-57 所示。

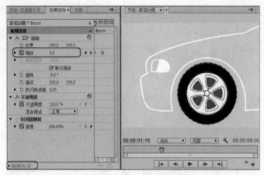

图 17-56　将【缩放】设置为 0

图 17-57　添加音频文件

案例精讲 186　制作标语动画

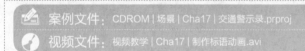

案例文件：CDROM | 场景 | Cha17 | 交通警示录.prproj

视频文件：视频教学 | Cha17 | 制作标语动画.avi

制作概述

标语也是一个无声无息的领导，时时刻刻地提醒着我们。在本案例中，我们通过标语动画来提醒我们违反交通的危害。

学习目标

掌握制作标语动画的参数。

操作步骤

(1) 按 Ctrl+N 组合键，在弹出的对话框中将【序列名称】设置为【标语动画】，其他参数使用默认即可，单击【确定】按钮，按 Ctrl+T 组合键，在弹出的对话框中将【名称】设置为【中国每年交通事故 50 万起】，如图 17-58 所示。

(2) 设置完成后，单击【确定】按钮，在弹出的字幕编辑器中单击【文字工具】，在【字幕】面板中单击鼠标，输入文字，选中输入的文字，将字体设置为【Adobe 黑体 Std】，将【字体大小】设置为 47，将填充颜色设置为 229、229、229，如图 17-59 所示。

图 17-58　【新建字幕】对话框

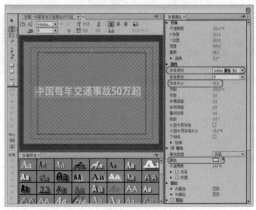

图 17-59　设置字体、大小以及填充颜色

（3）选中文字【50万】，在【字幕属性】面板中将【字体大小】设置为62，将填充颜色设置为255、0、0，将【X位置】和【Y位置】分别设置为326.6、232.1，如图17-60所示。

（4）在字幕编辑器中单击【基于当前字幕新建字幕】按钮，在弹出的对话框中设置字幕名称，然后对文字进行修改，并将白色文字的大小设置为39，将【X位置】和【Y位置】分别设置为321.4、232.1，如图17-61所示。

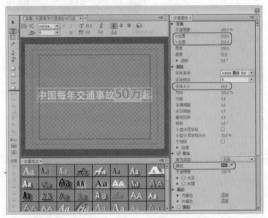

图17-60　设置文字大小、填充颜色以及位置

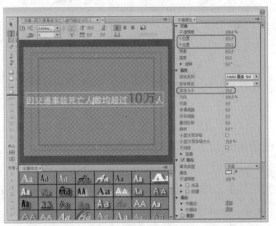

图17-61　修改文字并设置字体大小和位置

（5）再次单击【基于当前字幕新建字幕】按钮，在弹出的对话框中输入字幕名称，然后对文字进行修改，将白色文字的大小设置为35，将红色文字的大小设置为53，将【X位置】和【Y位置】分别设置为326.7、227.6，如图17-62所示。

（6）单击【基于当前字幕新建字幕】按钮，在弹出的对话框中输入字幕名称，然后对文字进行修改，将白色文字的大小设置为47，将红色文字的大小设置为62，将【X位置】和【Y位置】分别设置为330、232.1，如图17-63所示。

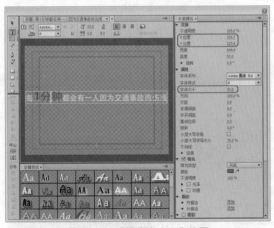

图17-62　设置文字大小和位置

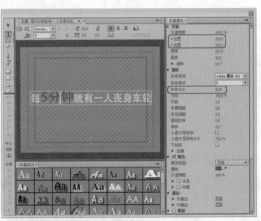

图17-63　设置文字大小和位置

（7）设置完成后，将字幕编辑器关闭，在【项目】面板中选择【中国每年交通事故50万起】字幕文件，按住鼠标将其拖曳至V1轨道中，将其持续时间设置为00:00:06:05，如图17-64所示。

（8）将当前时间设为00:00:00:00，选中该对象，在【效果控件】面板中将【缩放】设置为

90，并单击其左侧的【切换动画】按钮，将【不透明度】设置为11，如图17-65所示。

图17-64 添加素材并设置【持续时间】

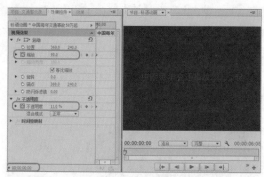

图17-65 设置【缩放】和【不透明度】参数

(9) 将当前时间设置为00:00:00:10，在【效果控件】面板中将【缩放】设置为100，将【不透明度】设置为27.5，如图17-66所示。

(10) 将当前时间设为00:00:01:12，在【效果控件】面板中单击【缩放】右侧的【添加/移除关键帧】按钮，将【不透明度】设置为64，如图17-67所示。

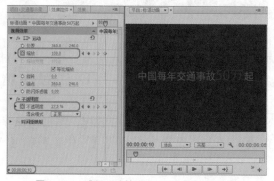

图17-66 设置【缩放】和【不透明度】参数

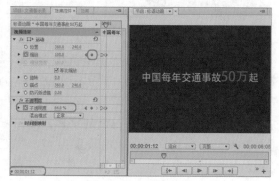

图17-67 添加关键帧

(11) 将当前时间设置为00:00:02:15，然后分别单击【缩放】和【不透明度】右侧的【添加/移除关键帧】按钮，如图17-68所示。

(12) 将当前时间设为00:00:05:08，在【效果控件】面板中将【缩放】设置为70.2，将【不透明度】设置为12.3，如图17-69所示。

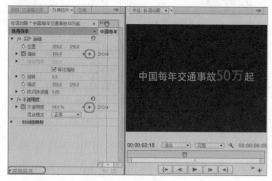

图17-68 添加关键帧

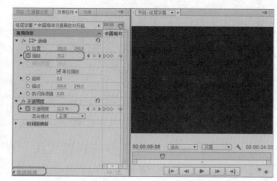

图17-69 设置【缩放】和【不透明度】参数

(13) 将新建其他 3 个字幕并添加至 V1 轨道中，将持续时间设置为 00:00:06:05，选中 V1 轨道中的第一个对象并右击，在弹出的快捷菜单中选择【复制】命令，如图 17-70 所示。

(14) 然后在 V1 轨道中选择第二个对象并右击，在弹出的快捷菜单中选择【粘贴属性】命令，在弹出的对话框中选中所有的复选框，如图 17-71 所示。

图 17-70　选择【复制】命令

图 17-71　选中复选框

(15) 单击【确定】按钮，然后分别在第三个和第四个对象上右击，将复制的属性进行粘贴。

案例精讲 187　制作片尾动画

案例文件：CDROM | 场景 | Cha17 | 交通警示录.prproj

视频文件：视频教学 | Cha17 | 制作片尾动画.avi

制作概述

本案例主要为前面所介绍的动画进行总结。在片尾动画中主要介绍了视频的运用方法，使整个警示录更加完善。

学习目标

学会如何制作尾动画。

操作步骤

(1) 按Ctrl+N组合键，在弹出的对话框中将【序列名称】设置为【片尾动画】，在【项目】面板中选择【视频01.avi】素材文件，将其拖曳至V1轨道中，在弹出的对话框中单击【保持现有设置】按钮，在该对象上右击，在弹出的快捷菜单中选择【速度/持续时间】命令，在弹出的对话框中取消速度和持续时间的链接，将【持续时间】设置为00:00:05:22，如图17-72所示。

(2) 设置完成后，单击【确定】按钮，继续选中该对象，在【效果控件】面板中将【缩放】设置为178，如图 17-73 所示。

图 17-72　设置持续时间

图 17-73　设置【缩放】参数

(3) 在【项目】面板中选择 2.JPG 素材文件，按住鼠标将其拖曳至 V1 轨道中，并与第一个对象的结尾处对齐，将其【持续时间】设置为 00:00:00:11，如图 17-74 所示。

(4) 将当前时间设置为00:00:06:03，在【效果控件】面板中将【缩放】设置为178，单击【不透明度】右侧的【添加/移除关键帧】按钮，如图17-75所示。

图 17-74　设置持续时间

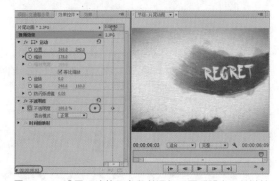

图 17-75　设置【缩放】参数并添加【不透明度】关键帧

(5) 将当前时间设置为 00:00:06:07，在【效果控件】面板中将【不透明度】设置为 0，如图 17-76 所示。

(6) 按 Ctrl+T 组合键，在弹出的对话框中将字幕名称设置为【黑白渐变】，单击【确定】按钮，在弹出的字幕编辑器中单击【矩形工具】，在【字幕】面板中绘制一个矩形，将【填充类型】设置为【径向渐变】，将左侧色标的 RGB 值设置为 255、255、255，将右侧色标的 RGB 值设置为 72、67、67，将【宽度】和【高度】分别设置为 658、481，将【X 位置】和【Y 位置】分别设置为 326.5、238，如图 17-77 所示。

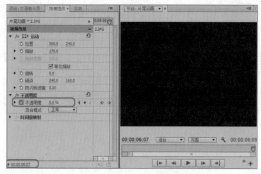

图 17-76　设置【不透明度】参数

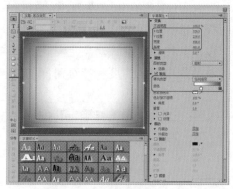

图 17-77　绘制矩形并进行设置

（7）设置完成后，将字幕编辑器关闭，在【项目】面板中选择【视频02.avi】素材文件，按住鼠标将其拖曳至V1轨道中，并将其开始处与V1轨道中的对象的结尾处对齐，在该对象上右击，在弹出的快捷菜单中选择【速度/持续时间】命令，在弹出的对话框中将【速度】设置为80，将【持续时间】设置为00:00:03:21，如图17-78所示。

（8）设置完成后，在【效果控件】面板中将【位置】设置为259.6、238.6，将【缩放】设置为167，如图17-79所示。

图 17-78　设置【速度】和【持续时间】

图 17-79　设置【位置】和【缩放】参数

（9）确认当前时间为00:00:06:09，在【项目】面板中选择【黑白渐变】，按住鼠标将其拖曳至V2轨道中，并与时间线对齐，将其结尾处与V1轨道中【视频02】的结尾处对齐，在【效果控件】面板中将【缩放】设置为102，将【不透明度】设置为67，将【混合模式】设置为【叠加】，如图17-80所示。

（10）在【项目】面板中选择【视频03.avi】素材文件，按住鼠标将其拖曳至V1轨道中，将其开始处与【视频02】的结尾处对齐，并选中该对象，在【效果控件】面板中将【缩放】设置为178，如图17-81所示。

图 17-80　设置【缩放】、【不透明度】以及【混合模式】

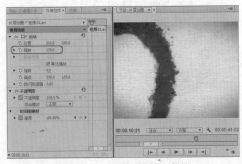

图 17-81　设置【缩放】参数

（11）在【项目】面板中选择3.JPG素材文件，按住鼠标将其拖曳至V1轨道中，将其开始处与【视频03】的结尾处对齐，并将其持续时间设置为00:00:00:11，选中该对象，将当前时间设置为00:00:13:10，在【效果控件】面板中将【缩放】设置为178，然后单击【不透明度】右侧的【添加/移除关键帧】按钮，如图17-82所示。

（12）将当前时间设置为00:00:13:14，在【效果控件】面板中将【不透明度】设置为0，如图17-83所示。

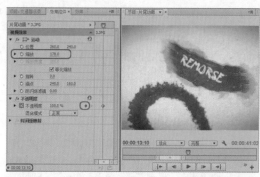

图 17-82　设置【缩放】参数并添加【不透明度】关键帧

图 17-83　设置【不透明度】参数

(13) 根据前面所介绍的方法，将【视频 04.avi】素材添加至 V1 轨道中，然后再在其上方添加一个黑白渐变，并设置其相应的参数，效果如图 17-84 所示。

(14) 按 Ctrl+T 组合键，在弹出的对话框中将字幕名称设置为【珍爱生命】，单击【确定】按钮，在弹出的字幕编辑器中单击【文字工具】，在【字幕】面板中单击鼠标并输入文字，选中输入的文字，将字体设置为【长城新艺体】，将【字体大小】设置为 73，将【行距】设置为 30，将【珍爱】和【遵守】的颜色设置为【黑色】，将【生命】和【交通】的颜色的 RGB 值设置为 213、0、0，将【X 位置】、【Y 位置】分别设置为 334.7、211，如图 17-85 所示。

图 17-84　添加素材文件

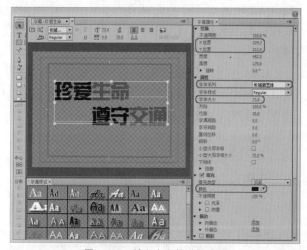

图 17-85　输入文字并进行设置

(15) 设置完成后，关闭字幕编辑器，在【项目】面板中选择【纯色背景】，按住鼠标将其拖曳至 V1 轨道中，并将其开始处与【视频 04】的结尾处对齐，将其持续时间设置为 00:00:03:14，然后在【项目】面板中选择【珍爱生命】，按住鼠标将其拖曳至 V2 轨道中，并将其开始处、结尾处与 V1 轨道中【纯色背景】的开始处、结尾处对齐，将当前时间设置为 00:00:19:07，在【效果控件】面板中将【缩放】设置为 407，单击其左侧的【切换动画】按钮，将【不透明度】设置为 0，如图 17-86 所示。

(16) 将当前时间设置为 00:00:20:18，在【效果控件】面板中将【缩放】和【不透明度】都设置为 100，如图 17-87 所示。

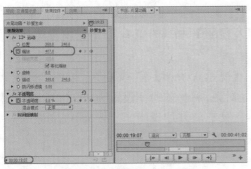

图 17-86　添加素材并进行设置

图 17-87　将【缩放】和【不透明度】都设置为 100

(17) 将当前时间设置为 00:00:20:21，在【效果控件】面板中将【缩放】设置为 110，如图 17-88 所示。

(18) 将当前时间设置为 00:00:21:00，在【效果控件】面板中将【缩放】设置为 100，如图 17-89 所示。

图 17-88　将【缩放】设置为 110

图 17-89　将【缩放】设置为 100

(19) 选中 V1 和 V2 轨道中的所有对象，按住 Alt 键对其进行复制，并调整其顺序，然后为 V1 轨道中的视频文件设置倒放效果，并为其设置持续时间，如图 17-90 所示。

(20) 按 Ctrl+T 组合键，在弹出的对话框中将字幕名称设置为【标语】，单击【确定】按钮，在弹出的字幕编辑器中输入文字，选中输入的文字，将字体设置为【长城新艺体】，将【字体大小】设置为 37，将【行距】设置为 17，将字体颜色设置为白色，如图 17-91 所示。

图 17-90　复制素材并进行设置

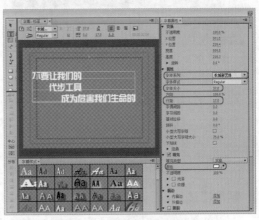

图 17-91　输入文字并进行设置

(21) 设置完成后，再在该文本框中输入【杀手！】，选中输入的文字，将【字体大小】设置为 48，将字体颜色设置为 255、0、0，将【X 位置】和【Y 位置】分别设置为 350.1、219.9，如图 17-92 所示。

(22) 关闭字幕编辑器，在【项目】面板中选择【视频 05.mov】素材文件，按住鼠标将其拖曳至 V1 轨道中，并将其开始处与【视频 01】的结尾处对齐，将当前时间设置为 00:00:35:22，将【标语】字幕文件拖曳至 V2 轨道中，并与时间线对齐，然后将其持续时间设置为 00:00:05:04，如图 17-93 所示。

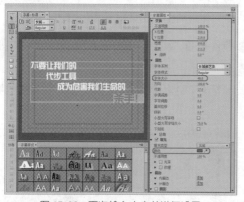

图 17-92 再次输入文字并进行设置

图 17-93 添加素材文件并进行设置

(23) 确认当前时间为 00:00:35:22，在【效果控件】面板中将【缩放】设置为 0，并单击其左侧的【切换动画】按钮，将【不透明度】设置为 0，如图 17-94 所示。

(24) 将当前时间设置为 00:00:37:22，在【效果控件】面板中将【缩放】和【不透明度】都设置为 100，如图 17-95 所示。

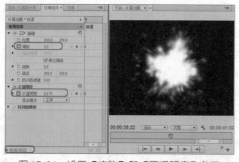

图 17-94 设置【缩放】和【不透明度】参数

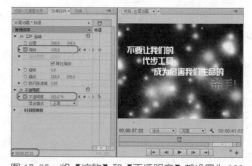

图 17-95 将【缩放】和【不透明度】都设置为 100

案例精讲 188　嵌套序列

 案例文件：CDROM | 场景 | Cha17 | 交通警示录.prproj

视频文件：视频教学 | Cha17 | 嵌套序列.avi

制作概述

本案例主要介绍将前面制作的所有动画进行嵌套。

学习目标

学会如何制作嵌套序列。

操作步骤

(1) 按 Ctrl+N 组合键，在弹出的对话框中将【序列名称】设置为【交通警示录】，单击【确定】按钮，在【项目】面板中选择【闯红灯动画】，按住鼠标将其拖曳至 V1 轨道中，如图 17-96 所示。

(2) 将当前时间设置为 00:00:16:00，在【项目】面板中选择【酒驾动画】，按住鼠标将其拖曳至 V2 轨道中，并将其开始处与时间线对齐，如图 17-97 所示。

图 17-96　添加序列文件

图 17-97　添加【酒驾动画】序列文件

(3) 将当前时间设置为 00:00:21:00，在【项目】面板中选择【标语动画】序列文件，按住鼠标将其拖曳至 V2 轨道中，并将其开始处与时间线对齐，如图 17-98 所示。

(4) 将当前时间设置为 00:00:45:20，在【项目】面板中选择【片尾动画】，按住鼠标将其拖曳至 V2 轨道中，并将其开始处与时间线对齐，如图 17-99 所示。

图 17-98　添加标语动画

图 17-99　添加片尾动画

案例精讲 189　添加背景音乐

> 📝 **案例文件**：CDROM | 场景 | Cha17 | 交通警示录.prproj
>
> 🎬 **视频文件**：视频教学 | Cha17 | 添加背景音乐.avi

制作概述

本案例主要介绍如何为交通警示录添加背景音乐，以及为背景音乐添加缓出效果。

学习目标

掌握如何设置音乐缓出效果。

操作步骤

(1) 将当前时间设为00:00:21:00，将【背景音乐.mp3】拖曳至A1轨道中，与编辑标识线对齐，将音频轨放大，将当前时间设置为00:01:21:23，单击A1右侧的【添加/移除关键帧】按钮，如图17-100所示。

(2) 将当前时间设置为00:01:26:15，单击A1右侧的【添加/移除关键帧】按钮，然后使用【钢笔工具】对关键帧进行调整，效果如图17-101所示。

图 17-100　添加关键帧

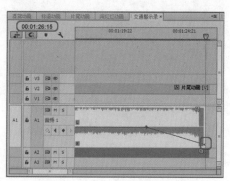

图 17-101　添加关键帧并进行调整

案例精讲 190　输出序列文件

 案例文件：CDROM | 场景 | Cha17 | 交通警示录.prproj

 视频文件：视频教学 | Cha17 | 输出序列文件.avi

制作概述

本案例主要介绍将制作完成后的交通警示录进行输出。

学习目标

巩固对完成后的序列进行输出并设置。

操作步骤

(1) 激活【序列】面板，在菜单栏中选择【文件】|【导出】|【媒体】命令，在弹出的【导出设置】对话框中将【格式】设为 AVI，将【预设】设为 PAL DV，单击【输出名称】右侧的名称，如图 17-102 所示。

(2) 弹出【另存为】对话框，在该对话框中设置输出路径，然后单击【保存】按钮，如图 17-103 所示。返回到【导出设置】对话框中，在该对话框中单击【导出】按钮即可对影片进行渲染输出。

图 17-102 设置输出参数

图 17-103 【另存为】对话框